MS Office版

"十二五"普通高等教育本科国家级规划教材配套教材

U0814975

大学计算机与人工智能基础实践教程（第6版）

主　编　蒋加伏　李　野　孙亚志
副主编　欧阳柏成　韩　旭　邹木春　何少辉

北京邮电大学出版社
·北京·

内 容 简 介

本书分为基础篇和拓展篇，共有9章，主要内容包括硬件基础实验、操作系统实验、Word 文字处理实验、Excel 电子表格实验、PowerPoint 幻灯片演示实验、体验人工智能、综合应用能力训练、数据库技术基础、人工智能与开源编程。通过本书的学习，读者能够快速掌握计算机硬件、操作系统、办公软件、人工智能、数据库、Python编程的基础知识与应用，为未来的学习和工作奠定基础。本书中的案例均附有详尽的操作指南以及相应的拓展任务，旨在激励读者在实践中持续探索与创新。本书每一章都经过精心设计，力求帮助读者系统地理解和掌握相关知识，并通过实际操作进一步深化理解。

本书可作为高等学校"大学计算机"或"人工智能通识"课程教学的实践教材，也可供专业技术人员阅读参考。

图书在版编目（CIP）数据

大学计算机与人工智能基础实践教程：MS Office版 / 蒋加伏，李野，孙亚志主编. -- 6 版. -- 北京：北京邮电大学出版社，2025.（2025 重印）. -- ISBN 978-7-5635-7632-6

Ⅰ. TP3；TP18

中国国家版本馆CIP数据核字第 2025AP6954 号

策划编辑： 韩　霞　　**责任编辑：** 韩　霞　　**封面设计：** 广信达雅

出版发行： 北京邮电大学出版社
社　　址： 北京市海淀区西土城路 10 号（100876）
电话传真： 010-82330190　62282185（发行部）　010-82333009　62283578（传真）
网　　址： www.buptpress3.com
电子信箱： buptpress3@163.com
经　　销： 各地新华书店
印　　刷： 鸿博睿特（天津）印刷科技有限公司
开　　本： 787 mm × 1 092 mm　1/16
印　　张： 13
字　　数： 323 千字
版　　次： 2003 年 8 月第 1 版　2025 年 7 月第 6 版
印　　次： 2025 年 8 月第 2 次印刷

ISBN 978-7-5635-7632-6　　定价：39.80 元

前　言

党的二十大报告提出“深入实施科教兴国战略、人才强国战略、创新驱动发展战略”。在信息技术深刻重塑社会生产与生活方式的今天，掌握计算机基础知识与人工智能基本应用已成为当代大学生不可或缺的核心素养。本书紧扣高等教育改革方向，立足实践能力培养，旨在为零基础学习者构建系统、实用且紧跟技术发展的知识体系。

本书从硬件基础出发，逐步深入探讨操作系统、办公软件及人工智能的初步应用，并增设拓展模块，旨在强化学生的数据库技术和Python编程能力。本书每一章均精心设计了丰富的实验项目，帮助读者通过实践操作，巩固所学理论知识，有效提升综合应用能力。

本书具有以下特点。

1. 分层递进，夯实基础

从计算机硬件基础（第1章）、操作系统核心操作（第2章），到办公软件（第3～5章）及人工智能技术的应用（第6章），最终拓展至综合能力训练（第7章）、数据库技术（第8章）和Python编程（第9章）的知识领域，构建起“基础认知→技能精进→前沿探索→能力拓展”的学习链条。

2. 强化实践，任务驱动

本书精心设计了31个实验和5个综合能力训练，从计算机启动、文件管理到软件安装，筑牢操作基本功；通过Word表格制作、Excel数据分析、PPT演示设计，培养专业办公能力；通过“体验人工智能”章节的实验，鼓励技术跨界融合；通过Windows文件管理、Office 2016的综合训练及数据库和Python编程的拓展任务，全面提升读者的综合应用能力。

3. 深度融合人工智能

第6章创新性引入6大AI实验，涵盖生成式人工智能、智能数据处理、数字人等热点领域，帮助读者快速掌握AI技术逻辑与应用场景，培养未来竞争力。

4. 问题导向，聚焦真实场景

本书所有实验设计均源于学习过程和职场中的典型需求，强化知识迁移与问题解决能力，将抽象知识转化为解决实际问题的工具箱。每个实验都力求贴近实际应用，使读者能够学以致用，快速适应未来职场的需求。

本书由蒋加伏、李野、孙亚志担任主编，欧阳柏成、韩旭、邹木春、何少辉担任副主编。此外，苏文章、杨玉梅构思并设计了全书在线课程教学资源的结构与配置，赵梅、张展华编辑了教学资源的内容，范如婷、邓凡、马双武审查了全书配套的在线课程教学资源，李敏提供了版式和装帧设计方案。

由于编者水平有限，书中难免出现疏漏和不妥之处；同时随着技术的发展和进步，各个软件也在不断迭代，书中细节可能需要调整和更新，敬请广大读者提出宝贵建议，批评指正。

编　者

目 录

CONTENT

基 础 篇

拓 展 篇

基 础 篇

第 1 章
硬件基础实验

实验 1-1 计算机启动过程

1. 实验目的

通过实验，加深对计算机工作过程的了解。

2. 实验要求

①观察计算机的开机上电过程。
②观察计算机的系统自检过程。
③观察计算机的系统加载过程。
④观察计算机的操作系统运行过程。
⑤观察计算机的关闭过程。

3. 实验步骤

按下计算机电源开关后，观察计算机的工作过程。
①观察计算机启动时，显示器会显示哪些画面。
②观察计算机启动后，显示器显示的系统资源列表。
注意：如果显示器没有显示系统资源列表，可能是因为厂商设置了关闭显示。
③在启动过程中观察哪些设备有哪些灯光提示。
④计算机正常使用时，观察噪声来自哪里。
⑤记录从按下计算机电源开关到看到操作系统桌面经过多长时间。
⑥记录从看到操作系统桌面到能够正常使用Word等软件经过多长时间。
⑦记录从单击操作系统的“关机”按钮到计算机主机电源灯关闭经过多长时间。
⑧关闭计算机后，观察鼠标是否仍有光亮。

注意事项：

大部分高校机房的计算机都安装了系统还原卡，因此其启动过程与个人用计算机的启动过程有差异，以致实验中可能会遇到一些问题，请通过与同学讨论、请教实验指导教师、网络搜索等方法，解决这些问题。

4. 拓展任务

观察并记录笔记本计算机的启动过程。

实验提示：

①明确需求。计算机启动过程非常复杂，也很容易出现系统故障。因此，观察计算机的正常运行状态很重要。

②解决方法。设计表格，认真记录笔记本计算机启动过程中的各种状态。

③实验步骤。测试笔记本计算机的启动和关闭时间→记录笔记本计算机启动过程中显示器的画面→记录笔记本计算机启动过程中键盘、鼠标等设备的灯光提示→观察笔记本计算机工作时的噪声源在哪里→进行多台笔记本计算机启动过程的比较。

5. 补充阅读

无论计算机的硬件和软件配置如何，从开机到进入系统桌面的过程中，都必须经过如图 1-1 所示的计算机启动过程，这个过程也称为系统引导过程。

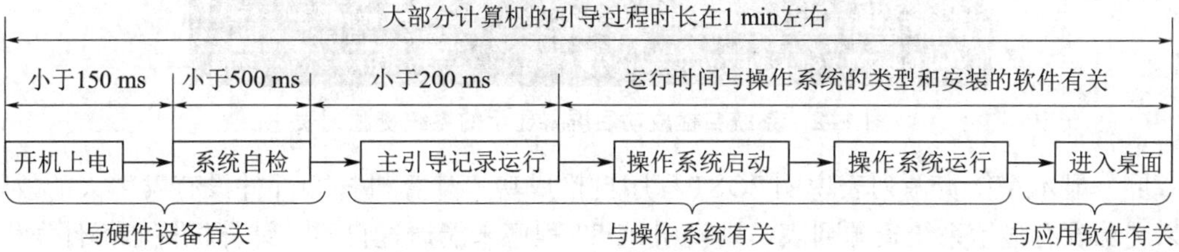

图 1-1　计算机启动过程

1）开机上电过程

当按下计算机电源开关时，计算机机箱内的电源经过一段电压稳定延时（10～20 ms）后开始工作。

机箱内电源将 220 V 的交流市电转换为计算机各部件需要的低压直流电。低压直流电输出正常后（100～150 ms），电源向主板发出一个“电源好”的信号。

主板接收到“电源好”的信号后，主板中的各种电子部件开始进行初始化工作，主板上的开机电路也开始工作。

然后，主板进行 CPU（中央处理器）初始化复位工作，复位完成后，CPU 开始执行开机后的第一条指令——这是存放在主板 BIOS（基本输入输出系统）芯片中的一条跳转指令——CPU 跳转到 BIOS 指定的地址，执行系统 POST（上电自检）程序。

2）系统自检过程

开机上电过程完成后，计算机进入系统自检过程，这个过程也称为 POST，它由存放在主板 BIOS 芯片中的 POST 程序实现。

POST 程序首先进行计算机核心部件（如 CPU、主板、内存条、显卡、电源等）的自检，如果这些核心部件正常，则转入下一步工作。如果这些核心部件出现问题（称为致命性故障），计算机会自动停机。由于这个过程非常短，因此用户一般看到的是：按下计算机电源开关后，计算机没有任何反应，既不报警，也没有任何显示。

如果核心部件自检正常，POST 程序就会读取主板中的 BIOS 设置参数（存放在主板 CMOS 芯片中），并且进行非核心部件的检测和初始化工作。非核心部件包括硬盘、网络芯片、音频芯片、键盘等设备，以及中断控制器、USB（通用串行总线）接口、PnP（即插即用）接口、电源管理等系统功能部件。

所有硬件设备都检测和初始化完毕后，POST 程序会在屏幕上显示一个系统资源列表（见图 1-2），其中概略地列出了系统中安装的各种标准硬件设备。

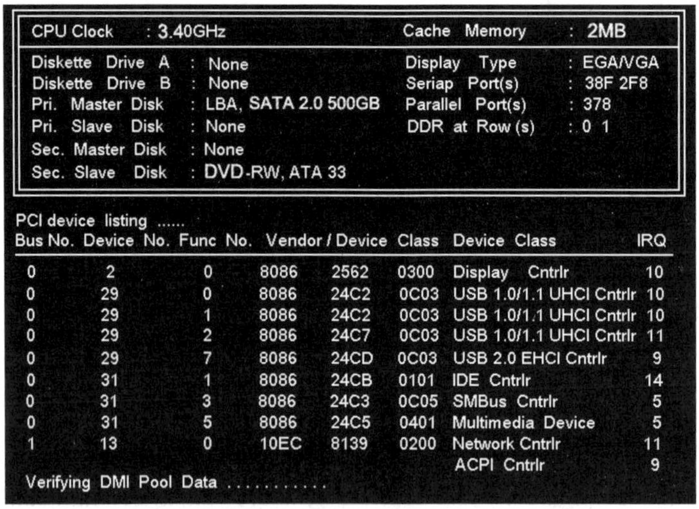

图 1-2　系统自检成功后屏幕显示的系统资源列表

屏幕显示系统资源列表说明POST程序自检成功，计算机核心部件没有发生大的故障；如果屏幕没有显示系统资源列表，则说明POST程序未能通过自检，计算机核心部件发生了致命性故障。因此，系统资源列表对判断计算机故障类型有极大的帮助。

3）主引导记录运行过程

系统自检结束后，POST程序会检测硬盘中的MBR（主引导记录，系统扇区的一部分），然后读取并执行硬盘的MBR中的程序代码，这时系统控制权交由操作系统负责。

如果硬盘系统扇区发生故障，就会导致引导失败。系统扇区的故障一般由计算机病毒和恶意软件引起，当用户安装一些对于系统扇区来说存在风险的软件时（如系统还原软件、双系统启动软件等），如果处理不当，也会对系统扇区造成破坏。

4）操作系统启动过程

按照冯·诺依曼的设计思想，所有程序必须调入存储器运行（程序存储），因此计算机必须将操作系统的核心程序装载到内存中。这时，需要一个装载程序，不同操作系统的装载程序不同，如Windows 10的装载程序为winload.efi。另外，操作系统启动时需要一些操作系统核心程序，不同操作系统的核心程序也会不同。为了防止用户不小心破坏这些核心程序，这些核心程序都设置了隐藏和只读等文件属性。

操作系统启动过程中，屏幕会显示如图1-3所示的启动画面。

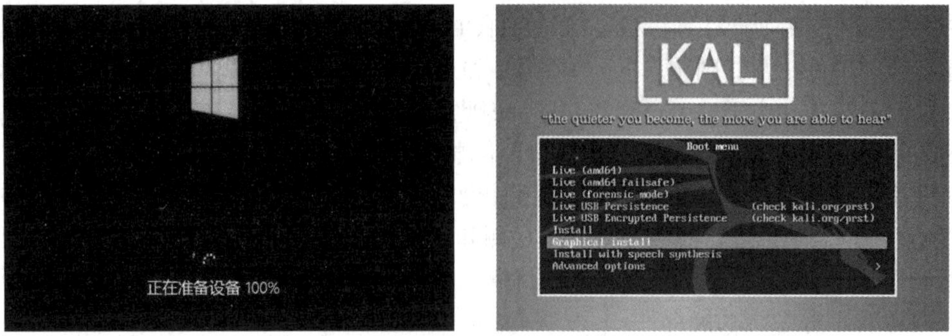

（a）Windows 10启动画面　　（b）Linux启动画面

图 1-3　操作系统的启动画面

5）操作系统运行过程

操作系统的核心程序装载完毕后，操作系统开始进行以下工作。

①搜索计算机硬件设备，并将硬件设备信息写进操作系统的注册表文件中。

②读取操作系统注册表文件，确定应当加载哪些驱动程序。

③装载并执行硬件设备驱动程序。

④创建系统环境，加载操作系统的各个核心子系统模块，并执行这些子系统模块。

以上工作均正常执行完毕后，系统会进入桌面工作状态，至此，计算机启动过程结束。

从用户按下计算机电源开关到进入操作系统桌面，大部分计算机花费的时间在 1 min 左右，一般不超过 2 min。

实验 1-2 计算机的主要部件

1. 实验目的

了解计算机的主要部件及其技术参数。

2. 实验要求

①观察微型计算机的组成。

②查阅了解CPU的主要形式和技术参数。

③查阅了解内存条的主要形式和技术参数。

④查阅了解主板的主要形式和技术参数。

⑤查阅了解硬盘的主要形式和技术参数。

⑥查阅了解显示器的主要形式和技术参数。

3. 实验步骤

计算机虽然非常复杂，但是集成度非常高，因此计算机内部的设备并不是太多。了解计算机设备的外观形式、技术参数等，有利于更加深入地理解计算机的工作过程。

观察计算机的主要部件，回答以下问题。

①接触计算机核心部件（如CPU、内存条等）时，应当注意哪些问题？

②CPU大致有多少个引脚？引脚越多功能越强吗？

③观察CPU芯片表面的文字，说明CPU的主要技术参数。

④观察内存条，说明内存条防呆口为什么不在中间位置。

⑤观察主板，说明主板上有哪些主要插槽、主要芯片、主要电子元件。

⑥观察硬盘，说明硬盘的容量、接口类型、工作电压等技术参数。

⑦观察显示器，测量显示器的尺寸，说明显示器的功率和接口类型。

⑧观察电源，说明电源的平均功率、各种颜色线的功能。

⑨观察各种外部信号线和电源线的形式。

除在实验里观察了解计算机的主要部件外，还可以利用网络了解相关知识。

注意： 接触计算机核心设备前，一定要释放身体上的静电，并且注意设备的正确拿放，如不要触摸芯片引脚等。

4. 补充阅读

台式微型计算机的主要部件如图 1-4 和表 1-1 所示。

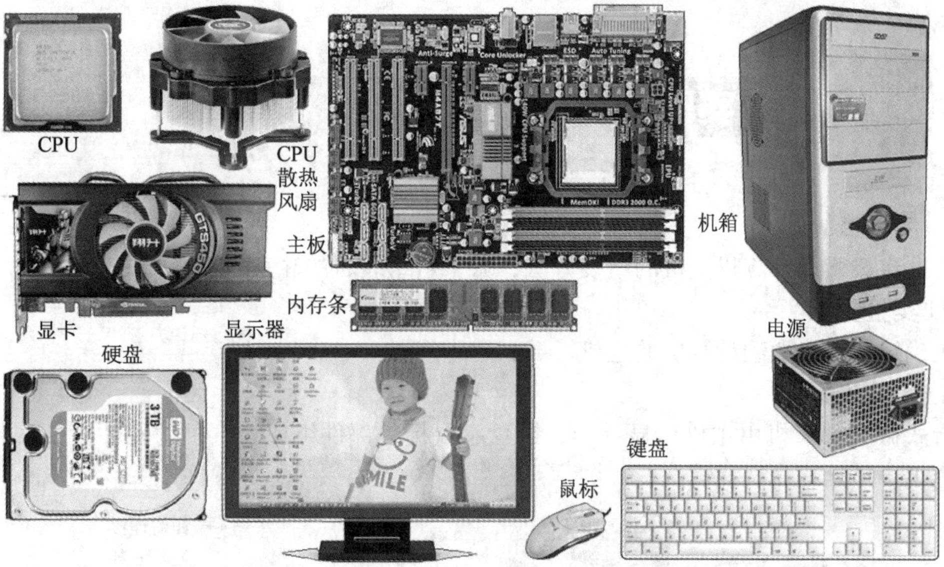

图 1-4 台式微型计算机的主要部件示意图

表 1-1 台式微型计算机的主要部件一览表

序　号	部件名称	数　量	说　明	序　号	部件名称	数　量	说　明
1	CPU	1	必配	7	硬盘	1	必配
2	CPU 散热风扇	1	必配	8	电源	1	必配
3	主板	1	必配	9	机箱	1	必配
4	内存条	1	必配	10	键盘	1	必配
5	显卡	1	必配	11	鼠标	1	必配
6	显示器	1	必配	—	—	—	—

实验 1-3 计算机主机组装

1. 实验目的

掌握台式微型计算机主机的组装方法，并了解组装时的注意事项。

2. 实验要求

正确组装台式微型计算机的主机。

3. 实验步骤

台式微型计算机由主机、显示器、键盘、鼠标等部件组成。主机的硬件设备安装示意图如图 1-5 所示。

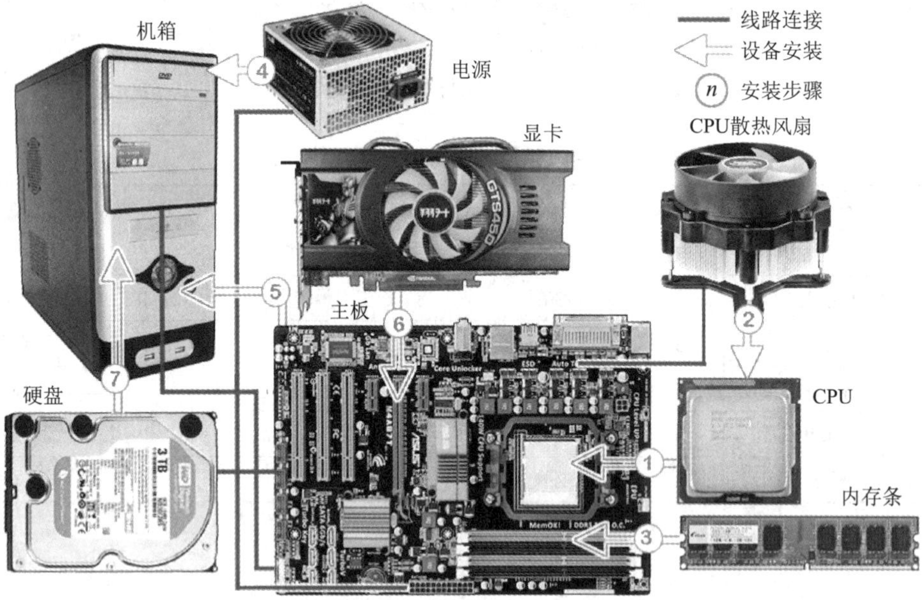

图 1-5　主机的硬件设备安装示意图

主机的硬件设备都采用了防呆设计，在安装过程中只要不使用蛮力，一般不会出现安装错误的情况。

1）安装 CPU

CPU 是计算机的核心设备之一，组装主机时应先将 CPU 安装在主板的 CPU 插槽上。CPU 和 CPU 插槽采用了防呆设计，将 CPU 的安装标志对准主板上的 CPU 插槽标志，不太费力就能将 CPU 安装稳固。要注意 Intel 公司生产的 CPU 大多采用了无针脚设计，不允许多次安装。

2）安装 CPU 散热风扇

在安装好的 CPU 上涂上导热硅脂，然后将 CPU 散热风扇的固定扣具扣紧，再将 CPU 散热风扇的电源线插在主板的相应插槽上。

3）安装内存条

将内存条安装在主板的内存条插槽上。

4）安装电源

电源的工作是将 220 V的交流市电转换为微型计算机工作需要的＋3.3 V、±5 V、±12 V直流电，电源功率在 200 W和 400 W之间。将电源设备安装在机箱的上部。

5）安装主板

将主板安装在机箱中的对应位置。

6）安装显卡

将显卡安装在主板上。如果CPU集成了显卡，则不需要安装显卡。

7）安装硬盘

首先将硬盘安装在机箱中，然后将硬盘的电源线和信号线连接到主板相应的插槽上。

8）接线

将机箱电源直流输出线连接到主板相应插槽上。将机箱的电源开关线、电源指示灯线、硬盘指示灯线、复位按钮线等连接到主板相应插槽上。

4. 拓展任务

当计算机内部硬件发生故障时，需要打开机箱，取出故障设备，进行维修或更换。机箱的拆卸步骤与组装步骤相反，可参考图 1-5 反向操作。

实验提示：

①明确需求。拆卸机箱内部设备时，如果不遵循正确的步骤，可能会损坏设备。因此在拆卸时一定要遵循“规范工艺，小心谨慎，合理拆卸”的基本原则。

②解决方法。查看主板的《用户手册》，掌握主板上各种插槽和跳线的安装和设置方法。拆卸设备时应当注意，某些设备有倒钩固定装置，如电源插头、显卡插槽等。

③拆卸步骤。在机箱后部拔出机箱与显示器、键盘、鼠标、网络接口之间的连接线→打开机箱盖板→松开主板上显卡的扣具，取出显卡（注意：有些机器的显卡集成在CPU内部，机箱内没有显卡）→在主板上拔出CPU散热风扇的电源线，接着松开CPU散热风扇与主板之间的扣具，取出CPU散热风扇→松开CPU的扣具，小心取出CPU芯片→松开内存条扣具，取出内存条→拔出主板上的硬盘接线，取出硬盘→拔出主板上的电源接线→拔出主板上的电源开关线、电源指示灯线、硬盘指示灯线、复位按钮线、前置音频接口线等其他前置接口线路→将主板从机箱中取出→将电源从机箱中拆卸出来。

注意事项：

拆卸不熟悉的计算机设备时，一定要记录拆卸顺序、接线方向和位置等信息。

切忌用蛮力进行安装或拆卸，如果用很大力气都不能安装或拆卸某个设备，说明这种方法是错误的。

切忌用手触摸芯片引脚，因为用手触摸芯片引脚可能会造成芯片静电击穿。

实验 1-4 计算机外部设备安装

1. 实验目的

掌握计算机外部设备的安装方法，并了解安装时的注意事项。

2. 实验要求

完成主机与各种外部设备（如显示器、键盘、鼠标、音频设备、网络设备、打印机、其他USB接口设备等）的接线。

3. 实验步骤

计算机外部设备的接线是计算机用户必须掌握的一项基本技能。接线时要遵循“连接正确，布置合理，使用方便”的基本原则。

先查看计算机安装说明书，或实际查看其他计算机，了解各种设备接口的类型与信号线的接头形式。

确认计算机处于断电状态后，开始安装。

连接信号线→连接电源线→检查各种接线并确认连接正确后，上电试机→如果计算机工作正常，则摆正设备位置，理顺并固定外部设备的各种接线。

注意：切忌带电安装，因为带电安装很容易造成设备损坏。在安装接线过程中，注意固定机箱等设备，不要产生震动现象。

4. 补充阅读

机箱与外部设备之间的接线可以分为信号线与电源线，信号线的布置应当尽量避免干扰信号源，如电视机、音响设备等；电源线的布置应当注意安全性。所有接线都应当接触良好，便于维护。图 1-6 为台式微型计算机系统的整体接线示意图。

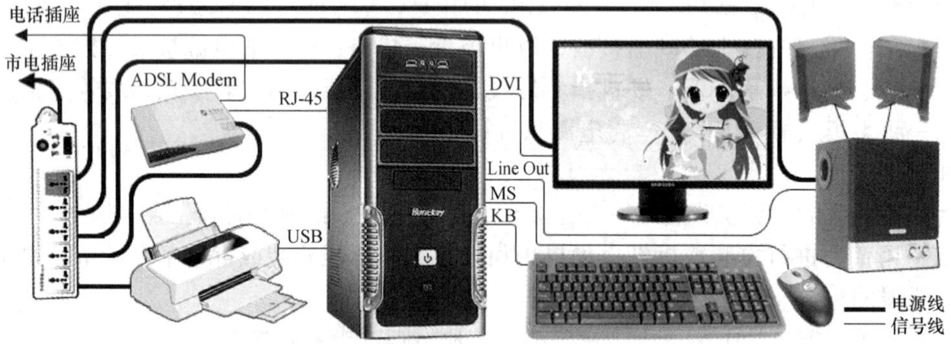

图 1-6　台式微型计算机系统的整体接线示意图

1）机箱与显示器之间的连接

如图 1-7 所示，机箱与显示器之间有DVI（数字视频接口）、VGA（视频图形阵列）等接口标准。DVI是一种数字信号接口，显示效果较好；VGA是一种模拟信号接口，显示效果比DVI稍差。DVI接口插槽形式为 24＋5（或 24＋1）孔，VGA接口插槽形式为D形 3 排 15 孔。安装时，只需要将显示器随机附带的DVI（或VGA）接口线连接在机箱显卡接口与显示器接口之间，然后拧紧信号线插头上的固定螺钉即可。显示器的电源线插在电源盒插槽上。

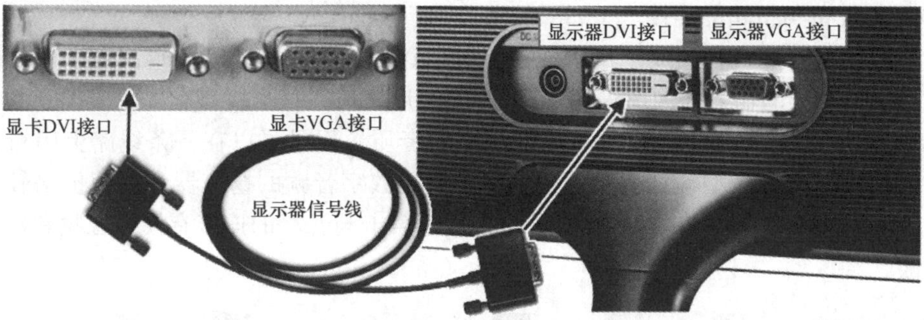

图 1-7　显示器与机箱之间信号线的连接示意图

2）机箱 SIO 接口与外部设备之间的连接

微型计算机的接口集中在机箱后部，每个接口上都标记了不同的色彩。SIO（超级输入/输出）接口都采用了防呆设计，一般不会插错。如图 1-8 所示，SIO 接口主要有连接键盘或鼠标的 PS/2 个人系统接口、连接 USB 设备的接口、连接高清电视的 HDMI（高清晰度多媒体接口）、连接数字音频设备的 SPDIF（SONY/PHILIPS 数字音频接口）、连接数字信号显示器的 DVI 接口、连接模拟信号显示器的 VGA 接口、连接数码摄影机的 IEEE1394（火线）接口、连接外置硬盘的 eSATA（外部串行传输）接口、连接网络的 RJ-45（网络）接口、连接音频设备的接口等。

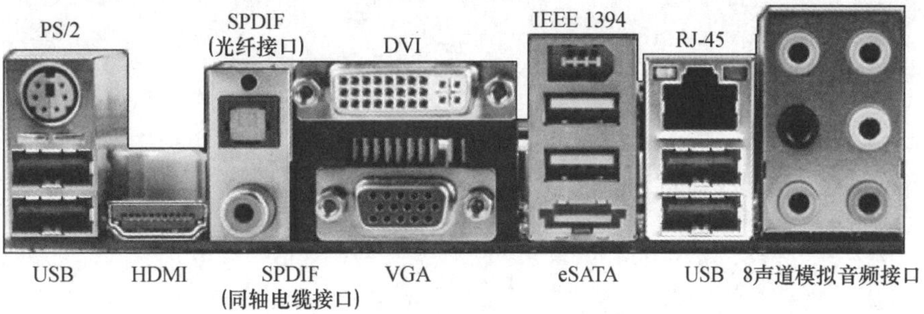

图 1-8　机箱后部的 SIO 接口

3）计算机接入因特网的方法

如果用户采用以太网接入因特网，只需要 1 根两端为 RJ-45 接头的双绞线，双绞线的一端接到 RJ-45 插座上，另外一端接到机箱后部的 RJ-45 接口即可。如果用户采用 ADSL（非对称数字用户线）接入因特网，还需要另外准备 1 台 ADSL 调制解调器、1 根两端为 RJ-45 的双绞线、2 根两端为 RJ-11 的数据线。ADSL 调制解调器与机箱的连接示意图如图 1-9 所示。

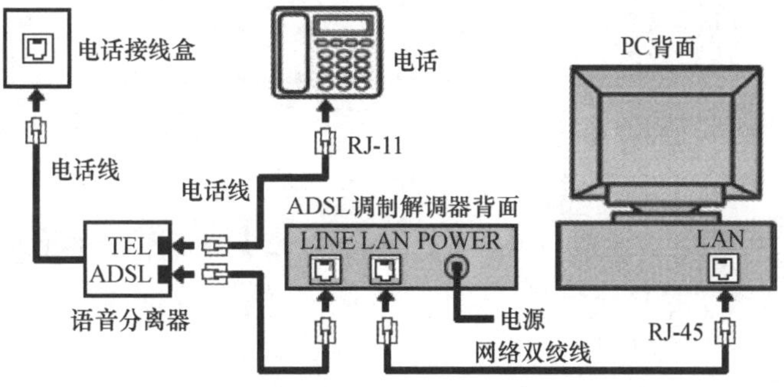

图 1-9　ADSL 调制解调器与机箱的连接示意图

4）音频设备与机箱的连接

目前的微型计算机都集成了声卡设备，可以达到 8 声道模拟音频输出和 4 声道模拟音频输入。模拟音频的输入和输出采用 3.5 mm 的圆形接口，每个接口有 2 路模拟音频信号输入 / 输出。数字音频比模拟音频具有更加纯净的音质，而且可以在一条线路上串行传输多个声道的信号。部分微型计算机带有 SPDIF，但是数字音频的扬声器和话筒价格较高，因此 SPDIF 应用并不广泛。如图 1–10 所示，多声道声卡与音箱的连接有模拟音频和数字音频两种方法。

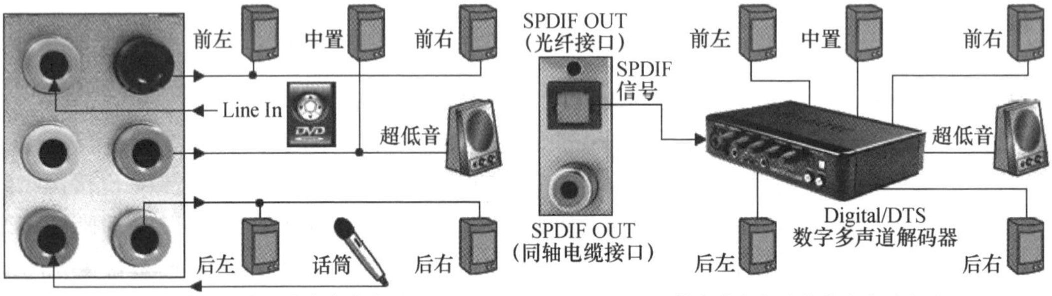

(a) 模拟音频方式传输多声道信号　　(b) 数字音频方式传输多声道信号

图 1–10　音箱与声卡的连接示意图

第 2 章 操作系统实验

实验 2-1 文件和文件夹

1. 实验目的

①理解和掌握计算机中的文件操作。

②理解和掌握计算机中的文件夹操作。

2. 实验要求

在D盘创建“资料汇总”文件夹，搜索计算机中文件名包含“计算机”的文件，将它们备份到“资料汇总”文件夹中。

3. 实验步骤

为了使计算机中的文件存放得更加有条理，便于以后查看和使用，需要定期对文件进行整理。整理文件可以概括为3个步骤：首先建立分类文件夹（目录）；其次在计算机中查找要分类存放的零散文件；最后将各个文件分别移动到对应的文件夹中。

1）创建文件夹

对计算机中的文件进行分类前，首先需要在计算机的指定磁盘中建立分类文件夹，并分别设定分类文件夹的名称。文件夹可以嵌套使用，即在文件夹中继续创建子文件夹，如此能更清晰地划分出文件结构，无论存储还是浏览文件，都会更加直观。

在Windows 10中，按Win＋E组合键打开“文件资源管理器”窗口，单击左侧的“此电脑”，打开“此电脑”窗口，如图2-1所示。双击磁盘D的图标，在窗口右侧空白处右击，在弹出的快捷菜单中选择“新建”→“文件夹”命令，输入文件夹名称“资料汇总”，按Enter键确认，创建“资料汇总”文件夹，如图2-2所示。

2）搜索文件

创建好文件夹后，可以将计算机中指定的文件放置到相应的文件夹中。如果文件放得比较分散，可以通过搜索功能来搜索符合条件的文件，然后通过复制、粘贴功能，将文件备份到指定文件夹中。

通配符是一种特殊符号，主要有星号（*）和问号（？），用来模糊匹配文件名。在查找文件时，可以用它来代替一个或多个字符。当不知道文件名全称或者不输入完整文件名时，常常使用通配符代替一个或多个字符。例如，在搜索栏中输入关键词“计算机*.jpg”，就是搜索计算机中文件扩展名为“jpg”、文件名中有“计算机”的所有文件。一个问号（？）仅代表一个字符，星号（*）表示匹配字符的数量不受限制。图2-3所示为在搜索栏中输入关键词“计算机”后搜索的结果。

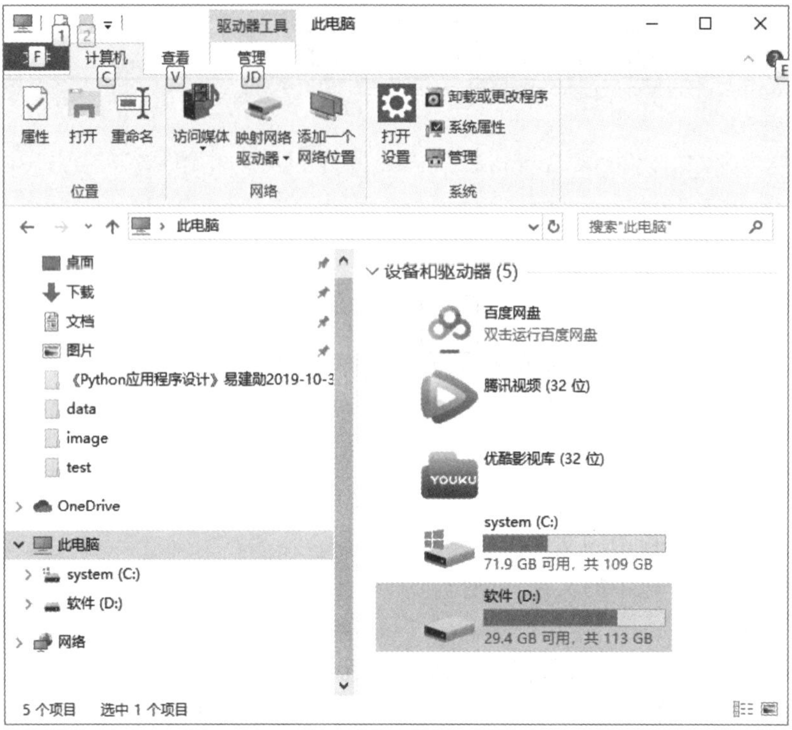

图2-1　“此电脑”窗口

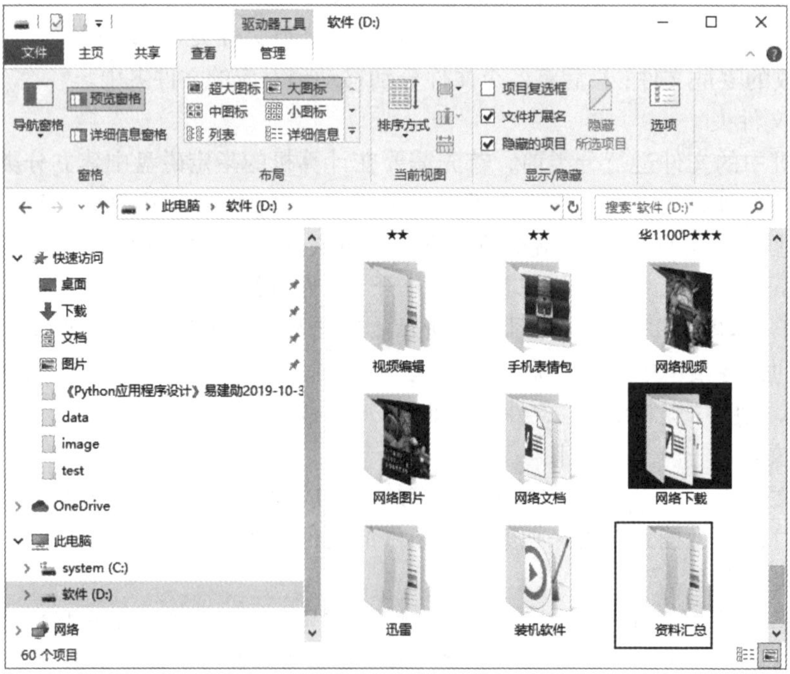

图2-2　创建“资料汇总”文件夹

3）复制全部文件

在图 2-3 所示的窗口中，单击第 1 个文件，然后按Ctrl＋A组合键选中全部搜索到的文件，按Ctrl＋C组合键将选中的文件复制到系统剪贴板。进入D盘，双击打开“资料汇总”文件夹，按Ctrl+V组合键将复制的文件粘贴到此文件夹中。

4）复制部分文件

在图 2-3 所示的窗口中，按住Ctrl键不松开，单击需要复制的文件，然后按Ctrl＋C组合键将选中的文件复制到系统剪贴板。进入D盘，双击打开“资料汇总”文件夹，按Ctrl＋V组合键将复制的文件粘贴到此文件夹中。

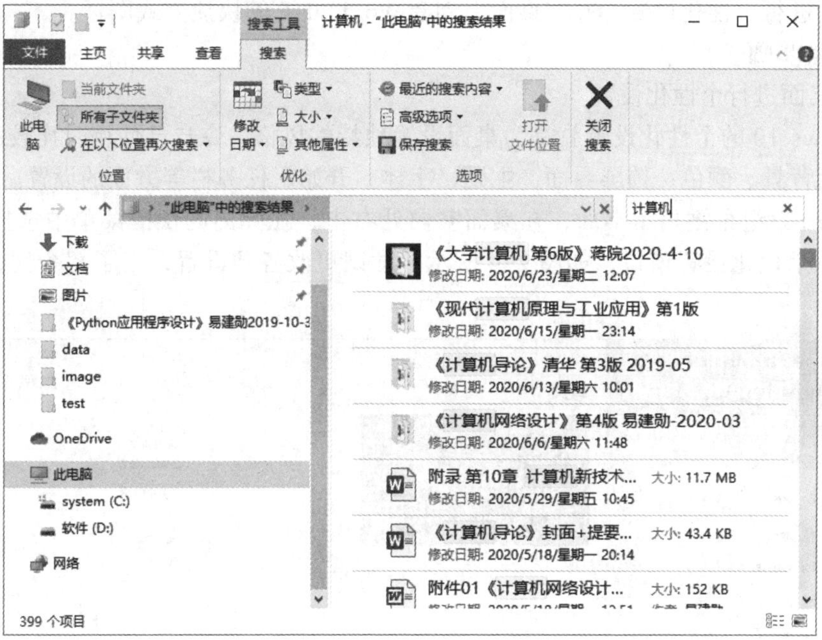

图 2-3　搜索到的文件

4. 拓展任务

①查看磁盘分区中不同文件夹中的文件。

②在计算机指定分区中新建若干个文件夹，分别设定相应的文件夹名称，然后复制指定文件并分别粘贴到指定文件夹中。

③检查计算机中无用的文件或文件夹，将其删除（这些文件或文件夹会进入回收站），然后清空回收站。

④使用搜索功能和通配符搜索指定文件。

⑤将计算机中重要的个人文件的属性设置为隐藏，并使系统不显示隐藏文件。

实验 2-2 系统桌面管理

1. 实验目的

理解并掌握个性化设置与快捷方式图标的功能与使用方法。

2. 实验要求

对桌面进行个性化设置，并在桌面上创建 Word 2016 的快捷方式图标。

3. 实验步骤

1）对桌面进行个性化设置

Windows 10 的个性化设置就是为桌面设置独特的风格，令自己使用时比较舒适。个性化设置包括背景、颜色、锁屏界面、主题、字体、开始、任务栏等方面的设置。

按 Win＋D 组合键显示桌面，在桌面空白处右击，在弹出的快捷菜单中选择“个性化”命令，打开个性化设置窗口，如图 2-4 所示，尝试更改各项设置，以了解个性化设置的内容与作用。

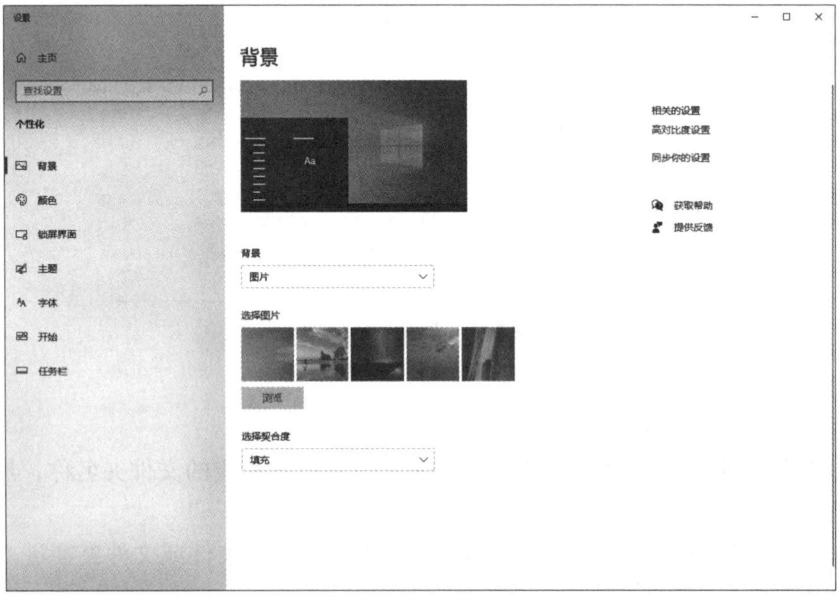

图 2-4　个性化设置窗口

说明：

背景个性化设置的使用频率较高。在个性化设置窗口中单击左侧“背景”选项卡，在窗口右侧的“背景”下拉列表框中，可以选择设置单个图片、纯色或幻灯片模式的背景。

颜色个性化设置的使用频率较低。

锁屏界面个性化设置主要是对锁屏的图片和屏幕保护程序进行个性化设置。

一个主题集成了背景、颜色、声音、光标等设置，一般很少进行主题个性化设置。

字体个性化设置一般也不使用。

开始个性化设置主要用于设置哪些文件夹、应用列表、项目等显示在“开始”菜单中。

任务栏个性化设置主要包括任务栏在屏幕上的位置设置、是否使用小任务按钮、在平板模式下是否自动隐藏任务栏等。

Windows 10 的个性化设置主要用于适应用户使用计算机时的视觉偏好和操作习惯。不同版本的 Windows 10，个性化设置的方式略有区别。

2）在桌面上创建 Word 2016 的快捷方式图标

将图标放在桌面上便于快速访问经常使用的程序、文件和文件夹，但过多的桌面图标会使桌面凌乱，而且会影响系统运行效率。用户可以添加或删除桌面上的图标。

快捷方式是项目（程序、文件或文件夹等）的链接，而不是项目本身。双击快捷方式图标可以打开相应文件、文件夹等或运行相应应用程序。删除快捷方式图标只是删除这个图标，并不是删除项目本身。

单击“开始”按钮，在“开始”菜单中右击“Word 2016”，在弹出的快捷菜单中选择“发送到”→“桌面快捷方式”命令，Word 2016 的快捷方式图标便出现在桌面上。

实验 2-3　应用软件安装

1. 实验目的

①熟悉软件的安装程序。

②熟悉软件的捆绑安装问题。

③理解软件安装中的安全问题。

④掌握软件的安装方法。

2. 实验要求

下载并安装Python，然后确定其可正常运行。

3. 实验步骤

1）选择Python版本

Python官方网站发行的Python版本繁多，按操作系统平台划分有Windows版、macOS版、Linux/UNIX版等；按Python解释器划分有CPython、IronPython、Jython、PyPy等；按兼容性划分有Python 2.x和Python 3.x两个互不兼容的版本；按操作系统和CPU位宽划分有32位版本和64位版本。用户需要根据自己计算机的应用环境选择相应版本。下面以Python 3.13.5 Windows 64位版本的安装过程为示例。

2）下载Python安装程序

打开浏览器，在地址栏中输入官方网址“https://www.python.org”，在官方网站首页中选择“Downloads”→“Windows”，打开下载页面，如图2-5所示，页面中有多种Python版本可供下载，其中“32-bit”代表32位版本，“64-bit”代表64位版本。这里安装64位版本，单击“Windows installer（64-bit）”选项后，系统自动开始下载该文件。

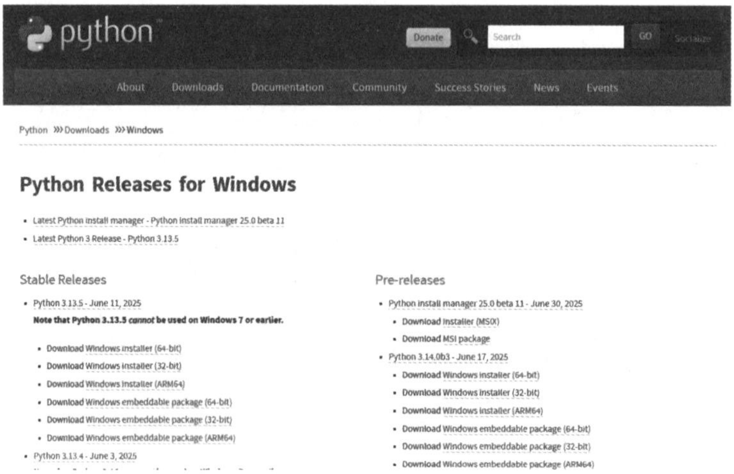

图2-5　Python官方网站下载页面

3）安装Python

①在下载目录中找到下载好的Python安装文件“python-3.13.5.exe”。如果不知道下载目录，可以利用Windows资源管理器中的搜索栏查找下载的文件。找到文件“python-

3.13.5.exe”后，双击这个文件的图标，就会打开Python 3.13.5安装向导对话框，如图2-6所示。

图 2-6　Python 3.13.5 安装向导对话框

②勾选“Add python.exe to PATH”复选框（很重要），这样，Python的安装路径会被添加到系统环境变量中。

③单击“Customize installation”（个人定制安装）选项，打开安装选项对话框，默认为选中所有项目（很重要）；然后单击“Next”按钮进入下一步安装。

④注意勾选第一项“Install Python 3.13 for all users”复选框，然后在“Customize install location”（自定义安装位置）文本框中，将安装路径修改为“D:\Python313”（或其他目录名称），如图 2-7 所示，最后单击“Install”按钮进入正式安装过程。

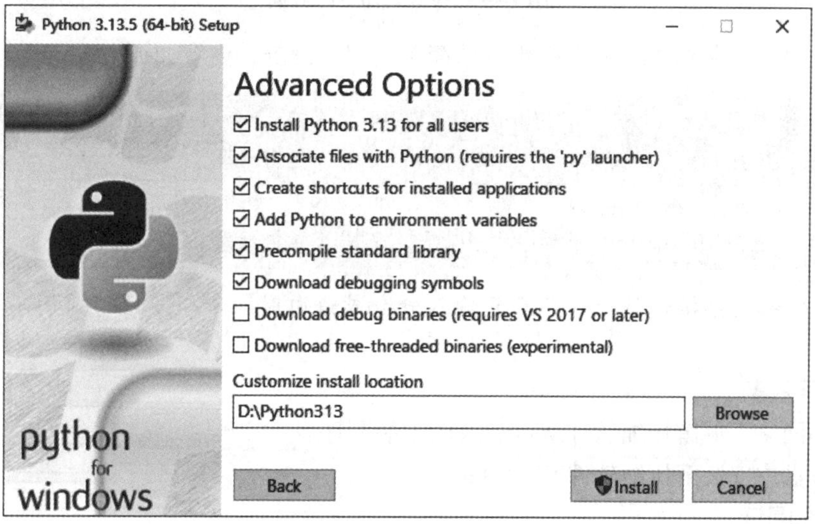

图 2-7　修改 Python 3.13.5 安装目录

⑤如果没有意外，最后将会出现Python安装完毕的提示对话框，关闭该对话框即可。

4）启动和测试Python

①安装好Python后，在“开始”菜单中选择“Python 3.13”→“IDLE（Python 3.13 64-bit）”命令，即可启动Python解释器Shell，如图 2-8 所示。

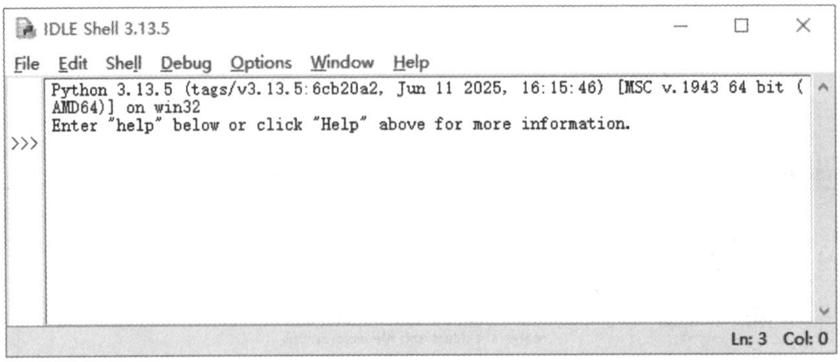

图 2-8　Python解释器Shell

②在“开始”菜单中选择“Windows系统”→“命令提示符”命令，即可进入“命令提示符”窗口，在此窗口中输入“python”，按Enter键，即可进入Python命令界面（启动Python解释器），如图2-9所示。可以看到，在IDLE（Python自带简易集成开发环境）和命令行界面中，都以“>>>”作为Python提示符。可以在提示符后输入Python命令或语句。

注意：提示符“>>>”不需要输入。

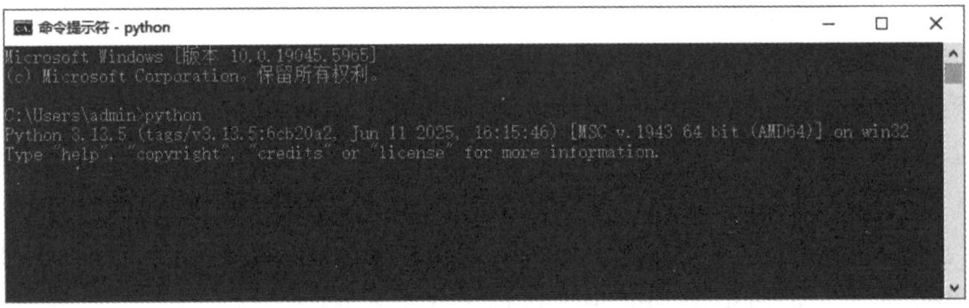

图 2-9　Python命令行界面

③测试程序。在Python命令行中测试简单的程序命令，内容如下。

```
>>>print('Hello World!你好，世界！')   # 输入Python命令，按Enter键执行
Hello World!你好，世界！               # 命令运行结果
>>>(1+2)*(8-4)                        # 输入Python命令，按Enter键执行
12                                    # 命令运行结果
```

注意：在Python提示符“>>>”后面输入命令或语句时，命令或语句前面不能有用户输入的空格。

4. 拓展任务

①利用网络下载解压缩软件WinRAR的安装程序。

②在D盘中安装解压缩软件WinRAR。

5. 补充阅读

1）软件安装程序

软件的安装是一种常用的操作，包括应用程序的安装、驱动程序的安装等。绝大部分软件都有一个单独的安装程序，安装程序的文件名大多为“setup”“install”等，安装程序的扩展名大多为“exe”（如“setup.exe”）、“msi”（如“install.msi”）等。大部分软件的安装文件都是一个压缩文件，这些压缩文件的扩展名为“rar”“zip”等，用户一般需要先使用

WinRAR等软件对这些压缩文件进行解压缩，然后再进行软件安装。

2）捆绑软件

安装软件时需要注意，不能一直盲目地单击“下一步”按钮，这样很容易安装捆绑软件（见图 2-10）。应当仔细阅读安装提示，遇到有捆绑软件的情况时，可以取消勾选安装捆绑软件的复选框。

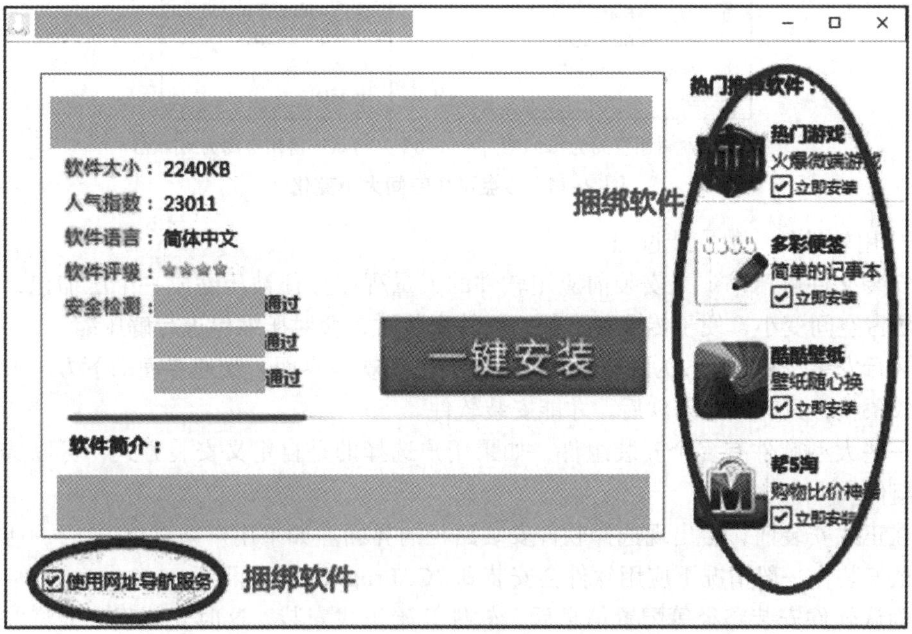

图 2-10 安装软件时遇到捆绑软件示意图

如图 2-10 所示，默认选中式捆绑安装现象在互联网中大量存在。中华人民共和国工业和信息化部颁布的《规范互联网信息服务市场秩序若干规定》第九条规定：“互联网信息服务终端软件捆绑其他软件的，应当以显著的方式提示用户，由用户主动选择是否安装或者使用，并提供独立的卸载或者关闭方式，不得附加不合理条件。”即便如此，目前一些软件仍然默认安装捆绑软件，若用户安装软件时没有养成良好的习惯，极易忽略勾选的安装捆绑软件信息，导致安装一个软件成了安装多个软件。

3）软件安装时的安全问题

大多数用户在安装操作系统和应用软件时，通常采用默认安装方式。这样带来了两方面的问题：一是安装了用户不需要的组件；二是目录、用户名、密码等采用了默认设置，这为黑客入侵提供了方便。

4）应用软件不要安装在C盘

应用软件一般不要安装在C盘中。原因如下：一是安装在C盘中容易造成 3）中所述的安全问题；二是应用软件即便没有安装在C盘中，也会在C盘的“Windows”文件夹中写入动态连接库（DLL），并且将软件的一些信息写入C盘的注册表内，同时还会在C盘建立临时工作目录等，这些操作都会导致C盘的可用空间越来越小（见图 2-11）。而C盘一般要有用于程序运行的虚拟内存或缓存，当C盘可用空间小于 5 GB时，随着磁盘文件碎片越来越多，程序运行速度会明显减慢，很容易导致系统死机。

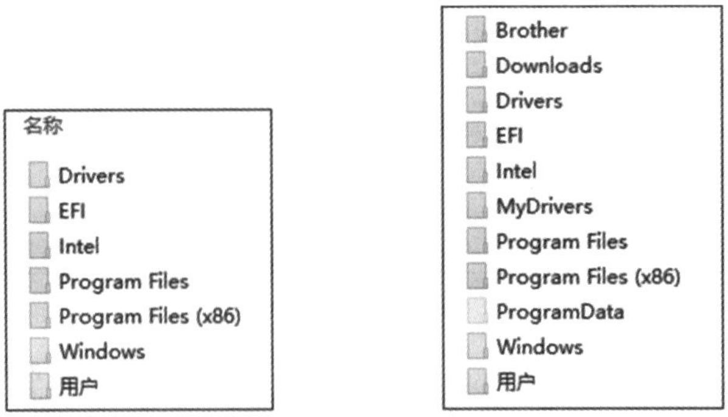

新安装系统占用空间为18.9 GB　　6个月后系统占用空间为36.7 GB

图 2-11　C盘可用空间大小变化

5）应用软件的一般安装过程

①安装文件解压缩。未安装前应用软件的大量程序往往被压缩成一个压缩包，这样可使文件所占空间变小，便于传输和下载。软件安装时，会对压缩包进行解压缩。

②运行安装程序（多数为setup.exe）后，会出现欢迎界面。欢迎界面的下方一般会有使用者授权条款，只有同意条款后，才能安装软件。

③一些大型软件有多个安装组件，如果用户选择的是自定义安装方式，可以选择要安装哪些组件。

④在正式安装前，会出现选择软件安装路径的界面。如果用户一直单击“下一步”按钮进行默认安装，一般情况下应用软件会安装到“C:\Program Files”下。

⑤确认软件安装路径等配置信息后，软件开始正式安装。这时安装程序会将应用软件的文件先复制到一个临时目录（这个目录由安装程序决定）下，然后再安装到用户指定的安装目录下，并且将软件的一些信息（如安装路径、程序使用的动态连接库等）写入系统注册表中；接下来将软件启动图标写入“开始”菜单并在桌面上建立对应的快捷方式图标；最后出现提示安装完成信息。

6）绿色软件

绿色软件（portable software或green software）是指一些小型软件，多数为免费软件，它们的最大特点是软件不用安装便可使用，可存放于闪存中，且软件删除后也不会将任何记录（注册表信息等）留在计算机上。相对其他软件，绿色软件对系统的影响很小，所以是很友好的一种软件类型。

实验 2-4 应用软件卸载

1. 实验目的

掌握在 Windows 下卸载应用软件的方法。

2. 实验要求

卸载搜狗输入法。

3. 实验步骤

①右击“开始”按钮，或者按 Win＋X 组合键，在弹出的快捷菜单中选择“应用和功能”命令。

②在打开的窗口中浏览已安装的应用软件，单击“搜狗输入法 15.5.0 正式版”（见图 2-12），然后单击“卸载”按钮。

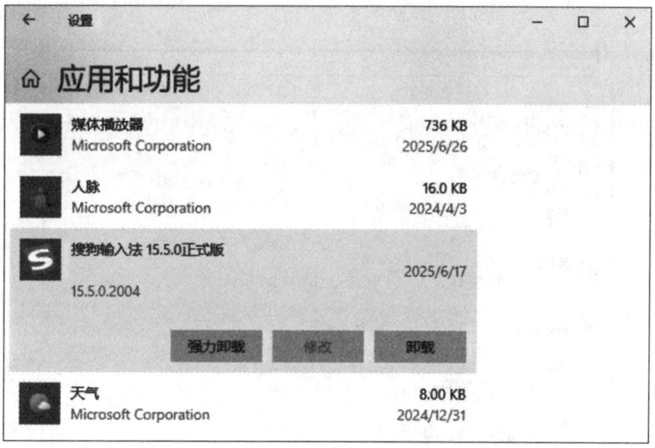

图 2-12 “应用和功能”窗口

③在卸载向导的指引下逐步完成软件的卸载。

实验 2-5 创建和管理账户

1. 实验目的

①理解Windows账户类型。

②掌握Windows账户的创建和管理方法。

2. 实验要求

检查计算机当前使用的账户的类型，再创建一个本地账户。

3. 实验步骤

1）检查账户类型

按Win+I组合键打开“设置”窗口（见图2-13），单击“账户”[①]图标，打开“账户”窗口，如图 2-14 所示，单击窗口中的各个项目，可以查看或设置相应的账户信息。

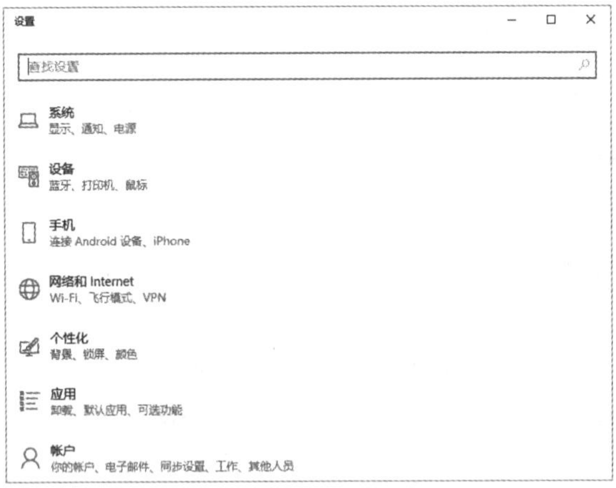

图 2-13 “设置”窗口

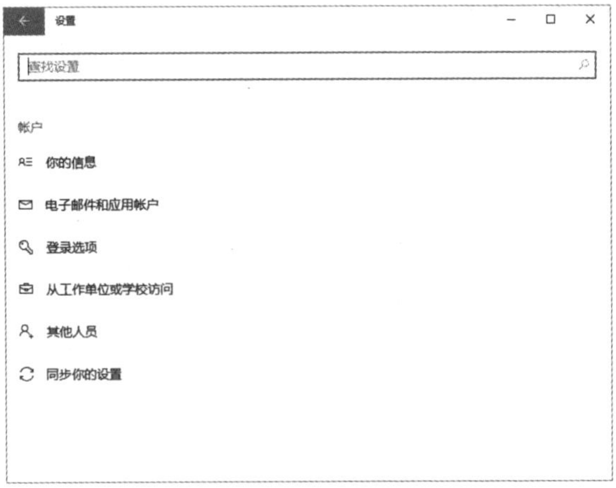

图 2-14 “账户”窗口

①计算机操作界面中常使用“帐户”，但为规范起见，本书正文中一律使用“账户”。

2）创建本地账户

在“账户”窗口中，单击“其他人员”按钮，打开“其他人员”窗口，如图 2-15 所示。单击“将其他人添加到这台电脑”按钮，打开添加用户窗口，如图 2-16 所示。

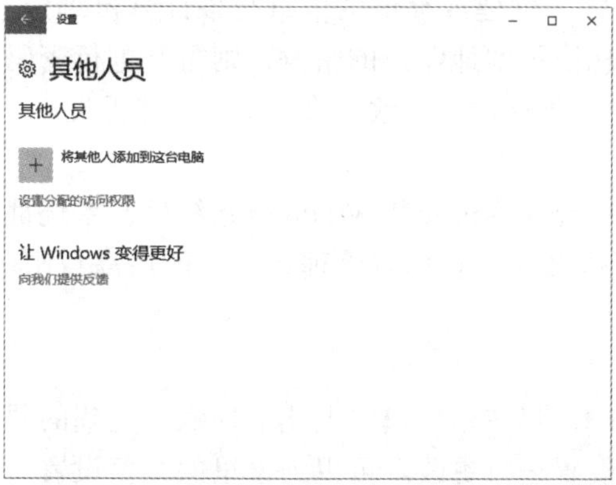

图 2-15 “其他人员”窗口

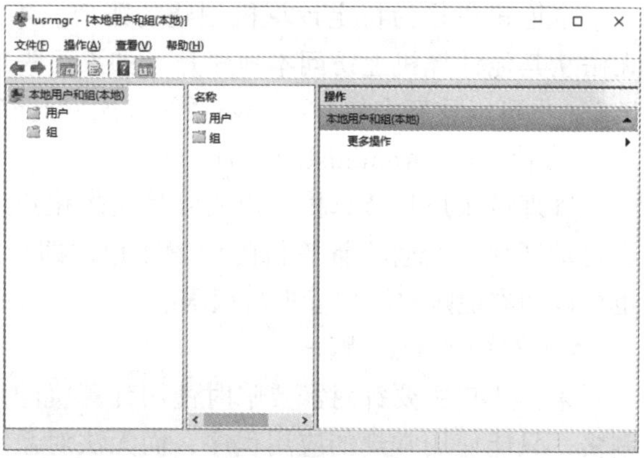

图 2-16 添加用户窗口

如图 2-17 所示，单击窗口左边的“用户”，再选择“操作”→“新用户”命令，打开“新用户”对话框，输入用户名、描述、密码、确认密码等信息（注意不要勾选“账户已禁用”复选框），再单击“创建”按钮，这时，新账户就创建好了，最后单击“关闭”按钮，关闭对话框。

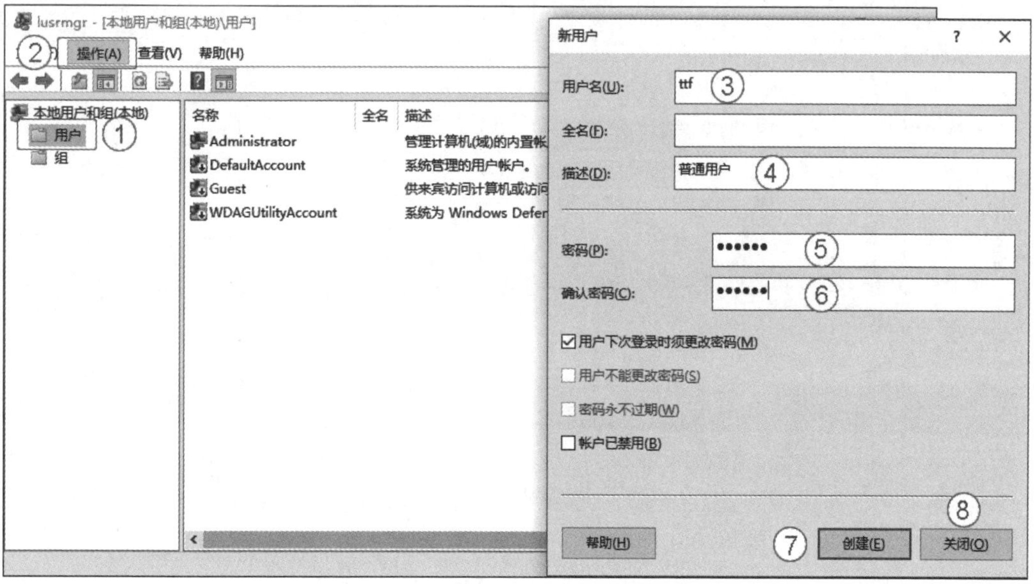

图 2-17 填写账户信息

4. 补充阅读

Windows 10 有 Microsoft 账户、本地账户、管理员账户、来宾账户等账户类型。

1）Microsoft 账户

Microsoft 账户是一种不与某个设备绑定的关联账户，可以在任意数量的不同计算机中使用。登录 Microsoft 账户可以在不同计算机上使用相同的系统设置、个性化桌面、密码、语言、应用程序设置、浏览器历史记录等。只有登录了 Microsoft 账户，才能使用 Microsoft

应用商店的功能。如果丢失或忘记了Microsoft账户密码，可以利用任何其他能接入互联网的计算机找回密码。

2）本地账户

本地账户是为特定计算机创建的账户。本地账户创建或存储的信息与该计算机绑定，无法从其他计算机上访问本地账户。如果丢失或忘记了本地账户的密码，则需要进行密码破解；也可以重新安装Windows系统以删除此账户，但这样会导致该账户中的数据丢失。

3）管理员（Administrator）账户

管理员账户是计算机用户权限最大的账户。每台计算机安装Windows系统后，系统都会自动新建一个管理计算机的内置账户，即管理员账户，它拥有管理计算机的最高权限。也可以为本地账户添加管理员权限。

4）来宾（Guest）账户

来宾账户主要针对需要临时使用计算机的用户，其在用户权限上比本地账户受到的限制多，只能使用常规的应用程序，而无法对系统设置进行更改。可以为家里的儿童设置一个来宾账户，这样儿童在下载和使用应用程序时，会受到更多的限制。

实验 2-6 清理垃圾文件

1. 实验目的

掌握清理垃圾文件的方法。

2. 实验要求

对操作系统所在磁盘分区进行垃圾文件清理。

3. 实验步骤

计算机在使用过程中，会产生一些临时文件，如系统下载的升级文件、Internet临时文件、Windows临时文件等，这些文件属于垃圾文件，会占用大量磁盘空间，需要定时进行清理，以免影响系统的运行速度。

双击桌面上的“此电脑”图标，在窗口中选择需要进行垃圾文件清理的磁盘（如C盘），右击它，在弹出的快捷菜单中选择“属性”命令，打开“属性”对话框［见图 2-18（a）］。单击“磁盘清理”按钮，在打开的窗口中选中需要清理的项目［见图 2-18（b）］，最后单击“确定”按钮，进行磁盘垃圾文件清理。

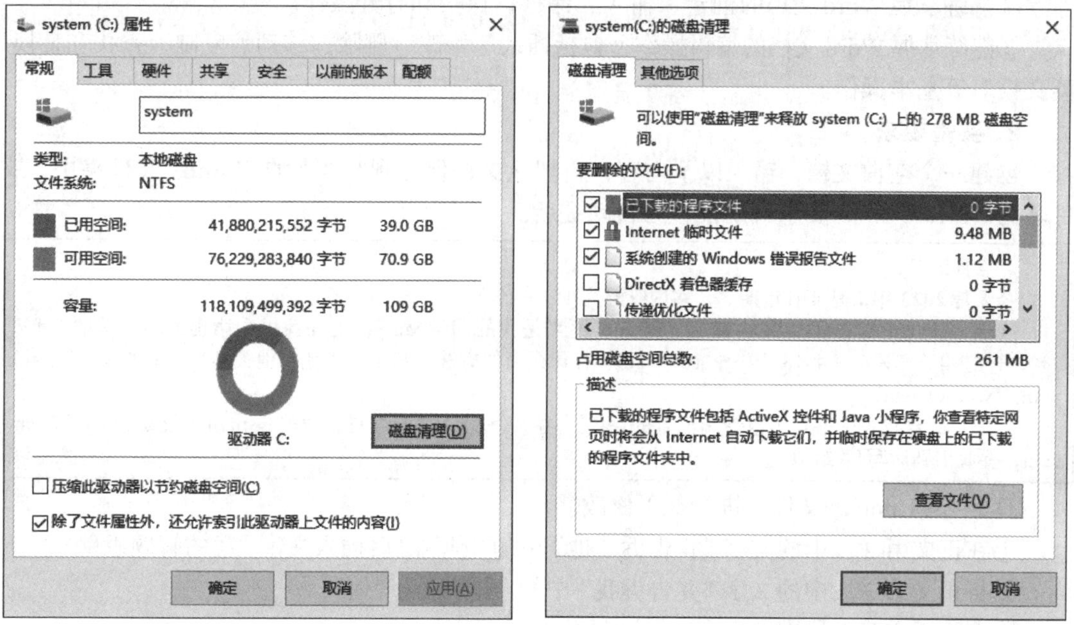

（a）　　　　　　　　　　（b）

图 2-18　磁盘清理

第 3 章 Word文字处理实验

实验 3-1 文本输入和编辑

1. 实验目的

①掌握 Word 的启动和退出方法，熟悉 Word 的界面。

②熟练掌握 Word 文档的创建、输入、保存、保护和打开操作。

③熟练掌握 Word 文档的编辑操作，包括插入、修改、删除、移动、复制、查找和替换、英文校对等基本操作。

2. 实验要求

创建一个空白文档，输入以下内容，再把该文档保存到 E 盘下的“Word”文件夹中，文件名为“W1.docx”，要求日期设置为自动更新。

> 点点日记
>
> 今天是 2022 年 1 月 4 日星期二，室内气温为 15 ～ 17 ℃。
>
> 晚上🕘，我正在看📖，突然☎铃声响起，原来是我的同学 Mary，他问我书中第Ⅷ页的数学题“计算 1×2 ＋ 2×4 ＋ 3×6 ＋ 4×8 ＋…＋ 100×200”有什么简便方法。我告诉了他，他很高兴。对我说：“Thank you! My best friend！”
>
> 后来，他要我去图书馆为他借阅巴金的《家》《春》《秋》，并告诉我，他的 E-mail 地址是 Mary@21cn.com，要我借到后写📧给他。

打开“W1.docx”文件，进行如下修改。

①在正文第 2 段中的文字“我告诉了他”中的“他”之后插入文字“我的解题思路”。

②将正文第 3 段中的文字“并告诉我”中的“并”改为“他”。

③删除正文第 3 段中的文字“《春》《秋》”。

④将正文第 2 段中的文字“他问我书中第Ⅷ页的数学题……”中的“数学”复制到“我”和“书”之间。

⑤将正文第 3 段中的文字“他告诉我，他的 E-mail 地址是 Mary@21cn.com，”移动到文字“后来，”之后。

⑥将文中所有的文字“他”替换为“她”。

⑦将正文第 2 段和第 3 段合并成一段。

⑧检查文中的英文单词是否有拼写错误，有则改正。

⑨将最后一段内容删除，再将其恢复。

⑩为使其他应用程序能读取该文件，将该文件另存为纯文本文件“T1.txt”。

3. 实验步骤

1）新建文件夹

打开E盘，在空白处右击，在弹出的快捷菜单中选择“新建”→“文件夹”命令，输入文件夹名“Word”，按Enter键。

2）输入文本

双击桌面上的“Word 2016”快捷方式图标，启动Word 2016，进入Word 2016的工作界面。单击输入法图标，选择自己熟悉的输入法，在文档编辑区输入正文。输入文字一般在插入状态下进行，此时状态栏中显示“插入”，如果不是，可以单击“改写”或按Insert键进行切换。

注意：在输入中文时，键盘要处于小写字母输入状态。文档中的英文字母、数字和小数点应在英文状态下输入。

以下两种内容的输入方法比较特殊。

（1）日期。

单击“插入”选项卡中“文本”组的“日期和时间”按钮，打开“日期和时间”对话框，在“语言（国家/地区）”下拉列表中选择“中文（中国）”，在“可用格式”列表框中选择需要的格式，并勾选“自动更新”复选框，最后单击“确定”按钮。

（2）符号。

符号“℃”“Ⅷ”“×”可以使用软键盘输入，不同输入法下软键盘的使用方法不同。以搜狗输入法为例，右击输入法状态栏上的“输入方式”按钮⌨，在弹出的快捷菜单中分别选择“特殊符号”“数字序号”“数学符号”命令，然后在出现的软键盘中单击相应的符号即可。

输入“🕒”“🕮”“☎”“🖃”可以使用以下方法。单击“插入”选项卡中“符号”组的“符号”下拉按钮，在下拉菜单中选择“其他符号”命令，打开“符号”对话框，在“字体”下拉列表中选择“Wingdings”，然后在下方的列表框中选择需要的符号，单击“插入”按钮，最后单击“关闭”按钮。

3）保存文档

单击“文件”按钮，在菜单中选择“保存”命令，在“另存为”界面中单击“浏览”按钮，打开“另存为”对话框，在地址栏中选择或输入“E:\Word”，在“保存类型”下拉列表中选择“Word文档（*.docx）”，在“文件名”下拉组合框中输入文件名“W1”，单击“保存”按钮，然后关闭该文档。

4）编辑文档

打开“W1.docx”文件，按要求进行编辑修改。

①在插入状态下，将光标移到“我告诉了他”中的“他”后面，输入“我的解题思路”。

②选中“并告诉我”中的“并”，按Delete键，输入“他”。

③选中“《春》《秋》”，按Delete键。

④选中“数学”，右击，在弹出的快捷菜单中选择“复制”命令，将光标移到文字“我”和“书”之间，按Ctrl+V组合键。也可以使用快捷方法，选中“数学”后按住Ctrl键的同时将其拖动至指定位置。

⑤选中“他告诉我，他的E-mail地址是Mary@21cn.com，”，右击，在弹出的快捷菜单中选择“剪切”命令。将光标移到“后来，”之后，右击，在弹出的快捷菜单中选择“粘贴选项”中的“保留源格式”命令。也可以使用鼠标拖动的方法移动文字。

⑥单击“开始”选项卡中“编辑”组的“替换”按钮，打开“查找和替换”对话框。在“查找内容”下拉组合框中输入“他”，在“替换为”下拉组合框中输入“她”，单击“全部替换”按钮，在弹出的对话框中单击“确定”按钮，再关闭“查找和替换”对话框。

⑦将光标移到第2段的段落标记符前（如果看不到段落标记符，可单击“开始”选项卡中“段落”组的“显示/隐藏编辑标记”按钮），然后按Delete键。

⑧单击“审阅”选项卡中“校对”组的“拼写和语法”按钮，进行语法和拼写检查，如果有错误，就在“语法”或“拼写检查”任务窗格中更改。

⑨选中最后一段，按Delete键删除，再单击快速访问工具栏中的“撤销”按钮撤销刚才的操作。

⑩单击“文件”按钮，在打开的菜单中选择“另存为”命令，在“另存为”界面中单击“浏览”按钮，打开“另存为”对话框，在地址栏中选择或输入“E:\Word”，在“保存类型”下拉列表中选择“纯文本（*.txt）”，在“文件名”下拉组合框中输入文件名“T1”，单击“保存”按钮。在随后出现的“文件转换”对话框中，单击“确定”按钮。

4. 拓展任务1：文本输入

创建一个空白文档，输入以下内容（输入时应注意中文和英文的状态切换、全角和半角的状态切换、标点符号等），并以“W2.docx”为文件名保存在“E：\Word”下，然后关闭该文档。

> 在Intel Developer Forum（英特尔开发者论坛）上，微软主席Jim Allchin宣布，64位的Windows桌面版本将在4月初发布，而其服务器版本则在4月底推出。Allchin表示，公司把近期目标锁定为64位系统，并鼓励广大开发者开始和改善他们的程序，以发挥额外的处理优势。上个月，微软发布了64位OS的第二个候选版本，并且承诺将在6月底发布最终版本。其实大家对64位Windows XP和Windows Server 2003一直很期待，可谓望穿秋水，特别是CPU芯片商AMD，它在两年前就已经推出64位的服务芯片。

5. 拓展任务2：文本编辑和修改

创建一个空白文档，输入以下内容，并以“W3.docx”为文件名保存在“E：\Word”下，然后关闭该文档。

> 有人曾笑着说：“中国有两港——花港，香港。”由“花”而联想到“香”，这是很自然的。
>
> “花港观鱼”这古老的名胜，如今更是名副其实。四时如锦的花，碧波粼粼的港，招之即来的鱼，都是令人喜爱的。除此之外，漫步河塘柳岸，散步草坪林荫，或登亭台楼榭眺望远山近水，或傍湖边长椅欣赏六桥烟柳，也使人心旷神怡。

打开“W3.docx”文件，进行如下编辑操作。

①在文本的最前面插入一行标题“花港观鱼”。

②将“有人曾笑着说”的“笑着”两个字删除。将文中的“由‘花’而联想到‘香’，”改为“由于中国几千年的欣赏习惯，从远自《诗经》近到当今最流行的歌曲中，都可以看到，人们总是喜欢看到‘花’而联想到‘香’。”。

③将“漫步河塘柳岸”和“散步草坪林荫”互换位置。

④将文中的两段合并成一段，并在“如今更是名副其实。”后另起一段。

⑤将所有的“港”替换为“Gang”。

⑥分别以页面视图、阅读视图、Web版式视图等不同视图方式显示文档，观察各个视图的显示特点。

修改结果如下。

花Gang观鱼

有人曾说："中国有两Gang——花Gang，香Gang。"由于中国几千年的欣赏习惯，从远自《诗经》近到当今最流行的歌曲中，都可以看到，人们总是喜欢看到"花"而联想到"香"。这是很自然的。"花Gang观鱼"这古老的名胜，如今更是名副其实。

四时如锦的花，碧波粼粼的Gang，招之即来的鱼，都是令人喜爱的。除此之外，散步草坪林荫，漫步河塘柳岸，或登亭台楼榭眺望远山近水，或傍湖边长椅欣赏六桥烟柳，也使人心旷神怡。

实验 3-2 设置文档密码

1. 实验目的

①掌握Word文档的自动保存功能。

②掌握Word文档的密码保护功能。

2. 实验要求

创建一个空白文档，设置自动保存时间间隔为5 min，插入“W1.docx”文件的内容，并将本文档保存为“W4.docx”文件，设置打开密码为“123”、修改密码为“456”。

3. 实验步骤

①单击“文件”按钮，在菜单中选择“新建”命令，单击“空白文档”按钮。

②单击“文件”按钮，在菜单中选择“选项”命令，打开“Word选项”对话框。在对话框左侧选择“保存”标签，设置“保存自动恢复信息时间间隔”为5 min，单击“确定”按钮。

③单击“插入”选项卡中“文本”组的“对象”下拉按钮，在下拉菜单中选择“文件中的文字”命令，打开“插入文件”对话框，在地址栏中选择或输入“E:\Word”，选择“W1.docx”文件，单击“插入”按钮。

④单击“文件”按钮，在菜单中选择“另存为”命令，在“另存为”界面中单击“浏览”按钮，打开“另存为”对话框，在地址栏中选择或输入“E:\Word”，在“保存类型”下拉列表中选择“Word 文档（*.docx）”，在“文件名”下拉组合框中输入文件名“W4”。单击对话框中的“工具”下拉按钮，在下拉菜单中选择“常规选项”命令，打开“常规选项”对话框。在“打开文件时的密码”文本框中输入“123”，在“修改文件时的密码”文本框中输入“456”，单击“确定”按钮。在随后弹出的“确认密码”对话框中分别再次输入密码并单击“确定”按钮，最后单击“保存”按钮。

注意：有些操作的实现方法有多种，或使用菜单命令，或使用功能区的相应按钮，或按快捷键，任选其中一种方法即可。

4. 拓展任务1：设置文档密码

①打开“W3.docx”文件，将其在“E:\Word”下另存为“W5.docx”文件，并设置打开密码为“AAA”，修改密码为“BBB”。

②创建一个空白文档，设置自动保存时间间隔为8 min，插入“W5.docx”文件的内容。根据Word提供的字数统计功能，记录并在Word文档中输入以下数据：字数、字符数（不计空格）、段落数。然后以“W6.docx”为文件名将文档保存在“E:\Word”下。

③为使其他应用程序（如记事本）能读取“W5.docx”的内容，打开“W5.docx”文件，把它另存为“E:\Word”下的“T2.txt”文件。

5. 拓展任务2：自选题材文本编辑

搜集自己喜欢的题材（如人生感悟、体育和音乐新闻等）的文本，输入Word文档中并保存，尽量用到所学的文档输入和编辑知识。

实验 3-3 文档版面编排

1. 实验目的

①熟练掌握Word文档的字符排版。

②熟练掌握Word文档的段落排版。

③熟练掌握Word文档的页面排版。

2. 实验要求

文档最终排版效果如图 3-1 所示。

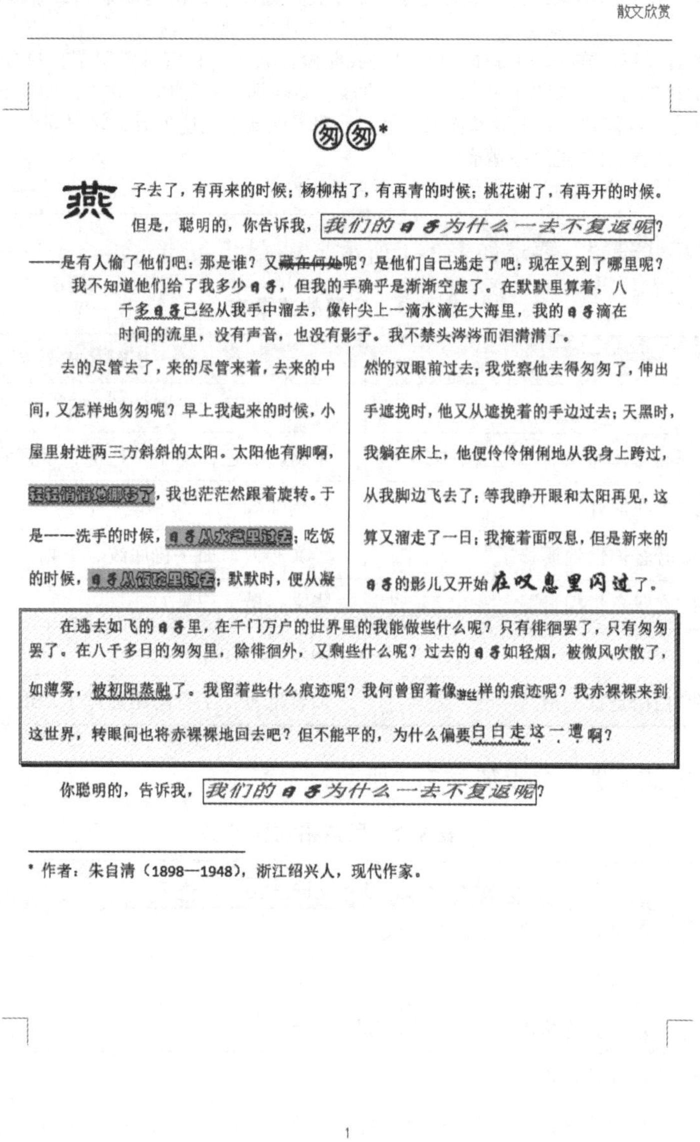

散文欣赏

匆匆*

燕子去了，有再来的时候；杨柳枯了，有再青的时候；桃花谢了，有再开的时候。但是，聪明的，你告诉我，我们的日子为什么一去不复返呢？——是有人偷了他们吧：那是谁？又藏在何处呢？是他们自己逃走了吧：现在又到了哪里呢？

我不知道他们给了我多少日子，但我的手确乎是渐渐空虚了。在默默里算着，八千多日子已经从我手中溜去，像针尖上一滴水滴在大海里，我的日子滴在时间的流里，没有声音，也没有影子。我不禁头涔涔而泪潸潸了。

去的尽管去了，来的尽管来着，去来的中间，又怎样地匆匆呢？早上我起来的时候，小屋里射进两三方斜斜的太阳。太阳他有脚啊，轻轻悄悄地挪移了，我也茫茫然跟着旋转。于是——洗手的时候，日子从水盆里过去；吃饭的时候，日子从饭碗里过去；默默时，便从凝然的双眼前过去；我觉察他去得匆匆了，伸出手遮挽时，他又从遮挽着的手边过去；天黑时，我躺在床上，他便伶伶俐俐地从我身上跨过，从我脚边飞去了；等我睁开眼和太阳再见，这算又溜走了一日；我掩着面叹息，但是新来的日子的影儿又开始在叹息里闪过了。

在逃去如飞的日子里，在千门万户的世界里的我能做些什么呢？只有徘徊罢了，只有匆匆罢了。在八千多日的匆匆里，除徘徊外，又剩些什么呢？过去的日子如轻烟，被微风吹散了，如薄雾，被初阳蒸融了。我留着些什么痕迹呢？我何曾留着像游丝样的痕迹呢？我赤裸裸来到这世界，转眼间也将赤裸裸地回去吧？但不能平的，为什么偏要白白走这一遭啊？

你聪明的，告诉我，我们的日子为什么一去不复返呢？

* 作者：朱自清（1898—1948），浙江绍兴人，现代作家。

1

图 3-1 文档最终排版效果

①创建一个空白文档，输入以下内容，并保存在E盘下的“Word”文件夹中，文件名为“W7.docx”。

匆匆

燕子去了，有再来的时候；杨柳枯了，有再青的时候；桃花谢了，有再开的时候。但是，聪明的，你告诉我，我们的日子为什么一去不复返呢？——是有人偷了他们吧：那是谁？又藏在何处呢？是他们自己逃走了吧：现在又到了哪里呢？

我不知道他们给了我多少日子，但我的手确乎是渐渐空虚了。在默默里算着，八千多日子已经从我手中溜去，像针尖上一滴水滴在大海里，我的日子滴在时间的流里，没有声音，也没有影子。我不禁头涔涔而泪潸潸了。

去的尽管去了，来的尽管来着，去来的中间，又怎样地匆匆呢？早上我起来的时候，小屋里射进两三方斜斜的太阳。太阳他有脚啊，轻轻悄悄地挪移了，我也茫茫然跟着旋转。于是——洗手的时候，日子从水盆里过去；吃饭的时候，日子从饭碗里过去；默默时，便从凝然的双眼前过去；我觉察他去得匆匆了，伸出手遮挽时，他又从遮挽着的手边过去；天黑时，我躺在床上，他便伶伶俐俐地从我身上跨过，从我脚边飞去了；等我睁开眼和太阳再见，这算又溜走了一日；我掩面叹息，但是新来的日子的影儿又开始在叹息里闪过了。

在逃去如飞的日子里，在千门万户的世界里的我能做什么呢？只有徘徊罢了，只有匆匆罢了。在八千多日的匆匆里，除徘徊外，又剩些什么呢？过去的日子如轻烟，被微风吹散了，如薄雾，被初阳蒸融了。我留着些什么痕迹呢？我何曾留着像游丝样的痕迹呢？我赤裸裸来到这世界，转眼间也将赤裸裸地回去吧？但不能平的，为什么偏要白白走这一遭啊？

你聪明的，告诉我，我们的日子为什么一去不复返呢？

②进行字符格式设置，要求如表3-1所示。

表3-1　字符格式要求

字符内容	字符格式要求
标题“匆匆”	黑体，二号，带圈字符（缩小文字、圆圈）
正文第1段中的“我们的日子为什么一去不复返呢”	倾斜，红色，加字符边框，字符缩放比例为150%
正文第1段中的“藏在何处”	双删除线
正文第3段中的“轻轻悄悄地挪移了”	华文彩云，加字符底纹、下划线(蓝色波浪线)
正文第3段中的“在叹息里闪过”	华文行楷，三号
正文第4段中的“游丝”	四号，下标
正文第4段中的“白白走这一遭”	加着重号，字符间距加宽1.2 pt，字符位置提升3 pt

③进行段落格式设置，要求如表3-2所示。

表3-2　段落格式要求

段落	段落格式要求
标题	居中对齐，段后间距为12 pt
正文第1段	分散对齐
正文第2段	左、右均缩进1 cm，悬挂缩进1.11 cm
正文第3段	1.75倍行距
正文第4段	添加段落边框：带阴影双实线、蓝色、线宽为0.75 pt。添加段落底纹：图案（样式为20%，颜色为黄色）

④使用格式刷复制格式，要求如表 3-3 所示。

表 3-3　复制格式要求

样板文字或段落	目标文字或段落
正文第 1 段中的“我们的日子为什么一去不复返呢”	正文第 5 段中的“我们的日子为什么一去不复返呢”
正文第 3 段段落标记符“↵”	正文第 5 段段落标记符“↵”
正文第 3 段中的“轻轻悄悄地挪移了”	正文第 3 段中的“日子从水盆里过去”及“日子从饭碗里过去”

⑤使用替换功能替换格式，要求如表 3-4 所示。

表 3-4　替换格式要求

字符内容	替换格式要求
全文中所有“日子”	华文行楷、蓝色、加粗

⑥进行页面格式设置，要求如表 3-5 所示。

表 3-5　页面格式要求

选择内容	页面格式要求
正文第 1 段中的第 1 个字“燕”	首字下沉两行，字体设置为“隶书”，距正文 0.3 cm
正文第 3 段	分为等宽的两栏，栏宽为 7 cm，栏间加分隔线
全文	设置页眉“散文欣赏”，右对齐
全文	在页面底端（页脚）以居中对齐方式插入页码，并将初始页码设置为全角字符“1”
标题“匆匆”	为文字“匆匆”插入尾注：引用标记为“*”；内容为“作者：朱自清（1898—1948），浙江绍兴人，现代作家。”
全文	将文档页面的纸张大小设置为“A4”，左、右页边距均为 3 cm，上页边距为 4 cm，下页边距为 5 cm

3. 实验步骤

1）创建文档

启动 Word 2016，进入 Word 2016 工作界面，输入要求的文字内容。

单击“文件”按钮，在打开的菜单中选择“保存”命令，在“另存为”界面中单击“浏览”按钮，打开“另存为”对话框，在地址栏中选择或输入“E:\Word”，在“文件名”下拉组合框中输入文件名“W7”，在“保存类型”下拉列表中选择“Word 文档（*.docx）”，单击“保存”按钮。

2）字符格式设置

选中标题“匆匆”的第一个字“匆”，在“开始”选项卡的“字体”组中，单击“字体”下拉列表框 宋体 的下拉按钮，在下拉列表中选择“黑体”；单击“字号”下拉列表框 五号 的下拉按钮，在下拉列表中选择“二号”；单击“带圈字符”按钮㊫，打开“带圈字符”对话框，样式选择“缩小文字”，圈号选择“○”，单击“确定”按钮。对第二个字“匆”进行同样的设置。

选中正文第1段中的“我们的日子为什么一去不复返呢”，在“开始”选项卡的“字体”组中，单击“倾斜”按钮 *I*；单击“字体颜色”下拉按钮 A ▾，在下拉菜单中选择“红色”命令；单击“字符边框”按钮 A。在“开始”选项卡的“段落”组中单击“中文版式”下拉按钮 ▾，在下拉菜单中选择“字符缩放”→“150%”命令。

选中正文第1段中的“藏在何处”，单击“开始”选项卡中“字体”组右下角的对话框启动器，打开“字体”对话框，在“字体”选项卡的“效果”栏中勾选“双删除线”复选框，单击“确定”按钮。

选中正文第3段中的“轻轻悄悄地挪移了”，单击“开始”选项卡中“字体”组右下角的对话框启动器，打开“字体”对话框，在“中文字体”下拉列表中选择“华文彩云”；在“下划线线型”下拉列表中选择波浪线“～～”；在“下划线颜色”下拉列表中选择“蓝色”，单击“确定”按钮。单击“字体”组中的“字符底纹”按钮 A。

选中正文第3段中的“在叹息里闪过”，单击“开始”选项卡中“字体”组右下角的对话框启动器，打开“字体”对话框，在“中文字体”下拉列表中选择“华文行楷”；选择“字号”为“三号”，单击“确定”按钮。

选中正文第4段中的“游丝”，在“开始”选项卡的“字体”组中，选择“字号”为“四号”；单击“下标”按钮 x_2。

选中正文第4段中的“白白走这一遭”，单击“开始”选项卡中“字体”组右下角的对话框启动器，打开“字体”对话框，在“着重号”下拉列表中选择“·”；再切换至“高级”选项卡，在“间距”下拉列表中选择“加宽”，在旁边的“磅值”微调框中选择或输入“1.2磅”，在“位置”下拉列表中选择“提升”，在旁边的“磅值”微调框中选择或输入“3磅”，单击“确定”按钮。

3）段落格式设置

选中标题“匆匆”，单击“开始”选项卡中“段落”组右下角的对话框启动器，打开“段落”对话框，在“缩进和间距”选项卡中的“常规”栏中的“对齐方式”下拉列表中选择“居中”，在“间距”栏的“段后”微调框中选择或输入“12磅”，单击“确定”按钮。

选中正文第1段，单击“开始”选项卡中“段落”组右下角的对话框启动器，打开“段落”对话框，在“对齐方式”下拉列表中选择“分散对齐”，单击“确定”按钮。

选中正文第2段，单击“开始”选项卡中“段落”组右下角的对话框启动器，打开“段落”对话框，在“缩进”栏的“左侧”“右侧”微调框中均选择或输入“1厘米”，在“特殊格式”下拉列表中选择“悬挂缩进”，并在旁边的“缩进值”微调框中选择或输入“1.11厘米”，单击“确定”按钮。

选中正文第3段，单击“开始”选项卡中“段落”组右下角的对话框启动器，打开“段落”对话框，在“行距”下拉列表中选择“多倍行距”，在旁边的“设置值”微调框中选择或输入“1.75”，单击“确定”按钮。

选中正文第4段，单击“开始”选项卡中“段落”组的“边框”下拉按钮 ▾，在下拉菜单中选择“边框和底纹”命令，打开“边框和底纹”对话框，在“设置”栏中选择“阴影”，在“样式”列表框中选择双实线，在“颜色”下拉列表中选择“蓝色”，在“宽度”下拉列表中选择“0.75磅”；切换至“底纹”选项卡，在“样式”下拉列表中选择“20%”，在“颜色”下拉列表中选择“黄色”，单击“确定”按钮。

注意：如果系统自动提供的单位与题目要求不符，不建议直接输入单位，应通过单击“文件”按钮，在菜单中选择“选项”命令，打开“Word选项”对话框，然后单击“高级”标签，在“显示”栏中进行度量单位的设置。一般情况下，如果“度量单位”选择为“厘米”，而“以字符宽度为度量单位”复选框也被勾选的话，则默认的缩进单位为“字符”，对应的段落间距和行距单位为“行”；如果取消勾选“以字符宽度为度量单位”复选框，则默认的缩进单位为“厘米”，对应的段落间距和行距单位为“磅”。

4）使用格式刷复制格式

选中正文第 1 段中的“我们的日子为什么一去不复返呢”，单击“开始”选项卡中“剪贴板”组的“格式刷”按钮，然后选中正文第 5 段中的“我们的日子为什么一去不复返呢”。

选中正文第 3 段段落标记符“↵”，单击“开始”选项卡中“剪贴板”组的“格式刷”按钮，然后选中正文第 5 段段落标记符“↵”。

选中正文第 3 段中的“轻轻悄悄地挪移了”，双击“开始”选项卡中“剪贴板”组的“格式刷”按钮，然后选中正文第 3 段中的“日子从水盆里过去”及“日子从饭碗里过去”。最后单击“格式刷”按钮。

5）使用替换功能替换格式

单击“开始”选项卡中“编辑”组的“替换”按钮，打开“查找和替换”对话框。在“查找内容”下拉组合框中输入“日子”，在“替换为”下拉组合框中也输入“日子”，单击“更多”按钮，将光标置于“替换为”下拉组合框中，再单击“格式”下拉按钮，在下拉菜单中选择“字体”命令，打开“替换字体”对话框。在“字体”选项卡中设置“中文字体”为“华文行楷”，“字体颜色”为“蓝色”，“字形”为“加粗”，单击“确定”按钮，单击“全部替换”按钮。确认全部替换后，关闭“查找和替换”对话框。

6）页面格式设置

选中正文第 1 段中的第 1 个字“燕”，单击“插入”选项卡中“文本”组的“首字下沉”下拉按钮，在下拉菜单中选择“首字下沉选项”命令，打开“首字下沉”对话框，在“位置”栏中选择“下沉”，在“选项”栏中的“字体”下拉列表中选择“隶书”，在“下沉行数”微调框中选择或输入“2”，在“距正文”微调框中选择或输入“0.3 厘米”，单击“确定”按钮。

选中正文第 3 段，单击“布局”选项卡中“页面设置”组的“分栏”下拉按钮，在下拉菜单中选择“更多分栏”命令，打开“分栏”对话框，在“预设”栏中选择“两栏”，在“宽度”微调框中选择或输入“7 厘米”，勾选“分隔线”复选框，单击“确定”按钮。

将光标置于文中，单击“插入”选项卡中“页眉和页脚”组的“页眉”下拉按钮，在下拉菜单中选择“空白”样式，在页眉编辑区输入文字“散文欣赏”，并单击“开始”选项卡中“段落”组的“右对齐”按钮，双击正文区域完成设置。

将光标置于正文中的任意位置，单击“插入”选项卡中“页眉和页脚”组的“页码”下拉按钮，在下拉菜单中选择“页面底端”→“简单”→“普通数字 2”样式；在“页眉和页脚工具-设计”选项卡的“页眉和页脚”组中，单击“页码”下拉按钮，在下拉菜单中选择“设置页码格式”命令，打开“页码格式”对话框，在“编号格式”下拉列表中选择“全角…”，在“起始页码”微调框中选择或输入“ 1 ”，单击“确定”按钮。在“关闭”组中单击“关闭页眉和页脚”按钮。

选中标题“匆匆”，单击“引用”选项卡中“脚注”组右下角的对话框启动器，打开“脚注和尾注”对话框。选中“尾注”单选按钮，再单击“自定义标记”文本框旁边的“符号”按钮，打开“符号”对话框，选择符号“*”，单击“确定”按钮，单击“插入”按钮，在尾注输入区中输入“作者：朱自清（1898—1948），浙江绍兴人，现代作家。”。

将光标置于正文中的任意位置，单击“布局”选项卡中“页面设置”组右下角的对话框启动器，打开“页面设置”对话框，切换至“页边距”选项卡，在“左”“右”微调框中均选择或输入“3 厘米”，在“上”微调框中选择或输入“4 厘米”，在“下”微调框中选择或输入“5 厘米”；切换至“纸张”选项卡，在“纸张大小”下拉列表中选择“A4”，单击“确定”按钮。最后保存文档。

注意：在本实验中，在“页面设置”对话框中进行设置时，要确认每个选项卡的“应用于”选项均设置为“整篇文档”。

4. 拓展任务：文本版面编排

①创建一个空白文档，输入下面的内容，并以“W8.docx”为文件名保存在“E：\Word”下。

春

盼望着，盼望着，东风来了，春天的脚步近了。

一切都像刚睡醒的样子，欣欣然张开了眼。山朗润起来了，水涨起来了，太阳的脸红起来了。

小草偷偷地从土里钻出来，嫩嫩的，绿绿的。园子里，田野里，瞧去，一大片一大片满是的。坐着，躺着，打两个滚，踢几脚球，赛几趟跑，捉几回迷藏。风轻悄悄的，草软绵绵的。

桃树、杏树、梨树，你不让我，我不让你，都开满了花赶趟儿。红的像火，粉的像霞，白的像雪。花里带着甜味儿；闭了眼，树上仿佛已经满是桃儿、杏儿、梨儿。花下成千成百的蜜蜂嗡嗡地闹着，大小的蝴蝶飞来飞去。野花遍地是：杂样儿，有名字的，没名字的，散在草丛里，像眼睛，像星星，还眨呀眨的。

“吹面不寒杨柳风”，不错的，像母亲的手抚摸着你。风里带来些新翻的泥土的气息，混着青草味儿，还有各种花的香，都在微微润湿的空气里酝酿。鸟儿将窠巢安在繁花嫩叶当中，高兴起来了，呼朋引伴地卖弄清脆的喉咙，唱出宛转的曲子，与轻风流水应和着。牛背上牧童的短笛，这时候也成天在嘹亮地响。

雨是最寻常的，一下就是三两天。可别恼。看，像牛毛，像花针，像细丝，密密地斜织着，人家屋顶上全笼着一层薄烟。树叶子却绿得发亮，小草也青得逼你的眼。傍晚时候，上灯了，一点点黄晕的光，烘托出一片安静而和平的夜。乡下去，小路上，石桥边，有撑起伞慢慢走着的人；还有地里工作的农夫，披着蓑，戴着笠的。他们的草屋，稀稀疏疏的，在雨里静默着。

天上风筝渐渐多了，地上孩子也多了。城里乡下，家家户户，老老小小，他们也赶趟儿似的，一个个都出来了。舒活舒活筋骨，抖擞抖擞精神，各做各的一份事去。“一年之计在于春”，刚起头儿，有的是工夫，有的是希望。

春天像刚落地的娃娃，从头到脚都是新的，他生长着。

春天像小姑娘，花枝招展的，笑着，走着。

春天像健壮的青年，有铁一般的胳膊和腰脚，他领着我们上前去。

②打开“W8.docx”文件，将标题“春”设置为小二、蓝色、楷体、加粗、居中，加菱形圈号（增大圈号），并添加黄色文字底纹、绿色文字阴影边框，框线宽度为 1.5 pt。将正文各段的段后间距均设置为 8 pt。

③将正文第 1 段中文字的字符间距设置为加宽 3 pt，段前间距设置为 18 pt，设置首字下沉，下沉行数为 2，距正文 0.2 cm。

④将正文第 2 段改为繁体字，在正文第 2 段、第 3 段前加项目符号“◆”。

⑤将正文第 4 段左、右均缩进 1 cm，首行缩进 0.9 cm，行距设置为 18 pt。

⑥为正文第 5 段设置绿色段落底纹、蓝色段落边框，框线宽度为 0.5 pt，并将该段分为等宽三栏，栏宽为 3.45 cm，栏间加分隔线。

⑦将正文第 6 段左、右均缩进 2 cm，悬挂缩进 1.2 cm，左对齐。

⑧查找文中“春天”的个数，将正文中的第 1 个“春天”设置为小四、绿色、加粗，添加黄色文字底纹。利用格式刷复制该格式，并使正文中所有的“春天”都应用这一格式。

⑨利用替换功能，将正文中所有的“花”设置为华文行楷、小三、倾斜、红色。

⑩将文档页面的纸张大小设置为“A4”，设置左、右页边距均为 2 cm，上、下页边距均为 2.5 cm。

⑪在页面底端以居中对齐方式插入页码，并将初始页码设置为全角字符的“２”。

⑫使用自己喜欢的页眉样式，添加页眉文字“朱自清名作欣赏”，并且文字左对齐。

⑬为标题“春”插入尾注内容“现代作家朱自清作品”，尾注引用标记为“♣”。

⑭将文档打印预览后以文件名“W9.docx”保存在“E：\Word”下。

文档排版后效果如图 3-2 所示。

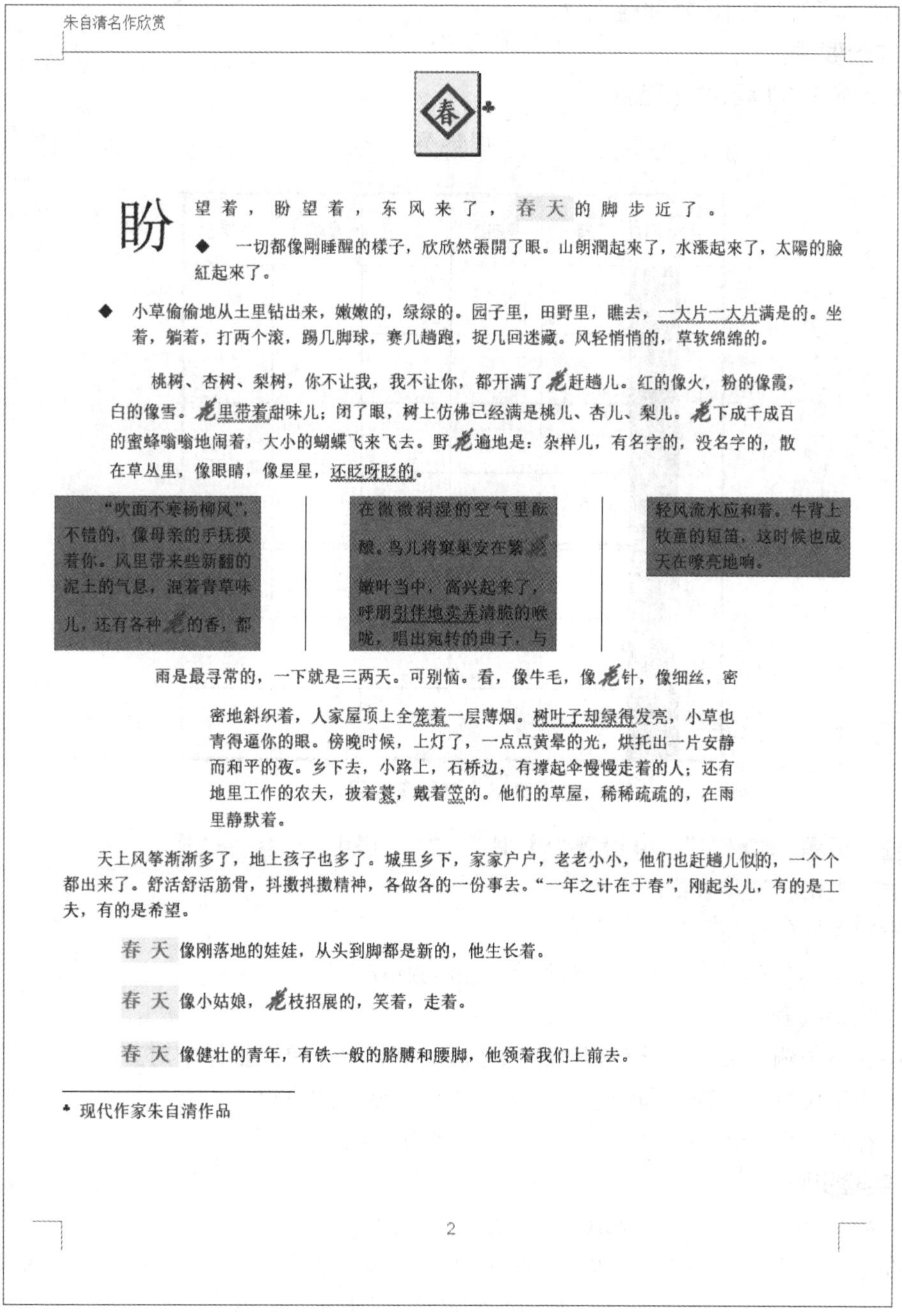

朱自清名作欣赏

春♣

盼望着，盼望着，东风来了，春天的脚步近了。

◆ 一切都像剛睡醒的樣子，欣欣然張開了眼。山朗潤起來了，水漲起來了，太陽的臉紅起來了。

◆ 小草偷偷地从土里钻出来，嫩嫩的，绿绿的。园子里，田野里，瞧去，一大片一大片满是的。坐着，躺着，打两个滚，踢几脚球，赛几趟跑，捉几回迷藏。风轻悄悄的，草软绵绵的。

桃树、杏树、梨树，你不让我，我不让你，都开满了花赶趟儿。红的像火，粉的像霞，白的像雪。花里带着甜味儿；闭了眼，树上仿佛已经满是桃儿、杏儿、梨儿。花下成千成百的蜜蜂嗡嗡地闹着，大小的蝴蝶飞来飞去。野花遍地是：杂样儿，有名字的，没名字的，散在草丛里，像眼睛，像星星，还眨呀眨的。

“吹面不寒杨柳风”，不错的，像母亲的手抚摸着你。风里带来些新翻的泥土的气息，混着青草味儿，还有各种花的香，都在微微润湿的空气里酝酿。鸟儿将窠巢安在繁花嫩叶当中，高兴起来了，呼朋引伴地卖弄清脆的喉咙，唱出宛转的曲子，与轻风流水应和着。牛背上牧童的短笛，这时候也成天在嘹亮地响。

雨是最寻常的，一下就是三两天。可别恼。看，像牛毛，像花针，像细丝，密密地斜织着，人家屋顶上全笼着一层薄烟。树叶子却绿得发亮，小草也青得逼你的眼。傍晚时候，上灯了，一点点黄晕的光，烘托出一片安静而和平的夜。乡下去，小路上，石桥边，有撑起伞慢慢走着的人；还有地里工作的农夫，披着蓑，戴着笠的。他们的草屋，稀稀疏疏的，在雨里静默着。

天上风筝渐渐多了，地上孩子也多了。城里乡下，家家户户，老老小小，他们也赶趟儿似的，一个个都出来了。舒活舒活筋骨，抖擞抖擞精神，各做各的一份事去。“一年之计在于春”，刚起头儿，有的是工夫，有的是希望。

春天像刚落地的娃娃，从头到脚都是新的，他生长着。

春天像小姑娘，花枝招展的，笑着，走着。

春天像健壮的青年，有铁一般的胳膊和腰脚，他领着我们上前去。

♣ 现代作家朱自清作品

2

图 3-2　文档排版后效果

实验 3-4 制作课程表

1. 实验目的

①熟练掌握表格的建立及内容的输入。

②熟练掌握表格的编辑和格式化。

2. 实验要求

制作如图 3-3 所示的课程表。

课程表

星期 / 节次		星期一	星期二	星期三	星期四	星期五
上午	1~2					
	3~4					
下午	5~6					
	7~8					
	9~10					

图 3-3　课程表效果

①输入标题“课程表”，并设置为隶书、小二、居中。

②插入表格，调整表格的大小。

③设置表格的行高和列宽。

④合并与拆分单元格，实现不规则单元格的制作。

⑤设置斜线表头。

⑥在表格中输入文字，设置相应颜色并使文字相对于单元格居中对齐。

⑦为表格设置不同线型和颜色的边框，为单元格添加底纹。

⑧保存在E盘下的“Word”文件夹中，命名为“W10.docx”。

3. 实验步骤

①启动 Word 2016，进入 Word 2016 的工作界面。

②在第 1 行输入文字“课程表”，利用“开始”选项卡中“字体”组的相应按钮设置其字体为“隶书”、字号为“小二”，在“段落”组中单击“居中”按钮≡。

③将光标移到第 2 行，单击“插入”选项卡中“表格”组的“表格”下拉按钮，在下拉菜

单中选择“插入表格”命令，打开“插入表格”对话框。在“行数”微调框中选择或输入“8”，在“列数”微调框中选择或输入“6”，单击“确定”按钮。拖动表格右下角的小方格□调整表格大小。

④选中表格，在“表格工具－布局”选项卡中“单元格大小”组的“高度”微调框中选择或输入“1.5 厘米”，在“宽度”微调框中选择或输入“2 厘米”。

⑤选中第 1 列的第 2 至第 5 行，右击，在弹出的快捷菜单中选择“合并单元格”命令。选中修改后的表格的第 1 列的第 3 至第 5 行，右击，在弹出的快捷菜单中选择“合并单元格”命令。选中第 1 列第 2 行，右击，在弹出的快捷菜单中选择“拆分单元格”命令，打开“拆分单元格”对话框。在“行数”微调框中选择或输入“1”，在“列数”微调框中选择或输入“2”，单击“确定”按钮。选中第 1 列第 3 行，按同样的方法将其拆分为 1 行 2 列。选中第 2 行第 2 列，右击，在弹出的快捷菜单中选择“拆分单元格”命令，在“拆分单元格”对话框中设置行数为“2”，设置列数为“1”，单击“确定”按钮。选中第 3 行第 2 列，按同样的方法将其拆分为 3 行 1 列。

⑥单击第 1 个单元格，单击“插入”选项卡中“插图”组的“形状”下拉按钮，在下拉菜单的“线条”区中选择“直线”＼，在第 1 个单元格左上角顶点处单击并按住鼠标左键拖动至右下角顶点，绘制出斜线表头。此时，出现“绘图工具－格式”选项卡，在其中的“插入形状”组中单击“文本框”按钮，在斜线表头单元格的适当位置绘制一个文本框，输入“星”字。然后选中文本框，右击，在弹出的快捷菜单中选择“设置形状格式”命令，打开“设置形状格式”任务窗格，在“填充”和“线条”选项卡中分别选中“无填充”和“无线条”单选按钮，单击“关闭”按钮。用同样的方法制作出斜线表头中的“期”“节”“次”等字。在表格其他单元格中输入相应内容，然后选中整个表格中的文字，在“表格工具－布局”选项卡的“对齐方式”组中单击“水平居中”按钮。

⑦在“表格工具－布局”选项卡中，单击“绘图”组中的“绘制表格”按钮，再在“表格工具－设计”选项卡中“边框”组的“笔样式”下拉列表中选择实线“——”，在“笔划粗细”下拉列表中选择“2.25 磅”，在“笔颜色”下拉列表中选择“蓝色”，重画表格的外框线。在“笔样式”下拉列表中选择双线“═══”，在“笔划粗细”下拉列表中选择“1.5 磅”，在“笔颜色”下拉列表中选择“红色”，重画“上午”和“下午”之间的分隔线。在“表格工具－布局”选项卡中，再次单击“绘图”组中的“绘制表格”按钮，取消绘笔模式。选中“星期一”至“星期五”所在的单元格，在“表格工具－设计”选项卡的“表格样式”组中单击“底纹”下拉按钮，在下拉菜单中选择“黄色”；选中文字为“1～2”至“9～10”所在的单元格，单击“底纹”下拉按钮，在下拉菜单中选择“紫色”，再设置文字颜色为白色。

⑧单击“文件”按钮，在菜单中选择“保存”命令，在“另存为”界面中单击“浏览”按钮，打开“另存为”对话框，在地址栏中选择或输入“E:\Word”，在“文件名”下拉组合框中输入“W10”，单击“保存”按钮。

实验 3-5 制作统计表

1. 实验目的

①掌握文本和表格的相互转换。

②掌握表格计算和表格自动套用样式。

2. 实验要求

①利用制表位功能，制作如图 3-4 所示的“乐器销售统计表”。文件命名为“W11.docx”，保存在“E:\Word”下。要求：第 1 列居中对齐，第 2 列右对齐，第 3 列小数点对齐。

乐器名称	数量	单价/元
电子琴	100	1898.90
手风琴	76	890.30
萨克斯管	35	1100.00
钢琴	5	12000.90
小提琴	15	898.95

图 3-4　乐器销售统计表

②将“W11.docx”文件中的文本转换成 6 行 4 列的表格，并以文件名“W12.docx”保存在相同路径下。

③将“W12.docx”文件中的表格转换成文本，并用逗号作为文本之间的分隔符，以文件名“W13.docx”保存在相同路径下。

④打开“W12.docx”文件，按以下要求进行修改，最终效果如图 3-5 所示。

乐器销售统计表

乐器名称	数量	单价/元	金额/元
电子琴	100	1898.90	189890.00
手风琴	76	890.30	67662.80
钢琴	5	12000.90	60004.50
萨克斯管	35	1100.00	38500.00
小提琴	15	898.95	13484.25

图 3-5　最终效果

将表格第 1 列（空白列）删除。

在表格最右边插入空白列，在该列第一个单元格中输入列标题“金额 / 元”，在该列的其余单元格中，按公式“金额＝单价 × 数量”计算并填入左侧乐器的合计金额（要求保留两位小数），最后按该列降序排列表格内容。

给表格套用样式“网格表 4- 着色 1”，并将表格居中。

在表格上方添加表名称“乐器销售统计表”，将表名称设置为四号、黑体、加粗、居中。

以原文件名保存文档。

3. 实验步骤

①启动Word 2016，进入Word 2016的工作界面。

②单击“开始”选项卡中“段落”组右下角的对话框启动器，打开“段落”对话框，在“缩进和间距”选项卡中单击“制表位”按钮，打开“制表位”对话框。在“制表位位置”文本框中输入“2 字符”，在“对齐方式”栏中选中“居中对齐”单选按钮，在“引导符”栏中选中“1 无”单选按钮，单击“设置”按钮；在“制表位位置”文本框中输入“8 字符”，在“对齐方式”栏中选中“右对齐”单选按钮，在“引导符”栏中选中“1 无”单选按钮，单击“设置”按钮；在“制表位位置”文本框中输入“14 字符”，在“对齐方式”栏中选中“小数点对齐”单选按钮，在“引导符”栏中选中“1 无”单选按钮，单击“设置”按钮，单击“确定”按钮。

③按Tab键，输入“乐器名称”，按Tab键，输入“数量”，按Tab键，输入“单价/元”，按Enter键，结束第1行的输入。将光标移到下一行，继续完成其他行的输入。

④单击“文件”按钮，在菜单中选择“保存”命令，在“另存为”界面中单击“浏览”按钮，打开“另存为”对话框，在地址栏中选择或输入“E:\Word”，在“文件名”下拉组合框中输入文件名“W11”，单击“保存”按钮。

⑤选中文字内容，单击“插入”选项卡中“表格”组的“表格”下拉按钮，在下拉菜单中选择“文本转换成表格”命令，打开“将文字转换成表格”对话框。在“列数”微调框中选择或输入“4”，行数确认为“6”，单击“确定”按钮。

⑥单击“文件”按钮，在打开的菜单中选择“另存为”命令，在“另存为”界面中单击“浏览”按钮，打开“另存为”对话框，在地址栏中选择或输入“E:\Word”，在“文件名”下拉组合框中输入文件名“W12”，单击“保存”按钮。

⑦选中表格，单击“表格工具-布局”选项卡中“数据”组的“转换为文本”按钮，打开“表格转换成文本”对话框，在“文字分隔符”栏中选中“逗号”单选按钮，单击“确定”按钮。

⑧单击“文件”按钮，在菜单中选择“另存为”命令，在“另存为”界面中单击“浏览”按钮，打开“另存为”对话框，在地址栏中选择或输入“E:\Word”，在“文件名”下拉组合框中输入文件名“W13”，单击“保存”按钮。单击“文件”按钮，在菜单中选择“关闭”命令关闭该文档。

⑨打开“W12.docx”文件。选中第1列，右击，在弹出的快捷菜单中选择“删除列”命令；选中第3列，单击“表格工具-布局”选项卡中“行和列”组的“在右侧插入”按钮，在右边插入空白列；单击该列的第1个单元格，输入文字“金额/元”。

⑩单击第4列的第2个单元格，再单击“表格工具-布局”选项卡中“数据”组的“公式”按钮，打开“公式”对话框。在“公式”文本框中输入“=B2*C2”，在“编号格式”下拉列表中选择“0.00”，单击“确定”按钮。依次单击该列的第3至第6个单元格，用同样的方法计算出金额（在“公式”文本框中依次输入“=B3*C3”“=B4*C4”“=B5*C5”“=B6*C6”）。选中“金额/元”列的第2至第6个单元格，单击“数据”组中的“排序”按钮，打开“排序”对话框。在“主要关键字”下拉列表中选择“金额/元”，并选中“降序”单选按钮，单击“确定”按钮。

⑪选中表格，在“表格工具-设计”选项卡中“表格样式”组的样式库中选择“网格表 4-着色 1”。单击“开始”选项卡中“段落”组的“居中”按钮，使表格居中。

⑫在表格上方插入表名称的方法是：选中表格，执行剪切操作，接着按Enter键产生一个空行，此时光标自动移到第2行，在此处粘贴表格后，再将光标移到第1行，输入表名称“乐器销售统计表”。在“开始”选项卡中，设置“字体”为“黑体”，设置“字号”为“四号”，单击“加粗”按钮 **B** 和“居中”按钮。

⑬单击“保存”按钮。

4. 拓展任务：设计制作“便民集团销售统计表”

建立如图3-6所示的表格，以文件名“W14.docx”保存在“E:\Word”下，并进行以下操作。

	一季度销售额/万元	二季度销售额/万元	三季度销售额/万元	四季度销售额/万元
福星店	2824.0	2239.0	2569.0	3890.0
西湖店	2589.0	3089.0	4120.0	4500.0
盐城店	1389.0	2209.0	2556.0	3902.0
南山店	1120.0	2498.0	3001.0	3450.0

图3-6　便民集团销售统计表

①在表格底部添加一个空行，在该行第1个单元格内输入“平均值”，在该行其余单元格中计算并填入相应列中数据的平均值，平均值保留一位小数。

②在表格最右边添加一列，在该列第1个单元格内输入“全年销售额/万元”，计算各店全年的销售额，保留一位小数，然后按该列降序排列表格内容。

③令表格中第1行和第1列的内容在水平方向上居中对齐，其他单元格的内容在水平方向上两端对齐，在垂直方向上靠下对齐。

④给表格套用样式“网格表6彩色-着色5”，并将表格居中。

⑤在表格上方添加表名称“便民集团销售统计表”，并设置为小二号、隶书、加粗，居中。以原文件名保存文件。

便民集团销售统计表最终制作效果如图3-7所示。

便民集团销售统计表

	一季度销售额/万元	二季度销售额/万元	三季度销售额/万元	四季度销售额/万元	全年销售额/万元
西湖店	2589.0	3089.0	4120.0	4500.0	14298.0
福星店	2824.0	2239.0	2569.0	3890.0	11522.0
南山店	1120.0	2498.0	3001.0	3450.0	10069.0
盐城店	1389.0	2209.0	2556.0	3902.0	10056.0
平均值/万元	1980.5	2508.8	3061.5	3935.5	

图3-7　便民集团销售统计表最终制作效果

实验 3-6 制作手抄报

1. 实验目的

①熟练掌握图片的插入、编辑和格式化的方法。

②掌握绘制图形的方法。

③掌握文本框的使用。

④掌握艺术字的使用。

⑤掌握在文档中输入公式的方法。

⑥掌握图片和文字混合排版的方法。

2. 实验要求

制作手抄报《图形的魅力》，最终效果如图 3-8 所示。

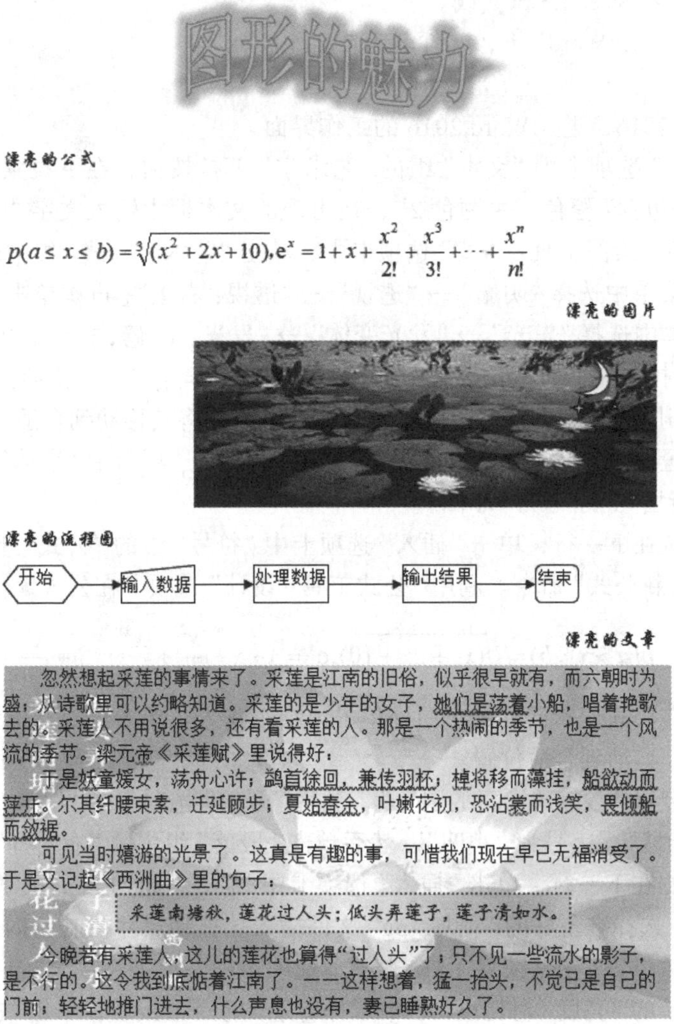

图形的魅力

漂亮的公式

$$p(a \le x \le b) = \sqrt[3]{(x^2+2x+10)}, e^x = 1 + x + \frac{x^2}{2!} + \frac{x^3}{3!} + \cdots + \frac{x^n}{n!}$$

漂亮的图片

漂亮的流程图

开始 → 输入数据 → 处理数据 → 输出结果 → 结束

漂亮的文章

忽然想起采莲的事情来了。采莲是江南的旧俗，似乎很早就有，而六朝时为盛；从诗歌里可以约略知道。采莲的是少年的女子，她们是荡着小船，唱着艳歌去的。采莲人不用说很多，还有看采莲的人。那是一个热闹的季节，也是一个风流的季节。梁元帝《采莲赋》里说得好：

于是妖童媛女，荡舟心许；鹢首徐回，兼传羽杯；棹将移而藻挂，船欲动而萍开。尔其纤腰束素，迁延顾步；夏始春余，叶嫩花初，恐沾裳而浅笑，畏倾船而敛裾。

可见当时嬉游的光景了。这真是有趣的事，可惜我们现在早已无福消受了。于是又记起《西洲曲》里的句子：

采莲南塘秋，莲花过人头；低头弄莲子，莲子清如水。

今晚若有采莲人，这儿的莲花也算得"过人头"了；只不见一些流水的影子，是不行的。这令我到底惦着江南了。——这样想着，猛一抬头，不觉已是自己的门前；轻轻地推门进去，什么声息也没有，妻已睡熟好久了。

图 3-8 手抄报《图形的魅力》的最终效果

①将“图形的魅力”设置为艺术字。艺术字样式为“填充：橙色，主题色 2；边框：橙色，主题色 2”，艺术字文本效果为“阴影–透视–右上”“发光–发光变体–发光：10 pt；橙色，主题色 2”“转换–弯曲–波形：下”。适当调整艺术字的大小和位置。

②插入第 1 张图片“荷塘”（也可插入其他与荷塘有关的图片）并进行适当调整，如增加对比度、降低亮度等。图片环绕方式设置为“嵌入型”。

③插入自选图形“新月形”和“星形：四角”。对插入的“新月形”图形进行如下修改：改变图形大小，修改图形的形状，调整图形的角度，设置图形的填充色为“黄色”。将插入的“十字星”图形复制两个。将星星、月亮图形组合成一个整体，调整这个组合对象的大小，并将其移动到图片“荷塘”之上。

④插入流程图并添加文字。

⑤插入第 2 张图片“采莲”（可以是其他与采莲有关的图片）并调整到适当大小，将图片设置为水印效果，环绕方式设置为“衬于文字下方”。

⑥为“采莲南塘秋，莲花过人头；低头弄莲子，莲子清如水。”添加文本框。设置文本框的填充色为预设渐变“浅色渐变–个性色 5”，类型为“射线”，方向为“从中心”；边框线为紫色圆点虚线，线型为 1.5 pt实线。

⑦文件保存在“E:\Word”下，文件名为“W15.docx”。

3. 实验步骤

①启动 Word 2016，进入 Word 2016 的工作界面。

②单击“插入”选项卡中“文本”组的“艺术字”下拉按钮，在下拉菜单中选择“填充：橙色，主题色 2；边框：橙色，主题色 2”，在出现的文本框中输入文字“图形的魅力”。选中输入的文字，在“绘图工具–格式”选项卡中，单击“艺术字样式”组中的“文本效果”下拉按钮，在下拉菜单中选择“阴影”→“透视”→“透视：右上”；再次单击“文本效果”下拉按钮，在下拉菜单中选择“发光”→“发光变体”→“发光：11 磅；橙色，主题色 2”；继续单击“文本效果”下拉按钮，在下拉菜单中选择“转换”→“弯曲”→“波形：下”。拖动“图形的魅力”艺术字四周的尺寸控制句柄，适当调整大小，并将其移动到合适位置。

③在适当位置输入文字“漂亮的公式”，利用“开始”选项卡中“字体”组的相应按钮设置字体为“华文行楷”，字号为“小四”。

④将光标定位在下一行，单击“插入”选项卡中“符号”组的“公式”下拉按钮，在下拉菜单中选择“插入新公式”命令。利用“公式工具–设计”选项卡在公式编辑区内输入

$$p(a \leqslant x \leqslant b)=\sqrt[3]{(x^2+2x+10)},\mathrm{e}^x=1+x+\frac{x^2}{2!}+\frac{x^3}{3!}+\cdots+\frac{x^n}{n!}$$

输入完毕后在公式编辑区外的空白处单击，结束输入。单击公式，拖动尺寸控制句柄，适当调整大小，并移动到合适位置。

⑤在适当位置输入文字“漂亮的图片”，利用“开始”选项卡中“字体”组的相应按钮设置字体为“华文行楷”，字号为“小四”，然后单击“段落”组中的“右对齐”按钮。

⑥将光标定位在下一行，单击“插入”选项卡中“插图”组的“图片”按钮，打开“插入图片”对话框，选择准备好的“荷塘.jpg”文件插入。拖动尺寸控制句柄，适当调整大小，并将其移动到合适位置。在“图片工具–格式”选项卡中，单击“调整”组中的“校正”下拉按钮，在下拉菜单的“亮度/对比度”区中选择合适的效果；接着，单击“排列”组中的“环绕文字”下拉按钮，在下拉菜单中选择“嵌入型”命令。

⑦单击“插入”选项卡中“插图”组的“形状”下拉按钮，在下拉菜单的“基本形状”区中选择“新月形”，在合适的地方按住鼠标左键绘制一个新月形，并拖动尺寸控制句柄，适当改变图形大小和形状。移动指针到图片上方的旋转句柄，在指针变成环形箭头状后，按住鼠标左键并拖动鼠标，使图形旋转到合适位置。在“绘图工具-格式”选项卡的“形状样式”组中单击“形状填充”下拉按钮，在下拉菜单中选择“黄色”。用类似的方法画好星星，并复制两个，分别修改每个图形的形状，调整图形的角度，设置图形的填充色，然后将图形移动到合适的位置。按住Shift键，依次单击月亮和每个星星，然后松开Shift键，再在图形上右击，在弹出的快捷菜单中选择“组合”→“组合”命令，调整这个组合对象的大小，并将其移动到图片“荷塘”之上。

⑧在适当位置输入文字“漂亮的流程图”，利用“开始”选项卡中“字体”组的相应按钮设置“字体”为“华文行楷”，“字号”为“小四”，然后单击“段落”组中的“左对齐”按钮。

⑨单击“插入”选项卡中“插图”组的“形状”下拉按钮，在下拉菜单中选择“流程图”中的相应图形，画在合适的地方。在“绘图工具-格式”选项卡的“形状样式”组中，选择样式库中的样式“彩色轮廓-黑色，深色1”，再单击该组中的“形状轮廓”下拉按钮，在下拉菜单中选择“粗细”→“1磅”命令；在图形上右击，在弹出的快捷菜单中选择“添加文字”命令，输入文字。单击“插入”选项卡中“插图”组的“形状”下拉按钮，在下拉菜单的“线条”区中选择“箭头”↘，画出向右的箭头。重复以上操作，继续插入其他形状直至完成。

⑩在适当位置输入文字“漂亮的文章”，利用“开始”选项卡中“字体”组的相应按钮设置字体为“华文行楷”，字号为“小四”，单击“段落”组中的“右对齐”按钮。

⑪输入文字“忽然想起采莲的事情来了。……妻已睡熟好久了。”

⑫单击“插入”选项卡中“插图”组的“图片”按钮，打开“插入图片”对话框，选择准备好的“采莲”图片插入，拖动尺寸控制句柄到合适大小。在“图片工具-格式”选项卡中，单击“调整”组的“颜色”下拉按钮，在下拉菜单的“重新着色”区中选择“冲蚀”；单击“排列”组的“环绕文字”下拉按钮，在下拉菜单中选择“衬于文字下方”命令。

⑬单击“插入”选项卡中“插图”组的“形状”下拉按钮，在下拉菜单的“基本形状”区选择“文本框”▤，画在合适的位置。选中文字“采莲南塘秋，莲花过人头；低头弄莲子，莲子清如水。”，按Ctrl+X组合键，再单击文本框，按Ctrl+V组合键，将文字放入文本框。选中文本框，右击，在弹出的快捷菜单中选择“设置形状格式”命令，打开“设置形状格式”任务窗格。在“填充”栏中选中“渐变填充”单选按钮，单击“预设渐变”下拉按钮，在下拉菜单中选择“浅色渐变-个性色5”，在“类型”下拉列表中选择“射线”，单击“方向”下拉按钮，在下拉菜单中选择“从中心”。在“线条”栏中选中“实线”单选按钮，单击“颜色”下拉按钮，在下拉菜单中选择“紫色”，在“宽度”微调框中选择或输入“1.5磅”，在“短划线类型”下拉列表中选择“圆点”，单击任务窗格的“关闭”按钮。

⑭单击“文件”按钮，在打开的菜单中选择“保存”命令，在“另存为”界面中单击“浏览”按钮，打开“另存为”对话框，在地址栏中选择或输入“E:\Word”，在“文件名”下拉组合框中输入文件名“W15”，单击“保存”按钮。

4. 拓展任务1：制作手抄报《美丽的春天》

①打开前面保存在“E:\Word”下的“W8.docx”文件，将前5段正文复制到一个新文件中，各段之间空一行，并以“W16.docx”为文件名保存在“E:\Word”下，然后进行如下操作。

②在第1段前插入艺术字“美丽的春天”，样式为“填充：金色，主题色4；软棱台”，

文本效果为“发光：18 磅；绿色，主题色 6”和“转换－弯曲－波形：上”。

③插入蝴蝶剪贴画，缩小到 20%，环绕方式为“紧密型环绕”；插入花朵剪贴画，图片的高度和宽度均设置为 3 cm，环绕方式为“衬于文字下方”，并作为水印放在合适位置。

注意：如果蝴蝶和花朵剪贴画是联机图片，那么应联网操作。

④插入竖排文本框，形状样式为“细微效果－橙色，强调颜色 2”，形状效果为“阴影－透视－左上”。

⑤利用自选图形绘制流程图，组合并设置填充色为“浅蓝”。

⑥在文末输入公式

$$F(y)=\int_{y}^{y^2} \mathrm{e}^{-x^2 y}\mathrm{d}x+\prod_{y=1}^{100} y^2+\sqrt[3]{\frac{y+1}{y-1}+1}$$

并设置填充色为“浅绿”。

⑦以原文件名保存文件。

制作效果如图 3-9 所示。

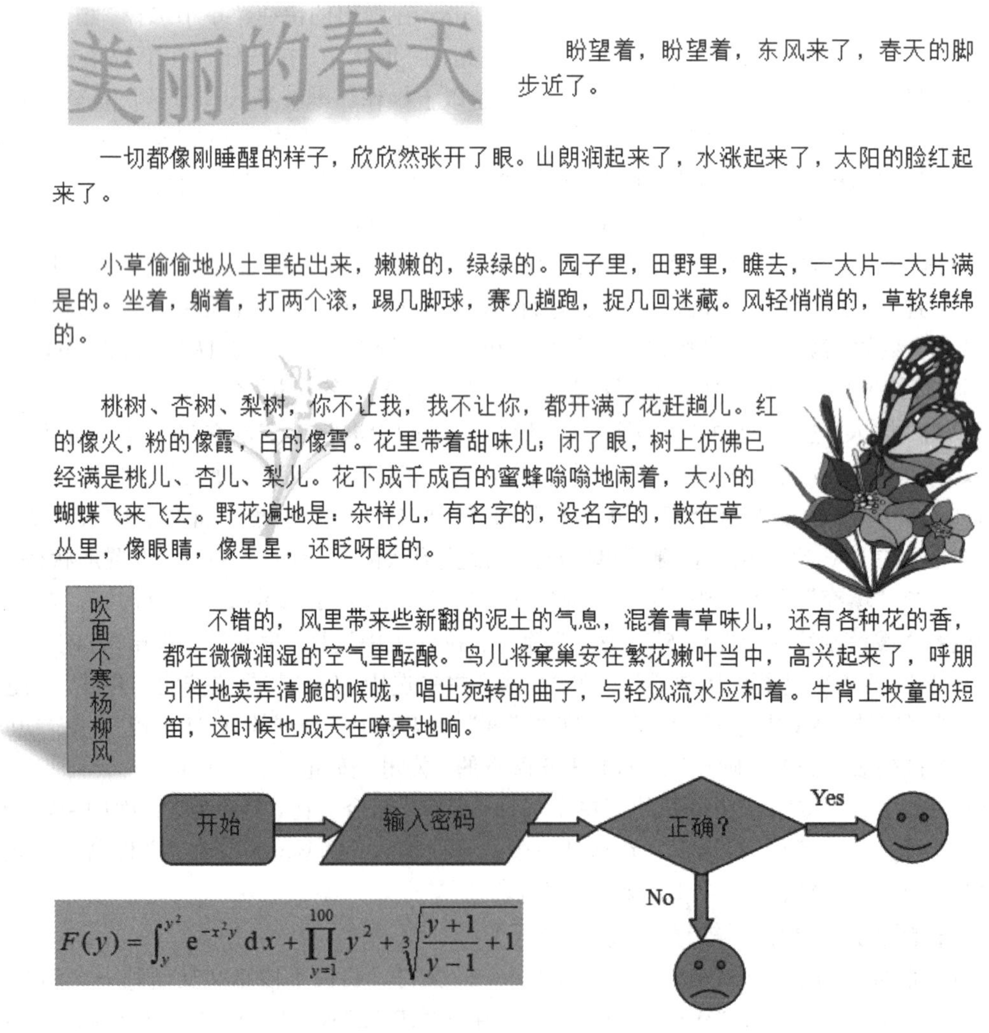
美丽的春天

盼望着，盼望着，东风来了，春天的脚步近了。

一切都像刚睡醒的样子，欣欣然张开了眼。山朗润起来了，水涨起来了，太阳的脸红起来了。

小草偷偷地从土里钻出来，嫩嫩的，绿绿的。园子里，田野里，瞧去，一大片一大片满是的。坐着，躺着，打两个滚，踢几脚球，赛几趟跑，捉几回迷藏。风轻悄悄的，草软绵绵的。

桃树、杏树、梨树，你不让我，我不让你，都开满了花赶趟儿。红的像火，粉的像霞，白的像雪。花里带着甜味儿；闭了眼，树上仿佛已经满是桃儿、杏儿、梨儿。花下成千成百的蜜蜂嗡嗡地闹着，大小的蝴蝶飞来飞去。野花遍地是：杂样儿，有名字的，没名字的，散在草丛里，像眼睛，像星星，还眨呀眨的。

吹面不寒杨柳风

不错的，风里带来些新翻的泥土的气息，混着青草味儿，还有各种花的香，都在微微润湿的空气里酝酿。鸟儿将窠巢安在繁花嫩叶当中，高兴起来了，呼朋引伴地卖弄清脆的喉咙，唱出宛转的曲子，与轻风流水应和着。牛背上牧童的短笛，这时候也成天在嘹亮地响。

$$F(y)=\int_{y}^{y^2} \mathrm{e}^{-x^2 y}\,\mathrm{d}x+\prod_{y=1}^{100} y^2+\sqrt[3]{\frac{y+1}{y-1}+1}$$

图 3-9　手抄报《美丽的春天》的制作效果图

5. 拓展任务 2：自选题材制作手抄报

收集相关素材制作一份手抄报，如图 3-10 所示。

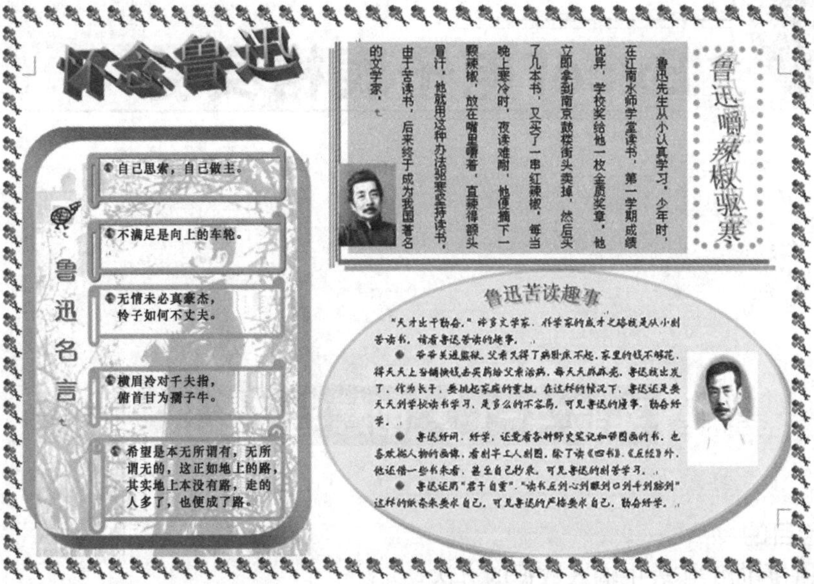

图 3-10　手抄报

6. 拓展任务 3：制作个人简历

制作一份个人简历，要求图文并茂，兼具表格。图形可以是自己的自画像或数码照片，自我介绍可以包括姓名、性别、年龄、民族、籍贯、爱好、最喜欢的事情、格言等，格式可以参考图 3-11。

个　人　简　历

姓名	性别	出生年月	民族
陈实	男	2002 年 8 月	汉
籍贯	身高	体重	身体状况
滨城	175cm	60kg	健康

个人成长经历：

在滨城重点小学担任少先队大队长，曾获市"创新杯"作文大赛二等奖。

在初中阶段，多次荣获校三好学生、市三好学生荣誉称号，并获市中学英语竞赛二等奖。

在高中阶段各门课程成绩均达到优良，担任学校宣传部长，参加一些校园知识竞赛并获奖，参与组织全校性的演讲大赛、作文大赛和其他一些校园内的竞赛。

自我鉴定：

政治思想上：热爱祖国，热爱人民，拥护中国共产党的领导。

学习上：勤学好问，努力钻研，虚心向上；工作中，吃苦耐劳，认真踏实，一丝不苟，追求上进，集体荣誉感强，富有团队精神。

生活中：尊老爱幼，严于律己，艰苦朴素，乐于助人。

个人理想：从小事做起，一步一个脚印，坚定不移向前进。

业余爱好：

阅读、英语、演讲、唱歌等。

图 3-11　个人简历

第 4 章 Excel 电子表格实验

实验 4-1 创建电子表格

1. 实验目的

①熟练掌握向工作表中输入数据的方法。

②熟练掌握在工作表中应用公式和函数的方法。

③熟练掌握工作表的编辑和格式化操作。

2. 实验要求

①建立如图 4-1 所示的学生成绩表（表中为模拟数据），然后将彭佩的英语成绩改为 86 分，在史匀的信息上方添加一条信息“郑凯、电子系、男、54、68、70”。

	A	B	C	D	E	F
1	学生成绩表					
2	姓名	单位	性别	数学	英语	计算机
3	刘铁	电子系	男	70	53	66
4	孙刚	管理系	男	80	88	83
5	陈凤	经济系	女	86	77	92
6	沈阳	电子系	男	90	71	86
7	秦强	电子系	男	92	78	85
8	陆斌	管理系	男	79	70	90
9	邹蕾	经济系	女	65	46	72
10	彭佩	经济系	女	77	68	80
11	史匀	经济系	男	94	83	89

图 4-1 学生成绩表

②在表格最右边增加一列“总分”，在表格最下边增加一行“各科平均分”，并将结果计算出来。

③表格格式化。将 A1：G1 单元格区域合并为一个单元格，其中的文字格式为黑体、18 pt、加粗，在单元格中的水平和垂直方向上均居中显示；给学生成绩表加边框线，外框为粗线，内框为细线；给“姓名”所在行添加“浅绿”底纹；对不及格的成绩设置格式，颜色为“红色”，字形为“加粗、倾斜”，单元格底纹为“白色，背景 1，深色 25%”。

④将文件保存在 E 盘下的“Excel”文件夹中，文件名为“E1.xlsx”。

3. 实验步骤

①进入 E 盘，在空白处右击，在弹出的快捷菜单中选择“新建”→“文件夹”命令，在

文件夹名文本框中输入文件夹名“Excel”，按Enter键。

②启动Excel 2016，进入Excel 2016 的工作界面。

③双击单元格，输入学生成绩表内容。其中“单位”列中有许多重复数据，这些数据可以通过Excel提供的快速输入法来输入，即输入完第 1 个字符后，根据系统的提示按Enter键完成其他字符的输入。

④双击E10单元格，将英语成绩由“68”改为“86”。将指针停留在A11单元格上，右击，在弹出的快捷菜单中选择“插入”命令，打开“插入”对话框。选中“整行”单选按钮，单击“确定”按钮，则在该处插入一空行，在该行输入郑凯的信息。

⑤双击G2 单元格，输入“总分”；双击A13 单元格，输入“各科平均分”。

⑥单击G3 单元格，单击“公式”选项卡中“函数库”组的“自动求和”下拉按钮，在下拉菜单中选择“求和”命令，确认求和的数据区域是否正确，如果正确，按Enter键即可将求和结果自动输入G3 单元格。然后用自动填充的方法计算其他总分，即单击G3 单元格，将指针移至G3 单元格的右下角填充柄处，当指针由空心粗十字变为实心细十字时，按住鼠标左键，拖动至G12 单元格。

⑦双击D13 单元格，使用插入函数的方法求平均分。单击“公式”选项卡中“函数库”组中的“插入函数”按钮或编辑栏中的 fx 按钮，打开“插入函数”对话框，在“选择函数”列表框中选择“AVERAGE”，单击“确定”按钮，打开“函数参数”对话框，在“Number1”文本框中输入“D3:D12”，再单击“确定”按钮，最后用自动填充的方法求其他学生的平均分。

⑧选中A1:G1 单元格区域，单击“开始”选项卡中“对齐方式”组的“合并后居中”按钮。然后在合并后的单元格中右击，在弹出的快捷菜单中选择“设置单元格格式”命令，打开“设置单元格格式”对话框。切换至“字体”选项卡，字体选择“黑体”，字形选择“加粗”，字号选择“18”，单击“确定”按钮。选中A2:G13 单元格区域，右击，在弹出的快捷菜单中选择“设置单元格格式”命令，打开“设置单元格格式”对话框。切换至“边框”选项卡，样式选择“粗线”，单击“预置”栏中的“外边框”按钮；接着样式选择“细线”，单击“预置”栏中的“内部”按钮，单击“确定”按钮。选中A2:G2 单元格区域，右击，在弹出的快捷菜单中选择“设置单元格格式”命令，打开“设置单元格格式”对话框。切换至“填充”选项卡，背景色选择“浅绿”，单击“确定”按钮。选中D3:F12 单元格区域，单击“开始”选项卡中“样式”组的“条件格式”下拉按钮，在下拉菜单中选择“突出显示单元格规则”→“小于”命令，打开“小于”对话框。在文本框中输入“60”，在“设置为”下拉列表中选择“自定义格式”，如图 4–2 所示，接着在打开的“设置单元格格式”对话框的“字体”选项卡中设置单元格文字为“红色”“加粗倾斜”，在“填充”选项卡中设置“背景色”为“白色，背景1，深色25%”（第1列第4个），连续单击“确定”按钮。格式化后的学生成绩表如图4–3 所示。

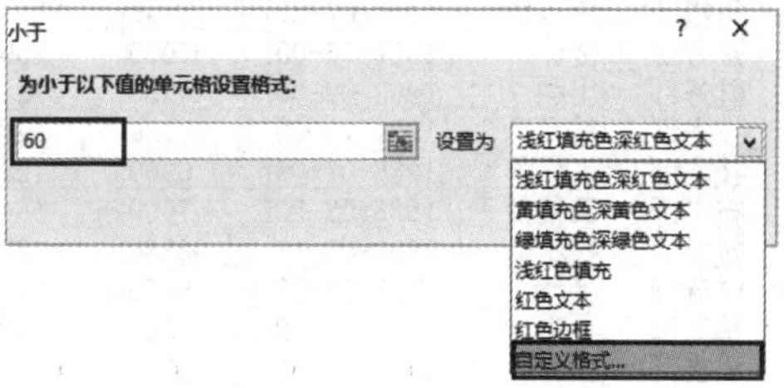

图 4–2 “小于”对话框设置

	A	B	C	D	E	F	G
1	学生成绩表						
2	姓名	单位	性别	数学	英语	计算机	总分
3	刘铁	电子系	男	70	53	66	189
4	孙刚	管理系	男	80	88	83	251
5	陈凤	经济系	女	86	77	92	255
6	沈阳	电子系	男	90	71	86	247
7	秦强	电子系	男	92	78	85	255
8	陆斌	管理系	男	79	70	90	239
9	邹蕾	经济系	女	65	46	72	183
10	彭佩	经济系	女	77	86	80	243
11	郑凯	电子系	男	54	68	70	192
12	史匀	经济系	男	94	83	89	266
13	各科平均分			78.7	72	81.3	

图 4-3 格式化后的学生成绩表

⑨单击“文件”按钮，在打开的菜单中选择“保存”命令，自动跳转到“另存为”界面，单击“浏览”按钮，打开“另存为”对话框。在地址栏中选择或输入“E:\Excel”，在“文件名”下拉组合框中输入文件名“E1”，单击“保存”按钮。

4. 拓展任务：创建员工工资表

建立海润公司员工工资表（表中为模拟数据），如图 4-4 所示，计算实发工资（见图 4-5），并对工资表进行格式设置（见图 4-6）。最后以“E2.xlsx”为文件名保存在“E:\Excel”下。

N20

	A	B	C	D	E	F	G	H	I	J	K
1	海润公司员工工资表										
2	序号	姓名	部门代码	部门	职务	出生日期	基本工资	津贴	奖金	费用	实发工资
3	1	钟凝	0132	销售部	业务员	1984-07-02	7500	1450	1200	1598	
4	2	李凌	0132	销售部	业务员	1992-12-23	5400	1260	890	1586.5	
5	3	薛海仓	0132	销售部	业务员	1985-04-25	7000	1320	780	1566.5	
6	4	胡梅	0132	销售部	业务员	1996-07-23	5840	1270	830	1558	
7	5	周明明	0259	财务部	会计	1987-06-03	7000	1350	400	1548.5	
8	6	张和平	0259	财务部	出纳	1992-09-03	5250	1230	290	1578	
9	7	郑裕同	0368	技术部	技术员	1994-10-03	5180	1210	540	1569	
10	8	郭丽明	0369	技术部	工程师	1986-07-09	6900	1280	350	1545.5	
11	9	赵海	0370	技术部	工程师	1986-08-23	7600	1540	650	1566	
12	10	郑黎明	0371	技术部	技术员	1991-03-12	5880	1270	420	1556	
13	11	潘越明	0259	财务部	会计	1995-09-28	5450	1290	350	1553.5	
14	12	王海涛	0132	销售部	业务员	1992-10-12	6300	1400	1000	1588	
15	13	罗晶晶	0132	销售部	业务员	1987-09-28	6930	1300	650	1565	

图 4-4 海润公司员工工资表

	A	B	C	D	E	F	G	H	I	J	K
1	海润公司员工工资表										
2	序号	姓名	部门代码	部门	职务	出生日期	基本工资	津贴	奖金	费用	实发工资
3	1	钟凝	0132	销售部	业务员	1984-07-02	7500	1450	1200	1598	8552
4	2	李凌	0132	销售部	业务员	1992-12-23	5400	1260	890	1586.5	5963.5
5	3	薛海仓	0132	销售部	业务员	1985-04-25	7000	1320	780	1566.5	7533.5
6	4	胡梅	0132	销售部	业务员	1996-07-23	5840	1270	830	1558	6382
7	5	周明明	0259	财务部	会计	1987-06-03	7000	1350	400	1548.5	7201.5
8	6	张和平	0259	财务部	出纳	1992-09-03	5250	1230	290	1578	5192
9	7	郑裕同	0368	技术部	技术员	1994-10-03	5180	1210	540	1569	5361
10	8	郭丽明	0369	技术部	工程师	1986-07-09	6900	1280	350	1545.5	6984.5
11	9	赵海	0370	技术部	工程师	1986-08-23	7600	1540	650	1566	8224
12	10	郑黎明	0371	技术部	技术员	1991-03-12	5880	1270	420	1556	6014
13	11	潘越明	0259	财务部	会计	1995-09-28	5450	1290	350	1553.5	5536.5
14	12	王海涛	0132	销售部	业务员	1992-10-12	6300	1400	1000	1588	7112
15	13	罗晶晶	0132	销售部	业务员	1987-09-28	6930	1300	650	1565	7315

图 4-5 计算实发工资

海润公司员工工资表										
序号	姓名	部门代码	部门	职务	出生日期	基本工资	津贴	奖金	费用	实发工资
1	钟凝	0132	销售部	业务员	1984年7月2日	*¥7, 500. 00*	¥1, 450. 00	¥1, 200. 00	¥1, 598. 00	¥8,552.00
2	李凌	0132	销售部	业务员	1992年12月23日	*¥5, 400. 00*	¥1, 260. 00	¥890. 00	¥1, 586. 50	¥5,963.50
3	薛海仓	0132	销售部	业务员	1985年4月25日	¥7, 000. 00	¥1, 320. 00	¥780. 00	¥1, 566. 50	¥7,533.50
4	胡梅	0132	销售部	业务员	1996年7月23日	¥5, 840. 00	¥1, 270. 00	¥830. 00	¥1, 558. 00	¥6,382.00
5	周明明	0259	财务部	会计	1987年6月3日	¥7, 000. 00	¥1, 350. 00	¥400. 00	¥1, 548. 50	¥7,201.50
6	张和平	0259	财务部	出纳	1992年9月3日	*¥5, 250. 00*	¥1, 230. 00	¥290. 00	¥1, 578. 00	¥5,192.00
7	郑裕同	0368	技术部	技术员	1994年10月3日	*¥5, 180. 00*	¥1, 210. 00	¥540. 00	¥1, 569. 00	¥5,361.00
8	郭丽明	0369	技术部	工程师	1986年7月9日	¥6, 900. 00	¥1, 280. 00	¥350. 00	¥1, 545. 50	¥6,984.50
9	赵海	0370	技术部	工程师	1986年8月23日	*¥7, 600. 00*	¥1, 540. 00	¥650. 00	¥1, 566. 00	¥8,224.00
10	郑黎明	0371	技术部	技术员	1991年3月12日	¥5, 880. 00	¥1, 270. 00	¥420. 00	¥1, 556. 00	¥6,014.00
11	潘越明	0259	财务部	会计	1995年9月28日	*¥5, 450. 00*	¥1, 290. 00	¥350. 00	¥1, 553. 50	¥5,536.50
12	王海涛	0132	销售部	业务员	1992年10月12日	¥6, 300. 00	¥1, 400. 00	¥1, 000. 00	¥1, 588. 00	¥7,112.00
13	罗晶晶	0132	销售部	业务员	1987年9月28日	¥6, 930. 00	¥1, 300. 00	¥650. 00	¥1, 565. 00	¥7,315.00

图 4–6　格式化后的工资表

①表名称文字格式为黑体、22 pt、加粗，表头的文字格式为楷体、14 pt。

②表名称和表头文字在单元格的水平和垂直方向上均居中显示，“部门代码”列数据在水平方向上居中显示。

③表名称行的行高为“27”（36 像素），表头行高为“21”，“姓名”列的宽度为“10”(字符)，其他所有列均设置为“自动调整列宽”。

④设置表格中数据格式，要求“基本工资”、“津贴”、“奖金”、“费用”和“实发工资”列的数字的小数位为 2 位，并添加千位分隔符和人民币符号“¥”；“出生日期”列的日期格式为“**** 年 ** 月 ** 日”。

⑤表格边框的设置效果：表格的外边框为黑色粗线；表名称和表头的下边框也为黑色粗线；表格的内边框为黑色细线。

⑥表格图案（底纹）的设置效果：表名称所在单元格的底纹为“黄色”，表头单元格的底纹为“浅绿”，“序号”和“姓名”列的单元格底纹均为“绿色”。

⑦设置“基本工资”列数据的条件格式：当满足条件“基本工资＞7 000”时，字体为“红色、加粗倾斜”；当满足条件“基本工资＜5 500”时，字体为“白色、加粗倾斜”，单元格底纹为“白色，背景 1，深色 35%”。

实验 4-2 制作图表

1. 实验目的

熟练掌握图表的创建、编辑和格式化。

2. 实验要求

根据实验 4-1 中学生成绩表的各科成绩和姓名绘制一个柱形图，图表标题为“学生成绩表”，横坐标标题为“姓名”，纵坐标标题为“分数”。最后将柱形图嵌入学生成绩表。

3. 实验步骤

进入E盘下的“Excel”文件夹，双击打开其中的“E1.xlsx”文件。

选中A2:A12 和D2:F12 单元格区域，单击“插入”选项卡中“图表”组的“插入柱形图或条形图”下拉按钮，在下拉菜单的“二维柱形图”区选择“簇状柱形图”，单击图表标题文本框，在其中输入“学生成绩表”。

在“图表工具-设计”选项卡的“图表布局”组中，单击“添加图表元素”下拉按钮，在下拉菜单中选择“坐标轴标题”→“主要横坐标轴”命令，在出现的坐标轴标题文本框中输入“姓名”。继续在“图表工具-设计”选项卡的“图表布局”组中，单击“添加图表元素”下拉按钮，在下拉菜单中选择“坐标轴标题”→“主要纵坐标轴”命令，在出现的坐标轴标题文本框中输入“分数”，如图4-7所示。然后将图表移到数据表下方，将文件以原文件名保存。

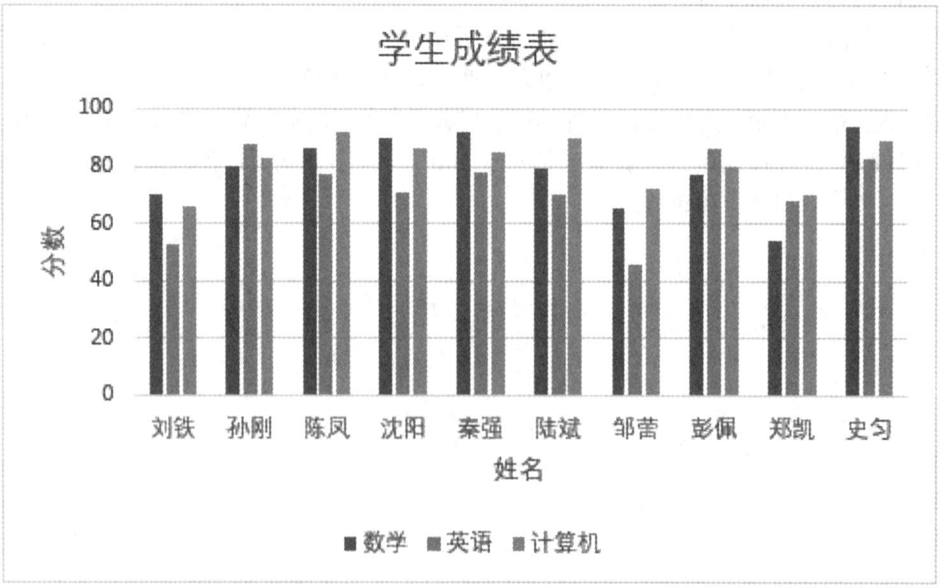

图 4-7 学生成绩表柱形图

4. 拓展任务：创建救灾统计表

①新建一个工作簿文件“E3.xlsx”，保存在“E:\Excel”下。根据下列已知数据建立抗洪救灾捐献统计表（存放在A1：D5 单元格区域内），将当前工作表Sheet1 更名为“救灾统计表”。

单位	捐款/万元	实物/件	折合人民币/万元
第一部门	1.95	89	2.45
第二部门	1.20	87	1.67
第三部门	0.95	52	1.30
总计			

②计算各项捐献的总额，分别填入“总计”行的各相应列中。

③选择“单位”和“折合人民币/万元”两列数据(不包含总计)，绘制部门捐款的三维饼图。要求有图例并显示各部门捐献总额占三部门捐献总额的百分比，图表标题为“各部门捐献总额百分比图”。最后将图表嵌入数据表的下方。

实验 4-3 数据排序和筛选

1. 实验目的

掌握数据排序的方法。

2. 实验要求

①打开“E:\Excel”下的“E1.xlsx”文件，复制学生成绩表（不包括表名称、各科平均分所在的行，也不包括表格格式）并粘贴到一个新的工作簿中。文件保存在“E：\Excel”下，命名为“E4.xlsx”。

②在“E4.xlsx”文件中，对学生成绩表按总分降序排列，总分相同时按计算机成绩降序排列。文件另存在“E：\Excel”下，命名为“E5.xlsx”。

③在“E4.xlsx”文件中，筛选学生成绩表中英语成绩为80～90分的学生的记录。文件另存在“E：\Excel”下，命名为“E6.xlsx”。

3. 实验步骤

1）建立数据清单

进入E盘下的“Excel”文件夹，双击打开其中的“E1.xlsx”文件。选中A2:G12单元格区域，右击，在弹出的快捷菜单中选择“复制”命令。单击“文件”按钮，在菜单中选择“新建”命令，单击“空白工作簿”按钮，新建一个工作簿。在A1单元格上右击，在弹出的快捷菜单中选择“选择性粘贴”命令，打开“选择性粘贴”对话框，在“粘贴”栏选中“数值”单选按钮，如图4-8所示，单击“确定”按钮。单击“文件”按钮，在菜单中选择“另存为”命令，在“另存为”界面中单击“浏览”按钮，打开“另存为”对话框，在地址栏中选择或输入“E:\Excel”，在“文件名”下拉组合框中输入文件名“E4”，单击“保存”按钮，再关闭该文件。

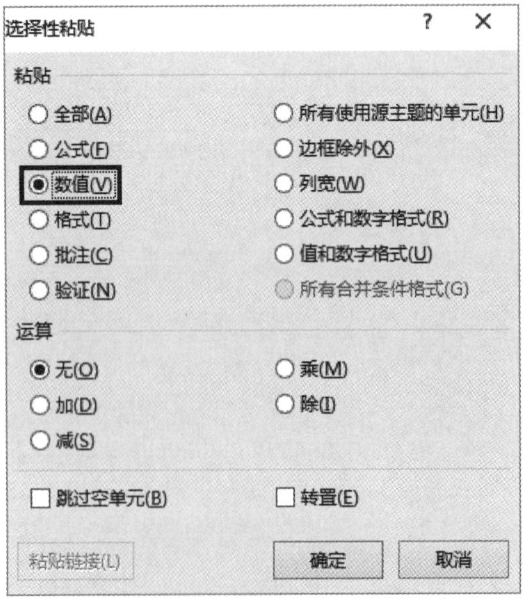

图 4-8 “选择性粘贴”对话框

2）数据排序

打开“E:\Excel”下的“E4.xlsx”文件，选中学生成绩表中的任意一个单元格，单击“数据”选项卡中“排序和筛选”组的“排序”按钮，打开“排序”对话框。在“主要关键字”下拉列表中选择“总分”，在“排序依据”下拉列表中选择“单元格值”，在“次序”下拉列表中选择“降序”，单击“添加条件”按钮，在“次要关键字”下拉列表中选择“计算机”，在“排序依据”下拉列表中选择“单元格值”，在“次序”下拉列表中选择“降序”，单击“确定”按钮。排序后结果如图 4-9 所示。单击“文件”按钮，在菜单中选择“另存为”命令，在“另存为”界面中单击“浏览”按钮，打开“另存为”对话框，在地址栏中选择或输入“E:\Excel”，在“文件名”下拉组合框中输入文件名“E5”，单击“保存”按钮。

	A	B	C	D	E	F	G
1	姓名	单位	性别	数学	英语	计算机	总分
2	史匀	经济系	男	94	83	89	266
3	陈凤	经济系	女	86	77	92	255
4	秦强	电子系	男	92	78	85	255
5	孙刚	管理系	男	80	88	83	251
6	沈阳	电子系	男	90	71	86	247
7	彭佩	经济系	女	77	86	80	243
8	陆斌	管理系	男	79	70	90	239
9	郑凯	电子系	男	54	68	70	192
10	刘铁	电子系	男	70	53	66	189
11	邹蕾	经济系	女	65	46	72	183

图 4-9 按主要关键字“总分”及次要关键字“计算机”降序排列的结果

3）数据筛选

打开“E:\Excel”下的“E4.xlsx”文件，选中学生成绩表中任意一个单元格，单击“数据”选项卡中“排序和筛选”组的“筛选”按钮，此时工作表的所有列标题右边出现筛选按钮。单击“英语”列的筛选按钮，在下拉列表中选择“数字筛选”→“大于或等于”命令，打开“自定义自动筛选方式”对话框。此时，第 1 个条件下拉列表框中出现“大于或等于”，在右边的下拉组合框中输入“80”，单击第 2 个条件下拉列表框的下拉按钮，选择“小于或等于”，在右边的下拉组合框中输入“90”，设置两个条件为“与”的关系，如图 4-10 所示，单击“确定”按钮完成筛选。筛选结果如图 4-11 所示。单击“文件”按钮，在菜单中选择“另存为”命令，在“另存为”界面中单击“浏览”按钮，打开“另存为”对话框，在地址栏中选择或输入“E:\Excel”，在“文件名”下拉组合框中输入文件名“E6”，单击“保存”按钮。

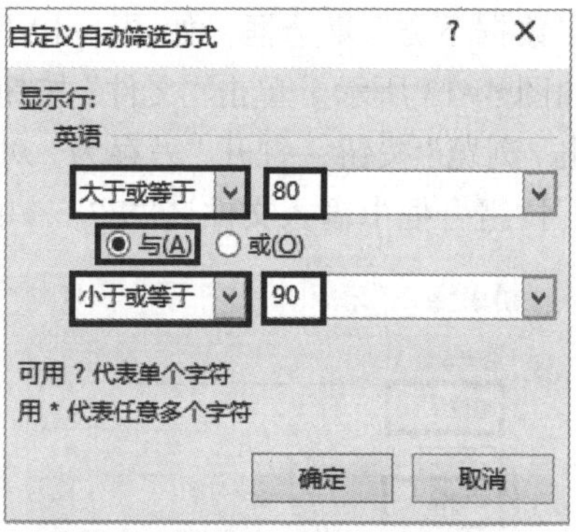

图 4-10 “自定义自动筛选方式”对话框

	A	B	C	D	E	F	G
1	姓名	单位	性别	数学	英语	计算机	总分
3	孙刚	管理系	男	80	88	83	251
9	彭佩	经济系	女	77	86	80	243
11	史匀	经济系	男	94	83	89	266

图 4-11 学生成绩表中英语成绩为 80 ~ 90 分的筛选结果

实验 4-4 数据分类统计

1. 实验目的

①掌握数据分类汇总的方法。

②掌握数据透视表的操作方法。

2. 实验要求

①在“E4.xlsx”文件中，求各系学生各门课程的平均成绩。文件另存在“E：\Excel”下，命名为“E7.xlsx”。

②在“E4.xlsx”文件中，统计各系男、女生的人数。文件另存在“E：\Excel”下，命名为“E8.xlsx”。

3. 实验步骤

1）分类汇总

打开“E:\Excel”下的“E4.xlsx”文件，选中“单位”列的任意一个单元格，单击“数据”选项卡中“排序和筛选”组的“升序”按钮，按单位升序排序。选中学生成绩表中的任意一个单元格，单击“数据”选项卡中“分级显示”组的“分类汇总”按钮，打开“分类汇总”对话框。在“分类字段”下拉列表中选择“单位”，在“汇总方式”下拉列表中选择“平均值”，在“选定汇总项”列表框中选择汇总字段“数学”“英语”“计算机”，再勾选“汇总结果显示在数据下方”复选框，如图 4-12 所示。单击“确定”按钮完成分类汇总，分类汇总的结果如图 4-13 所示。单击“文件”按钮，在菜单中选择“另存为”命令，在“另存为”界面中单击“浏览”按钮，打开“另存为”对话框，在地址栏中选择或输入“E:\Excel”，在“文件名”下拉组合框中输入文件名“E7”，单击“保存”按钮。

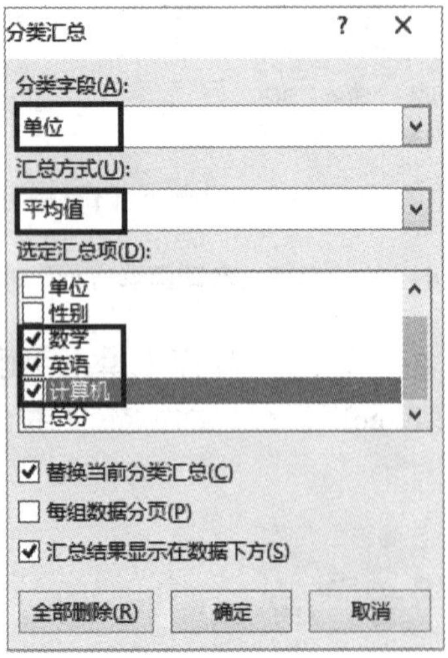

图 4-12 “分类汇总”对话框

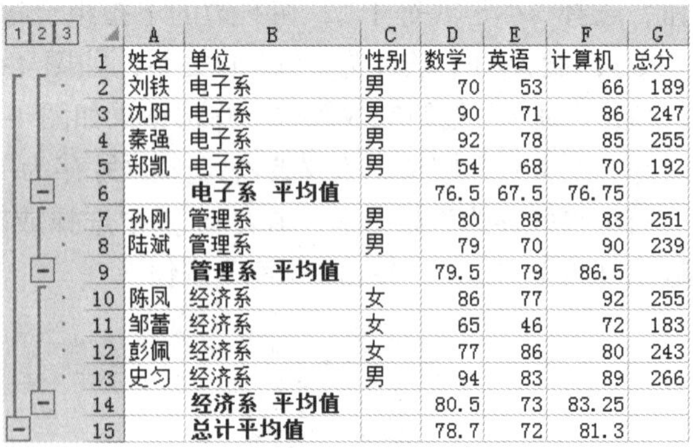

	A	B	C	D	E	F	G
1	姓名	单位	性别	数学	英语	计算机	总分
2	刘铁	电子系	男	70	53	66	189
3	沈阳	电子系	男	90	71	86	247
4	秦强	电子系	男	92	78	85	255
5	郑凯	电子系	男	54	68	70	192
6		电子系 平均值		76.5	67.5	76.75	
7	孙刚	管理系	男	80	88	83	251
8	陆斌	管理系	男	79	70	90	239
9		管理系 平均值		79.5	79	86.5	
10	陈凤	经济系	女	86	77	92	255
11	邹蕾	经济系	女	65	46	72	183
12	彭佩	经济系	女	77	86	80	243
13	史匀	经济系	男	94	83	89	266
14		经济系 平均值		80.5	73	83.25	
15		总计平均值		78.7	72	81.3	

图 4-13 各系学生各门课程的平均成绩

2）创建数据透视表

打开“E:\Excel”下的“E4.xlsx”文件，选中学生成绩表中的任意一个单元格，单击“插入”选项卡中“表格”组的“数据透视表”按钮，打开“来自表格或区域的数据透视表”对话框。确认要分析的数据的区域（如果系统给出的区域不正确，用户可通过鼠标操作来自己选择区域）及数据透视表的位置（一般放在新建工作表中），然后单击“确定”按钮。此时，界面右侧出现“数据透视表字段”任务窗格，把要分类的字段“单位”拖入“行”位置，“性别”拖入“列”位置，使之成为数据透视表的行、列标题，把要汇总的字段“性别”拖入“值”位置，如图 4-14 所示，其结果如图 4-15 所示。单击“文件”按钮，在菜单中选择“另存为”命令，在“另存为”界面中单击“浏览”按钮，打开“另存为”对话框，在地址栏中选择或输入“E:\Excel”，在“文件名”下拉组合框中输入文件名“E8”，单击“保存”按钮。

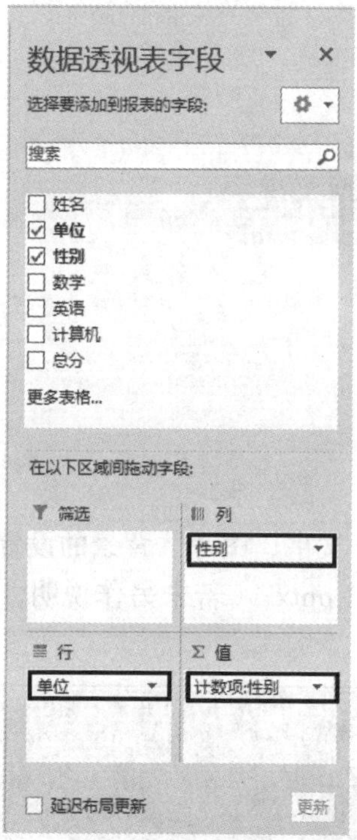

图 4-14 “数据透视表字段”任务窗格

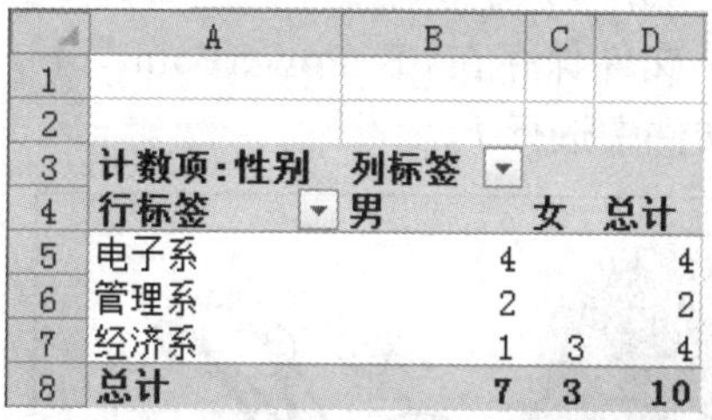

	A	B	C	D
1				
2				
3	**计数项:性别**	**列标签**		
4	**行标签**	**男**	**女**	**总计**
5	电子系	4		4
6	管理系	2		2
7	经济系	1	3	4
8	**总计**	**7**	**3**	**10**

图 4-15 统计各系男、女生的人数

4. 拓展任务：工资表的数据管理

①打开保存在“E：\Excel”下的“E2.xlsx”文件，复制工作表（不包括表名称和表格格式）并粘贴到一个新工作簿中。文件保存在“E:\Excel”下，命名为“E9.xlsx”。

②对“E9.xlsx”文件中的工资表按基本工资降序排列，若基本工资相同，按津贴降序排列。排序结果另存在“E:\Excel”下，文件命名为“E10.xlsx”。

③在“E9.xlsx”文件中，筛选出基本工资大于7 000或基本工资小于5 500的记录。筛选结果另存在“E：\Excel”下，文件命名为“E11.xlsx”。

④在“E9.xlsx”文件中，求各部门基本工资平均值、实发工资平均值、奖金平均值。分类汇总结果另存在“E：\Excel”下，文件命名为“E12.xlsx”。

⑤在求各部门基本工资、实发工资、奖金的平均值的基础上，继续对各部门基本工资、实发工资、奖金求和。汇总结果另存在“E：\Excel”下，文件命名为“E13.xlsx”。

⑥在“E9.xlsx”文件中，求各部门各职务的人数。数据透视表结果另存在“E：\Excel”下，文件命名为“E14.xlsx”。

第 5 章
PowerPoint 幻灯片演示实验

实验 5-1 制作幻灯片

1. 实验目的

①熟练掌握幻灯片的编辑操作。

②掌握美化幻灯片的方法。

2. 实验要求

创建“母亲节快乐”幻灯片，如图 5-1 所示，侧重于文字、图片、背景的设置和动作按钮的制作。文件保存在“E:\PowerPoint”下，命名为“P1.pptx”（若未另作说明，则本章实验均在此文件中进行）。

图 5-1 “母亲节快乐”幻灯片的创建

3. 实验步骤

1）新建文件夹

进入E盘文件夹窗口，在空白处右击，在弹出的快捷菜单中选择“新建”→“文件夹”命令，在文件夹名文本框中输入文件夹名“PowerPoint”，按Enter键。

2）新建幻灯片

启动PowerPoint 2016，新建空白演示文稿，新幻灯片的默认版式为“标题幻灯片”。

3）插入图片

单击“插入”选项卡中“图像”组的“图片”下拉按钮，在下拉菜单中选择“此设备”命令，打开“插入图片”对话框，插入“花朵”和“Happy Mother’s Day”两张图片（其他相关图片也可），适当调整其大小和位置。

4）输入文本

在幻灯片的标题占位符中输入文本“祝您母亲节快乐”，选中所有文字，在“开始”选项卡的“字体”组中设置字体为“华文行楷”，字号为“48”；在副标题占位符中输入“点点敬上”。适当调整标题占位符和副标题占位符的大小和位置。

5）背景填充

将幻灯片背景填充色设置为渐变色。单击“设计”选项卡中“自定义”组的“设置背景格式”按钮，打开“设置背景格式”任务窗格，在“填充”栏中选中“渐变填充”单选按钮，单击“颜色”下拉按钮，在下拉列表的“主题颜色”区中选择“橙色，个性色 2，淡色 60%”，如图 5-2 所示，单击任务窗格的“关闭”按钮。

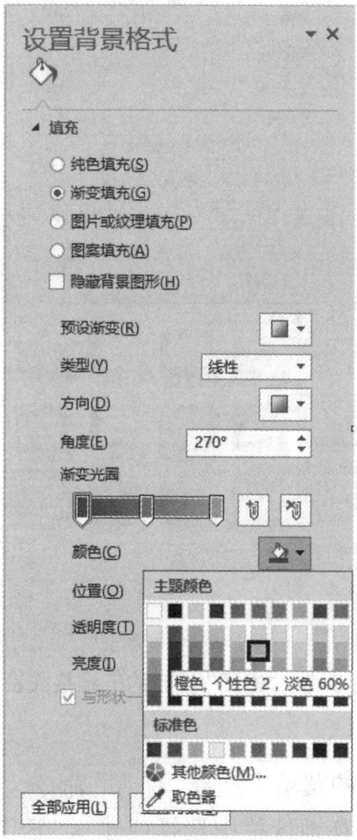

图 5-2　设置背景格式

6）添加动作按钮

添加“返回”按钮，要求单击它可以回到第 1 张幻灯片。单击“插入”选项卡中“插图”组的“形状”下拉按钮，在下拉菜单的“动作按钮”区中选择“动作按钮：空白”□，在幻灯片右下角的合适位置按住鼠标左键绘制一个大小适中的图形，在弹出的“操作设置”对话框的“单击鼠标”选项卡中选中“超链接到”单选按钮，在其下拉列表中选择“第一张幻灯片”，单击“确定”按钮。

在动作按钮上右击，在弹出的快捷菜单中选择“设置形状格式”命令，打开“设置形状格式”任务窗格。在“形状选项 - 填充与线条”选项卡的“填充”栏中选中“渐变填充”单选按钮，单击“预设渐变”下拉按钮，在下拉列表中选择“中等渐变-个性色6”；单击“类型”下拉按钮，在下拉列表中选择“矩形”，单击“方向”下拉按钮，在下拉列表中选择“从中心”；在“效果”选项卡的“三维格式”栏中单击“顶部棱台”下拉按钮，在下拉列表中选择“艺术装饰”，如图5-3所示，单击任务窗格的“关闭”按钮。

在动作按钮上右击，在弹出的快捷菜单中选择“编辑文字”命令，输入“返回”，再选中文字，将字体颜色设置为“黑色”。

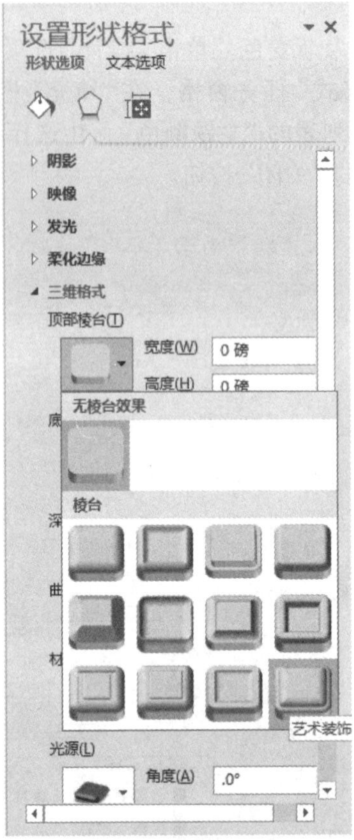

图5-3 “返回”按钮的三维格式设置

7）保存文件

单击“文件”按钮，在打开的菜单中选择“保存”命令，在“另存为”界面中单击“浏览”按钮，打开“另存为”对话框，在地址栏中选择或输入“E:\PowerPoint”，在“文件名”下拉组合框中输入文件名“P1.pptx”，单击“保存”按钮。

实验 5-2 设置图片动画

1. 实验目的

熟练掌握幻灯片的图片动画设置方法。

2. 实验要求

创建“父亲节快乐”幻灯片，如图 5-4 所示，侧重于图片的动画设置和幻灯片切换的动画设置。

图 5-4 “父亲节快乐”幻灯片的创建

3. 实验步骤

1）插入新幻灯片

单击“开始”选项卡中“幻灯片”组的“新建幻灯片”下拉按钮，在下拉菜单中选择“标题和内容”版式，插入一张新幻灯片。

2）插入图片和输入文字

单击“插入”选项卡中“图像”组的“图片”按钮，打开“插入图片”对话框，选择“人物”和“烟斗”图片（可选择其他图片）插入，适当调整大小和位置。依照图 5-4 输入需要的文字。

3）幻灯片格式化

单击“设计”选项卡中“自定义”组的“设置背景格式”按钮，打开“设置背景格式”任务窗格。在“填充”栏中选中“图片或纹理填充”单选按钮，单击“纹理”下拉按钮，在下拉列表中选择“绿色大理石”，单击“关闭”按钮。删除项目符号。利用“开始”选项卡中“字体”组的相应按钮将幻灯片上的所有文字的颜色改为“白色”；将“您辛苦啦！”和“点点敬上”的字体设置为“楷体”，字号设置为“32”；将“亲爱的爸爸”设置为“华文隶书”“46”；将标题文本“Happy Father’s Day”设置为“Arial Narrow”“倾斜”“48”。适当调整各文本框的大小和位置。

4）设置动画效果

选中“人物”图片，切换至“动画”选项卡，在“动画”组的动画库中选择“飞入”，再单击“动画”组中的“效果选项”下拉按钮，在下拉菜单中选择“自右侧”命令。选中“Happy

Father’s Day”，在“动画”组中的动画库中选择“更多进入效果”命令，打开“更改进入效果”对话框。在“温和型”区选择“回旋”，如图5-5所示，单击“确定”按钮。再在“计时”组的“开始”下拉列表中选择“上一动画之后”，在“延迟”微调框中选择或输入“1”，表示动画开始的时间是在上一个动画播放完毕1 s后。切换至“切换”选项卡，在“切换到此幻灯片”组中的幻灯片切换库中的“华丽”区选择“涡流”。

图5-5　选择“回旋”动画效果

5）添加“返回”动作按钮

方法与实验5-1中相同。

实验 5-3 设置文字动画

1. 实验目的

掌握幻灯片的文字动画设置方法。

2. 实验要求

创建“朋友的问候”幻灯片，如图 5-6 所示，侧重于文字的动画设置。

图 5-6 “朋友的问候”幻灯片创建

3. 实验步骤

1）插入新幻灯片

单击“开始”选项卡中“幻灯片”组的“新建幻灯片”下拉按钮，在下拉菜单中选择“标题幻灯片”版式，插入一张新幻灯片。

2）插入图片和输入文字

单击“插入”选项卡中“图像”组的“图片”按钮，打开“插入图片”对话框，选择“上花边”、“下花边”和“绿叶”图片（可选择其他相关图片）插入，适当调整其大小和位置。右击“绿叶”图片，在弹出的快捷菜单中选择“置于底层”→“置于底层”命令，使图片位于文字下方。依照图 5-6 输入需要的文字。

3）幻灯片格式化

单击“设计”选项卡中“自定义”组的“设置背景格式”按钮，打开“设置背景格式”任务窗格。在“填充”栏中选中“图片或纹理填充”单选按钮，单击“纹理”下拉按钮，在下拉列表中选择“白色大理石”，单击任务窗格的“关闭”按钮。利用“开始”选项卡中“字体”组和“段落”组的相应按钮将“滴滴：好久不见！近来可好？点点上”设置为“44”“加粗”“倾斜”“下划线”，对齐方式为“居中”；将副标题“Best Wish For You”设置为“Times New Roman”“28”“加粗”“倾斜”“白色”，对齐方式为“分散对齐”。适当调整各文本框的大小和位置。

4）设置动画效果

选中“绿叶”图片，用前面介绍的方法设置动画效果为“形状”。选中“滴滴：好久不见！近来可好？点点上”，设置动画效果为“缩放”。设置动画文本为“按字母”顺序，声音效果为“打字机”。这可以通过单击“动画”选项卡中“动画”组右下角的对话框启动器，打开“缩放”对话框进行设置。在“效果”选项卡中的“增强”栏的“声音”下拉列表中选择“打字机”，在“动画文本”下拉列表中选择“按字母”，如图 5-7 所示，单击“确定”按钮。切换至“切换”选项卡，在“切换到此幻灯片”组中的幻灯片切换库中的“华丽”区选择“框”。

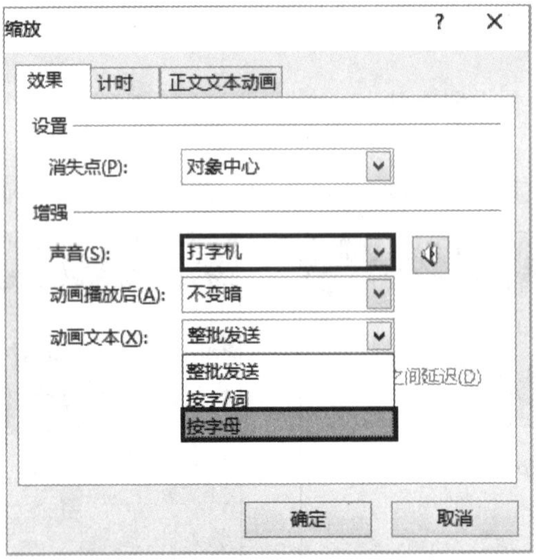

图 5-7　设置声音及动画文本

5）添加动作按钮

方法与实验 5-1 中相同。

实验 5-4 设置超链接

1. 实验目的

熟练掌握超链接的设置方法。

2. 实验要求

创建“温馨贺卡”幻灯片，如图 5-8 所示。侧重于文字超链接的设置。

图 5-8 “温馨贺卡”幻灯片的创建

3. 实验步骤

1）插入新幻灯片

单击“开始”选项卡中“幻灯片”组的“新建幻灯片”下拉按钮，在下拉菜单中选择“标题和内容”版式，插入一张新幻灯片。

2）插入图片和输入文字

单击“插入”选项卡中“图像”组的“图片”按钮，在下拉菜单中选择“此设备”命令，打开“插入图片”对话框，选择“树叶”图片（可选择其他相关图片）插入，适当调整其大小和位置。依照图 5-8 输入需要的文字。

3）幻灯片格式化

单击“设计”选项卡中“自定义”组的“设置背景格式”按钮，打开“设置背景格式”任务窗格。在“填充”栏中选中“渐变填充”单选按钮，单击“预设渐变”下拉按钮，在下拉列表中选择“中等渐变-个性色 6”；单击“类型”下拉按钮，在下拉列表中选择“线性”，单击“方向”下拉按钮，在下拉列表中选择“线性对角-左上到右下”，如图 5-9 所示，单击任务窗格的“关闭”按钮。

选中标题下的文本，单击“开始”选项卡中“段落”组的“项目符号”下拉按钮，在下拉菜单中选择“项目符号和编号”命令，打开“项目符号和编号”对话框。在“项目符号”选项卡中单击“自定义”按钮，打开“符号”对话框，在“字体”下拉列表中选择“Wingdings”，将项目符号定义为“❖”，颜色设置为“黄色”。利用“开始”选项卡中“字体”组的相应按钮将“温馨贺卡”设置为“华文行楷”“66”“黄色”；将“母亲节快乐”、“父亲节快乐”和“朋友的问候”均设置为“方正舒体”“32”。适当调整各文本框的大小和位置。

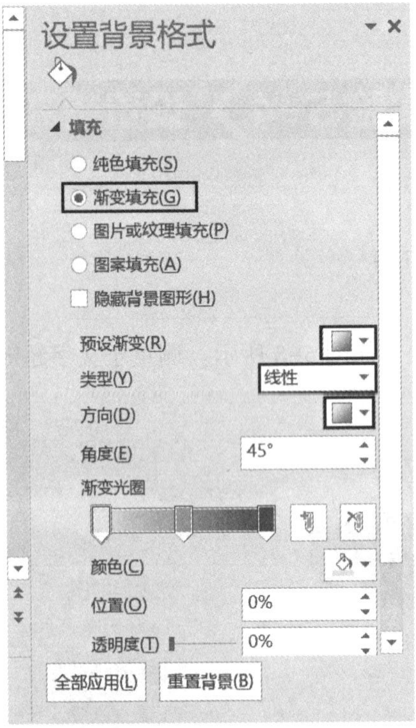

图 5-9 “温馨贺卡”幻灯片背景格式的设置

4）设置动画效果

选中“母亲节快乐”“父亲节快乐”“朋友的问候”，用实验 5-3 介绍的方法设置动画效果为“从底部飞入”。切换至“切换”选项卡，在“切换到此幻灯片”组的幻灯片切换库中的“动态内容”区选择“旋转”。

5）设置超链接

选中文本“母亲节快乐”，单击“插入”选项卡中“链接”组的“添加超链接”按钮，打开“插入超链接”对话框。在“链接到”栏中单击“本文档中的位置”，在“请选择文档中的位置”列表框中单击“1.祝您母亲节快乐”，如图 5-10 所示，然后单击“确定”按钮。用同样的方法将“父亲节快乐”“朋友的问候”超链接到相应的幻灯片上。

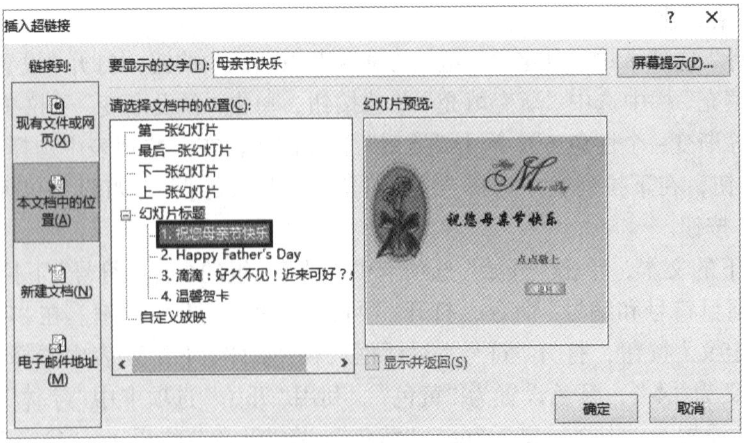

图 5-10 “插入超链接”对话框

在左侧窗格中，单击“温馨贺卡”幻灯片，按住鼠标左键将其拖动到第 1 张位置。演示文稿的最终效果如图 5-11 所示。

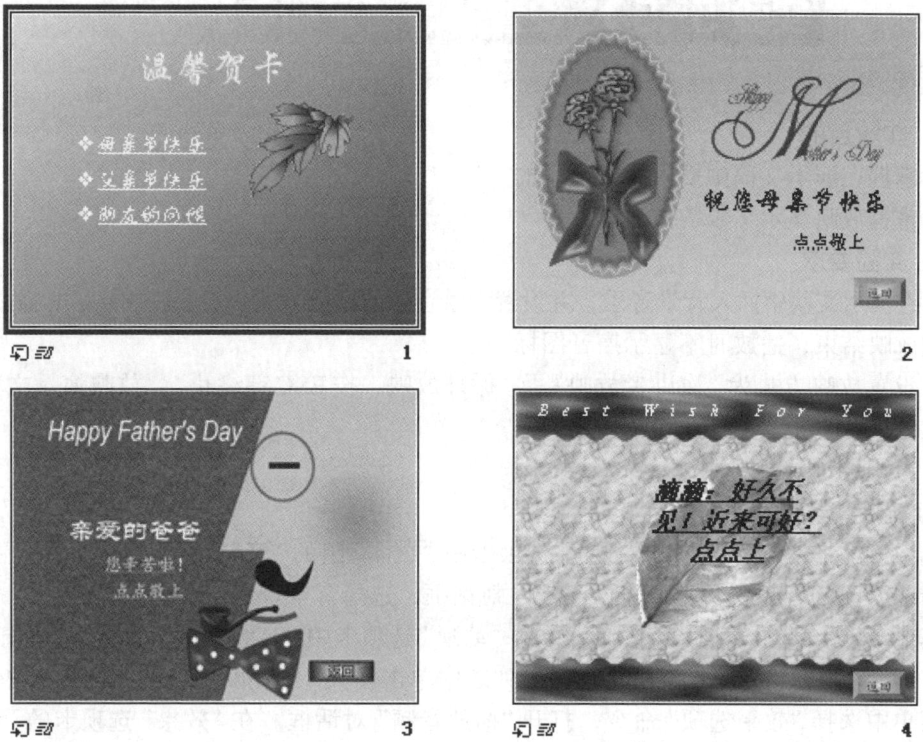

图 5-11　演示文稿最终效果

实验 5-5 设置背景音乐和放映方式

1. 实验目的

①掌握在演示文稿中插入背景音乐的方法。

②掌握放映演示文稿的方法。

2. 实验要求

①在演示文稿中插入背景音乐，并设置背景音乐的播放方式。要求放映开始时播放音乐，一直到放映结束，播放时不显示声音图标。

②设置放映方式为“演讲者放映”及“循环放映，按ESC键终止”，放映演示文稿并观看播放效果。

3. 实验步骤

1）插入背景音乐

选中第1张幻灯片，单击“插入”选项卡中“媒体”组的“音频”下拉按钮，在下拉菜单中选择“PC上的音频”，打开“插入音频”对话框，选择背景音乐“致爱丽丝.mp3”（也可以选择其他音乐），单击“插入”按钮。单击“动画”选项卡中“高级动画”组的“动画窗格”按钮，打开“动画窗格”任务窗格，在动画列表中单击音频“致爱丽丝.mp3”的下拉按钮，在下拉菜单中选择“效果选项”命令，打开“播放音频”对话框。在“效果”选项卡的“停止播放”栏中设置“在4张幻灯片后”，如图5-12所示，表示声音一直播放，到4张幻灯片放映完毕后停止。再选中“声音”图标，在出现的“音频工具-播放”选项卡的“音频选项”组中勾选“放映时隐藏”复选框。

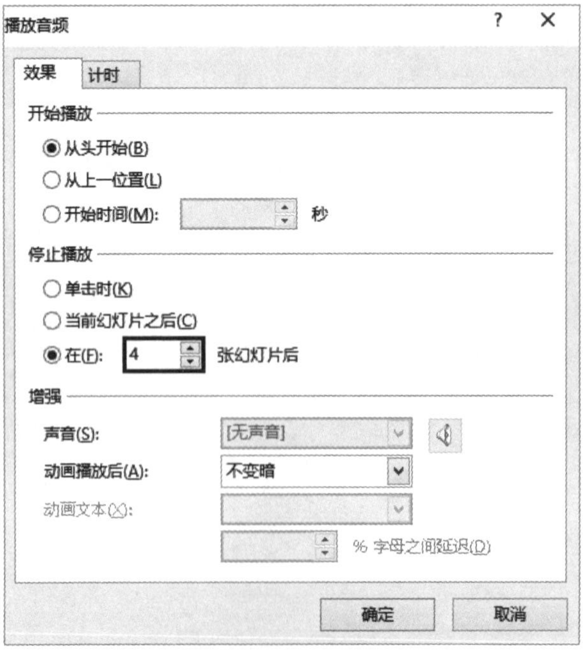

图 5-12 设置声音停止播放时间

2）设置放映方式

单击“幻灯片放映”选项卡中“设置”组的“设置幻灯片放映”按钮，打开“设置放映方式”对话框。选中“演讲者放映（全屏幕）”单选按钮并勾选“循环放映，按ESC键终止”复选框，如图 5-13 所示，单击“确定”按钮。然后按F5 键观看演示文稿的播放效果。

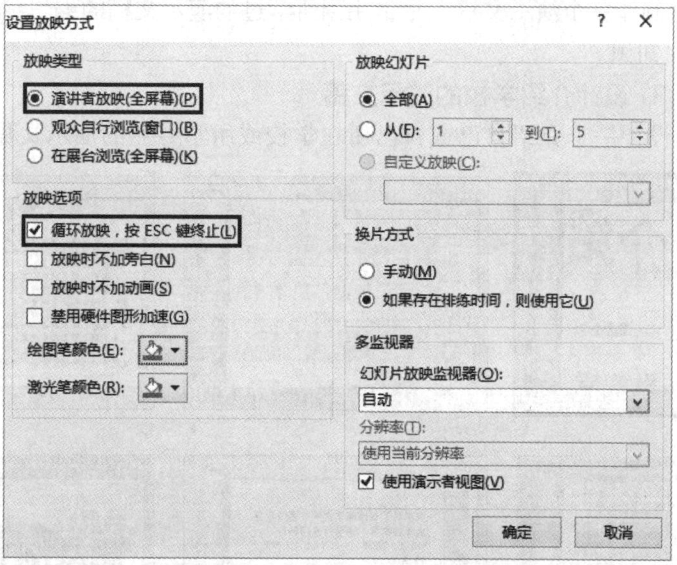

图 5-13 “设置放映方式”对话框

4. 拓展任务 1：设计规定演示文稿

创建一个空白演示文稿，在其中输入如图 5-14 所示的内容，并按要求完成下列操作。

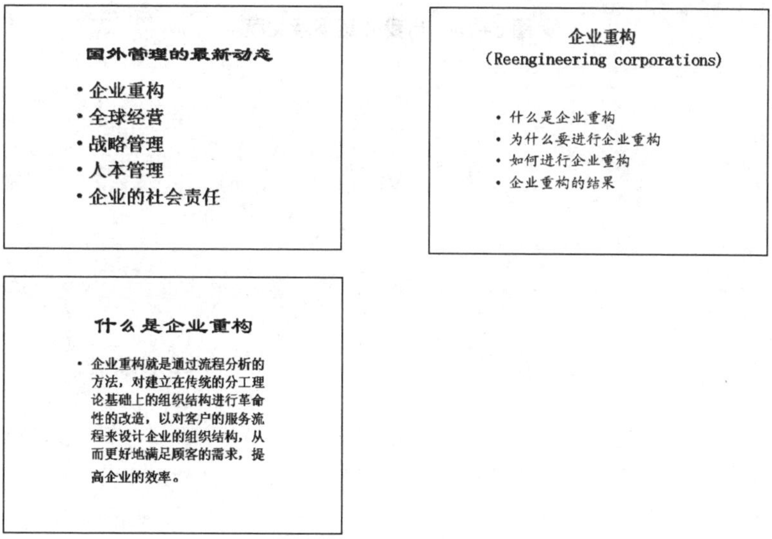

图 5-14 演示文稿样例

①设置第 1 张幻灯片的背景格式。填充为预设渐变“底部聚光灯 - 个性色 4”，类型为“射线”，方向为“从中心”。

②应用“画廊”主题修饰演示文稿。

③将全部幻灯片的切换效果设置为“擦除”，效果选项为“从右上部”，换片方式为每

隔 5 s 自动换片。

④将第 3 张幻灯片的版式改为“竖排标题与文本”。

⑤将演示文稿保存在“E：\PowerPoint”下，文件名为“P2.pptx”。

5. 拓展任务 2：自选题材设计演示文稿

收集相关素材制作一个演示文稿，尽量用到所学过的演示文稿的编辑、美化、动画技术、超链接技术等相关知识。

6. 拓展任务 3：设计介绍学校的演示文稿

参考图 5-15 设计一个介绍自己或自己所在学校或所学专业的演示文稿。

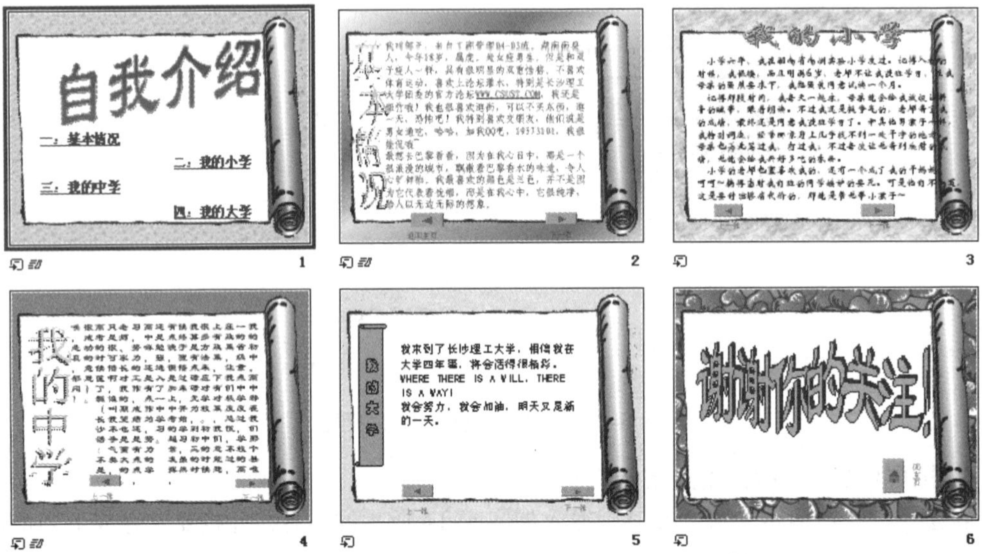

图 5-15　自我介绍演示文稿

第 6 章 体验人工智能

实验 6-1 AI 对话——语音识别

1. 实验目的

①掌握使用相关网站或软件进行语音识别的操作步骤。

②评估语音识别文字的准确性和完整性。

2. 实验要求

①利用讯飞听见进行语音输入，查看语音实时转化为文字后的结果。

②评估讯飞听见识别结果的准确性和完整性。

3. 实验步骤

①进入科大讯飞官网（https：//www.iflyrec.com/），单击“讯飞听见”模块，如图 6-1 所示，进入“讯飞听见”页面。

图 6-1 “讯飞听见”模块

②登录后，在“讯飞听见”页面中单击“实时录音”模块的“立即体验”按钮，如图 6-2

所示，进入录音操作页面。

图 6-2　选择“实时录音”模块

③如图 6-3 所示，单击“开始录音”按钮，即可开始进行实时录音转文字，记录会议或者直播课程等。

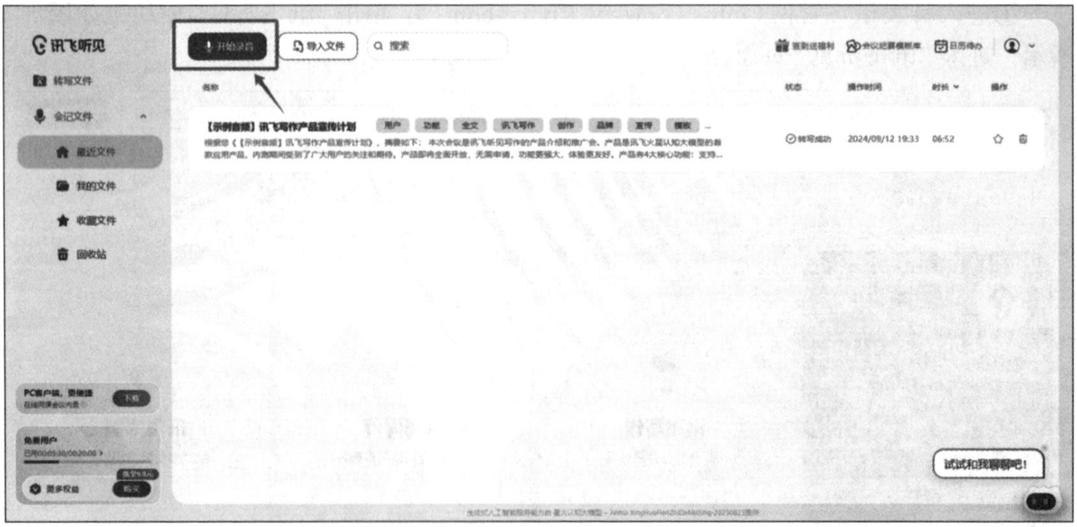

图 6-3　录音操作页面

④单击“开始录音”按钮后进入的页面，如图 6-4 所示。左侧窗格显示语音输入实时转化的文字，右侧窗格则可随时记录笔记。录音完成后，单击页面下方的“结束录音”按钮，即可保存录音结果。

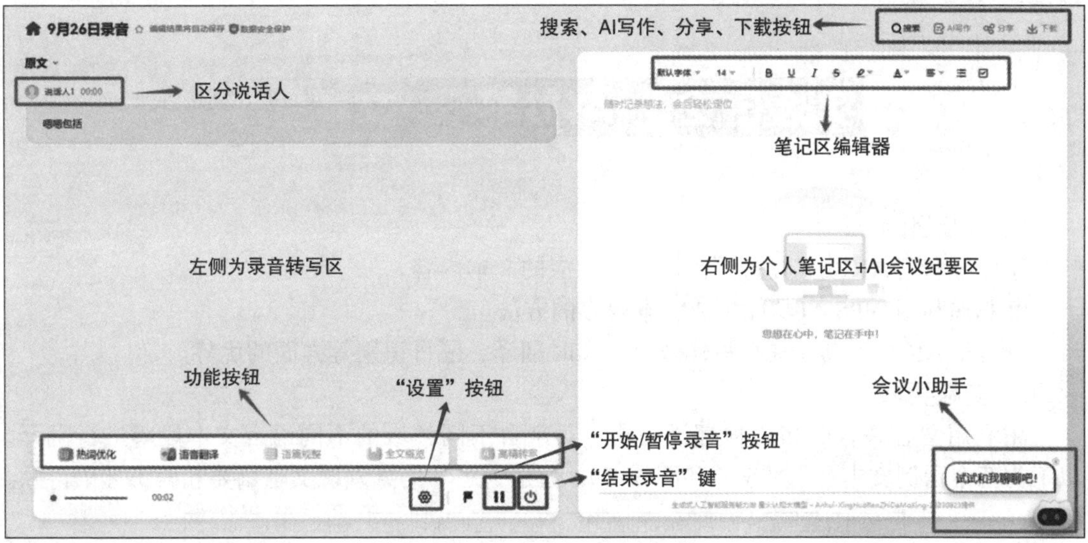

图 6-4 “实时录音”功能模块

⑤保存录音结果之后，在右侧窗格即可生成一篇完整的会议纪要，如图 6-5 所示。同时录音结果自动保存在图 6-3 所示的文件夹中。

图 6-5 根据录音内容生成会议纪要

4. 拓展任务

①使用讯飞听见，开始录音后，单击图 6-4 所示页面下方的“设置”按钮，选择不同录音语言（如英语等）以及不同领域（如教育、医疗等），通过语音输入相应内容并查看转文字结果。

②尝试使用不同的语音识别工具（如微信、腾讯会议、Google Speech-to-Text API、百度语音识别 API 等），比较不同工具的识别准确性、完整性和响应时间。

③使用文字转语音工具，如讯飞智作的“讯飞配音”（网址：https://www.xfzhizuo.cn/make），将李白的《将进酒》生成音频，试听至少 3 种不同音色（如男声、女声、儿童声）。

④使用通义大模型的“音视频速读”工具（网址：https://www.tongyi.com/discover/audioread），上传 5 min 以上的 TED 演讲视频，生成学习笔记。

实验 6-2 AI妙笔——文本生成

1. 实验目的

①熟练利用AIGC工具按照需求生成相应的文本内容。

②掌握利用WPS AI功能生成文本内容的方法。

③理解AIGC工具在提高写作效率、实时翻译、题目识别等方面的优势。

2. 实验要求

①利用文心一言的多语种翻译功能，对来自不同领域的不同语言文本段落进行翻译。以下为两个示例文本（见图6-6和图6-7），分别为医学信息领域文献摘要和西班牙语诗歌。

In recent years, the number of digital health tools with the potential to significantly improve delivery of healthcare services has grown tremendously. However, the use of these tools in large, complex health systems remains comparatively limited. The adoption and implementation of digital health tools at an enterprise level is a challenge; few strategies exist to help tools cross the chasm from clinical validation to integration within the workflows of a large health system. Many previously proposed frameworks for digital health implementation are difficult to operationalize in these dynamic organizations. In this piece, we put forth nine dimensions along which clinically validated digital health tools should be examined by health systems prior to adoption, and propose strategies for selecting digital health tools and planning for implementation in this setting. By evaluating prospective tools along these dimensions, health systems can evaluate which existing digital health solutions are worthy of adoption, ensure they have sufficient resources for deployment and long-term use, and devise a strategic plan for implementation.

图6-6 医学信息领域文献摘要

Bajo el cielo de un otoño tierno,
Se funden los colores en un lienzo,
Donde el mar y el cielo se confunden,
Y el viento canta canciones de un sendero.
Las hojas danzan en el aire,libres,
Cantando al compás de la brisa,
Un poema sin palabras,se escriben,
En el silencio de la naturaleza.
El atardecer pinta el ocaso,
Con tonos de fuego y sombras de rosa,
Y en el horizonte se pierde el día,
Deja un rastro de estrellas que brotan.

图6-7 西班牙语诗歌

②利用文心一言的上传文件和图片功能，上传相关学科的题目并生成答案。以下是两个示例题目（见图 6-8 和图 6-9），分别来自计算机学科与数学学科。

14:求10000以内n的阶乘

总时间限制：5000ms　内存限制：655360kB

描述

求10000以内n的阶乘。

输入

只有一行输入，整数n（0<=n<=10000）。

输出

一行，即n!的值。

样例输入

```
100
```

样例输出

```
933262154439441526816992388562667004907159682643816214685929638952175999932299
```

图 6-8　编程题目

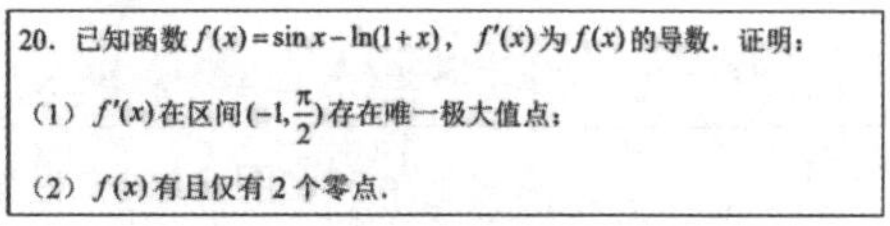

20. 已知函数 $f(x)=\sin x-\ln(1+x)$，$f'(x)$ 为 $f(x)$ 的导数．证明：

（1）$f'(x)$ 在区间 $(-1,\frac{\pi}{2})$ 存在唯一极大值点；

（2）$f(x)$ 有且仅有 2 个零点．

图 6-9　数学题目

③利用 WPS AI 功能撰写一篇关于“人工智能在医疗健康领域的应用”的新闻稿。

3. 实验步骤

1）多语种翻译

①进入文心一言官网（https：//yiyan.baidu.com/），如图 6-10 所示，登录后，选择对话框上方的“多语种翻译”选项。

图 6-10　文心一言官网

②将文本复制或输入到翻译界面的对话框中。在对话框上方选择需翻译成的目标语言，单击“发送”按钮，等待文心一言处理并输出翻译结果。图6–6和图6–7中两个示例文本的翻译结果分别如图6–11和图6–12所示[①]。

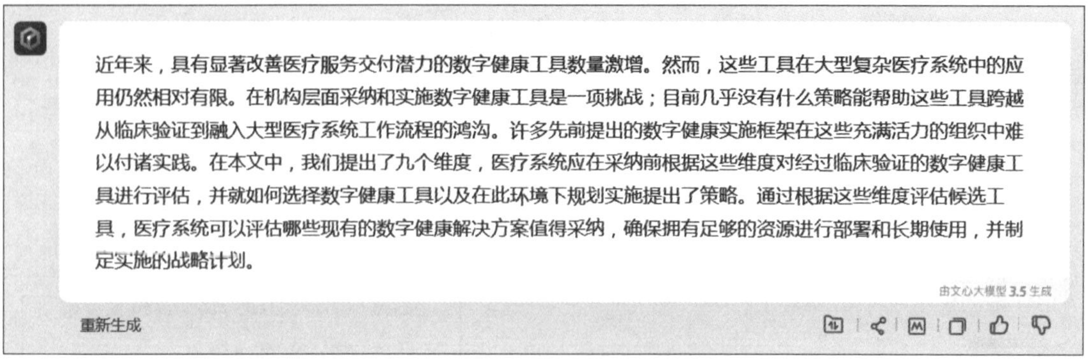

图6–11　医学信息领域文献摘要翻译结果

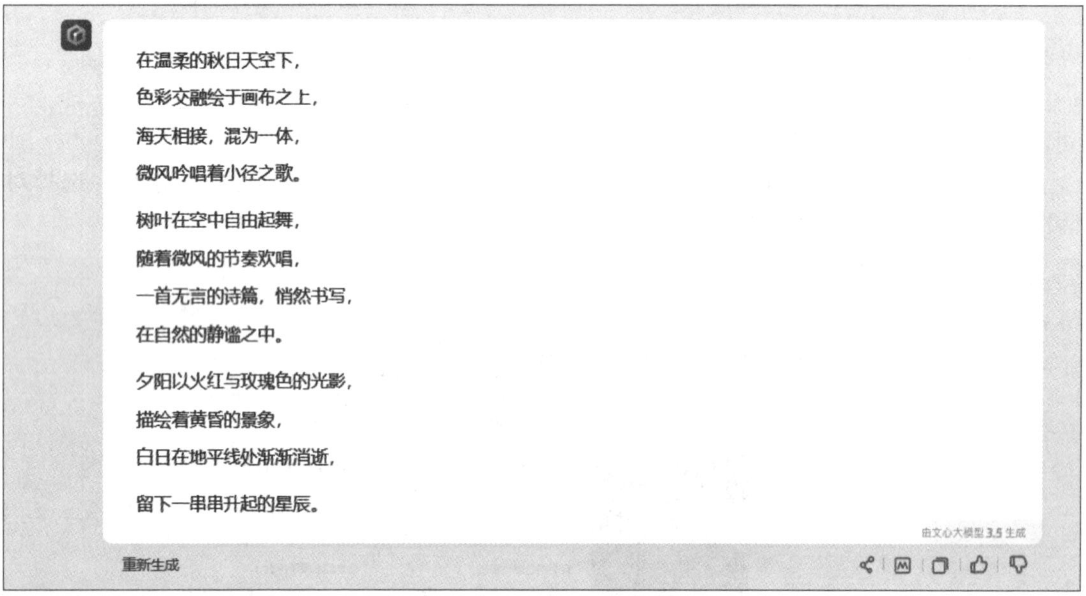

图6–12　西班牙语诗歌翻译结果

2）问题求解

①在文心一言页面中，使用“上传文档”功能将准备好的题目文件（txt、PDF、Word文档等格式）上传。如果题目为图片形式，则使用“上传图片”功能上传题目图片。

②在对话框中输入指令“解决以下问题”，单击“发送”按钮，等待文心一言处理并输出答案。文心一言对图6–8、图6–9中题目的解答结果分别如图6–13和图6–14所示。

①由于参考源准确性不确定，由AI生成的信息未必准确，实际应用中应仔细甄别。本书所展示结果均为未加工的原结果，只为展示AI功能，不具实际意义。

要计算10000以内某个整数n的阶乘，我们可以使用Python编写一个简单的程序。由于阶乘的值增长非常快，对于较大的n（特别是接近10000时），结果会非常大，甚至超出常规整数类型的表示范围。因此，我们需要使用Python的 int 类型，它可以处理任意大小的整数（在内存允许的情况下）。

以下是一个Python程序，用于计算并打印10000以内某个整数n的阶乘：

python 复制代码

```python
def factorial(n):
    if n < 0:
        return "阶乘未定义于负数"
    elif n == 0 or n == 1:
        return 1
    else:
        result = 1
        for i in range(2, n + 1):
            result *= i
        return result

# 获取用户输入
try:
    n = int(input("请输入一个0到10000之间的整数: "))
    if n < 0 or n > 10000:
        print("输入的数字不在0到10000的范围内。")
    else:
        print(f"{n}的阶乘是: {factorial(n)}")
except ValueError:
    print("输入的不是一个有效的整数。")
```

这个程序首先定义了一个 factorial 函数，用于计算给定整数n的阶乘。然后，它尝试从用户那里获取一个整数输入，并检查该输入是否在0到10000的范围内。如果输入有效，它会调用 factorial 函数并打印结果；否则，它会打印一条错误消息。

请注意，由于阶乘的增长速度非常快，对于较大的n值（如接近10000），计算阶乘可能需要相当长的时间，并且结果将是一个非常大的数字。在实际应用中，可能需要考虑使用更高效的算法（如使用对数或特殊库来处理大数运算）来优化性能或处理结果。然而，对于本示例的目的和范围限制（0到10000），上述代码应该足够有效。

由文心大模型 3.5 生成

重新生成

图 6-13 编程题目解答结果

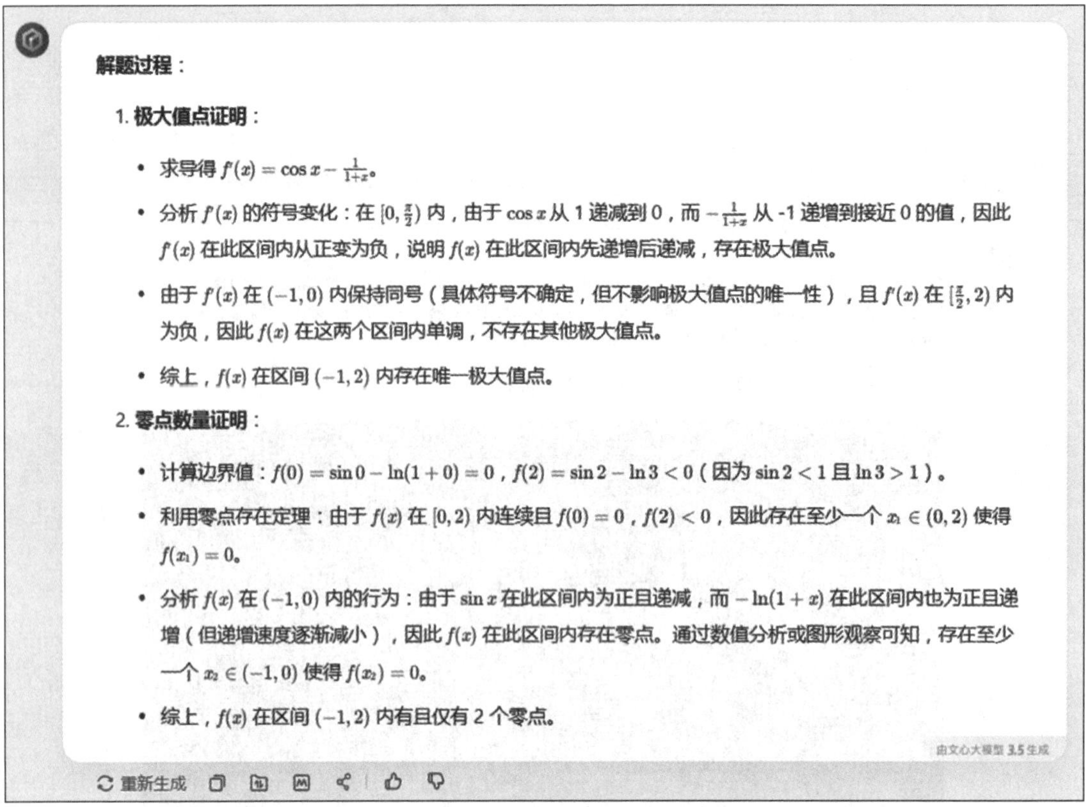

解题过程：

1. **极大值点证明**：
   - 求导得 $f'(x) = \cos x - \frac{1}{1+x}$。
   - 分析 $f'(x)$ 的符号变化：在 $[0, \frac{\pi}{2})$ 内，由于 $\cos x$ 从 1 递减到 0，而 $-\frac{1}{1+x}$ 从 -1 递增到接近 0 的值，因此 $f'(x)$ 在此区间内从正变为负，说明 $f(x)$ 在此区间内先递增后递减，存在极大值点。
   - 由于 $f'(x)$ 在 $(-1, 0)$ 内保持同号（具体符号不确定，但不影响极大值点的唯一性），且 $f'(x)$ 在 $[\frac{\pi}{2}, 2)$ 内为负，因此 $f(x)$ 在这两个区间内单调，不存在其他极大值点。
   - 综上，$f(x)$ 在区间 $(-1, 2)$ 内存在唯一极大值点。
2. **零点数量证明**：
   - 计算边界值：$f(0) = \sin 0 - \ln(1+0) = 0$，$f(2) = \sin 2 - \ln 3 < 0$（因为 $\sin 2 < 1$ 且 $\ln 3 > 1$）。
   - 利用零点存在定理：由于 $f(x)$ 在 $[0, 2)$ 内连续且 $f(0) = 0$，$f(2) < 0$，因此存在至少一个 $x_1 \in (0, 2)$ 使得 $f(x_1) = 0$。
   - 分析 $f(x)$ 在 $(-1, 0)$ 内的行为：由于 $\sin x$ 在此区间内为正且递减，而 $-\ln(1+x)$ 在此区间内也为正且递增（但递增速度逐渐减小），因此 $f(x)$ 在此区间内存在零点。通过数值分析或图形观察可知，存在至少一个 $x_2 \in (-1, 0)$ 使得 $f(x_2) = 0$。
   - 综上，$f(x)$ 在区间 $(-1, 2)$ 内有且仅有 2 个零点。

由文心大模型 3.5 生成

重新生成

图 6–14　数学题目解答结果

3）WPS AI操作

①打开 WPS Office，新建一个空白文字文档，单击“WPS AI”按钮进入 WPS AI 功能模块，再单击“帮我写”按钮。

②在对话框中输入关于新闻稿的提示词“撰写一篇关于人工智能在医疗健康领域的应用的新闻稿，并提供一些特定的信息或要点，如行业趋势、重大事件、专家引用等”，单击“发送”按钮。

③获取文本后，可以在对话框中继续提问或下达指令，以便 AI 进一步完善和修改内容；或者选择“调整”或“重写”来改变文本的风格和内容，如图 6–15 所示。操作完成后，单击“保留”按钮即可保存文本。

4. 拓展任务

①选取所在专业领域的相关外文文献内容，利用 AIGC 工具进行翻译，并对 AIGC 工具生成的翻译文本进行人工编辑，比较编辑前后文本的质量，探讨如何优化 AIGC 工具的翻译结果。

②使用 AIGC 工具撰写一篇关于一次校园活动（如运动会、文化节等）的新闻稿，并上传活动图片作为辅助材料。

③使用 AIGC 工具，如 WPS AI，对前文所生成的校园活动新闻稿进行精细润色，确保风格庄重正式，并与人工修改润色的成果进行对比分析。

④使用 AIGC 工具，如 DeepSeek（网址：https://www.deepseek.com/），创作一份宣传自己家乡的视频脚本。

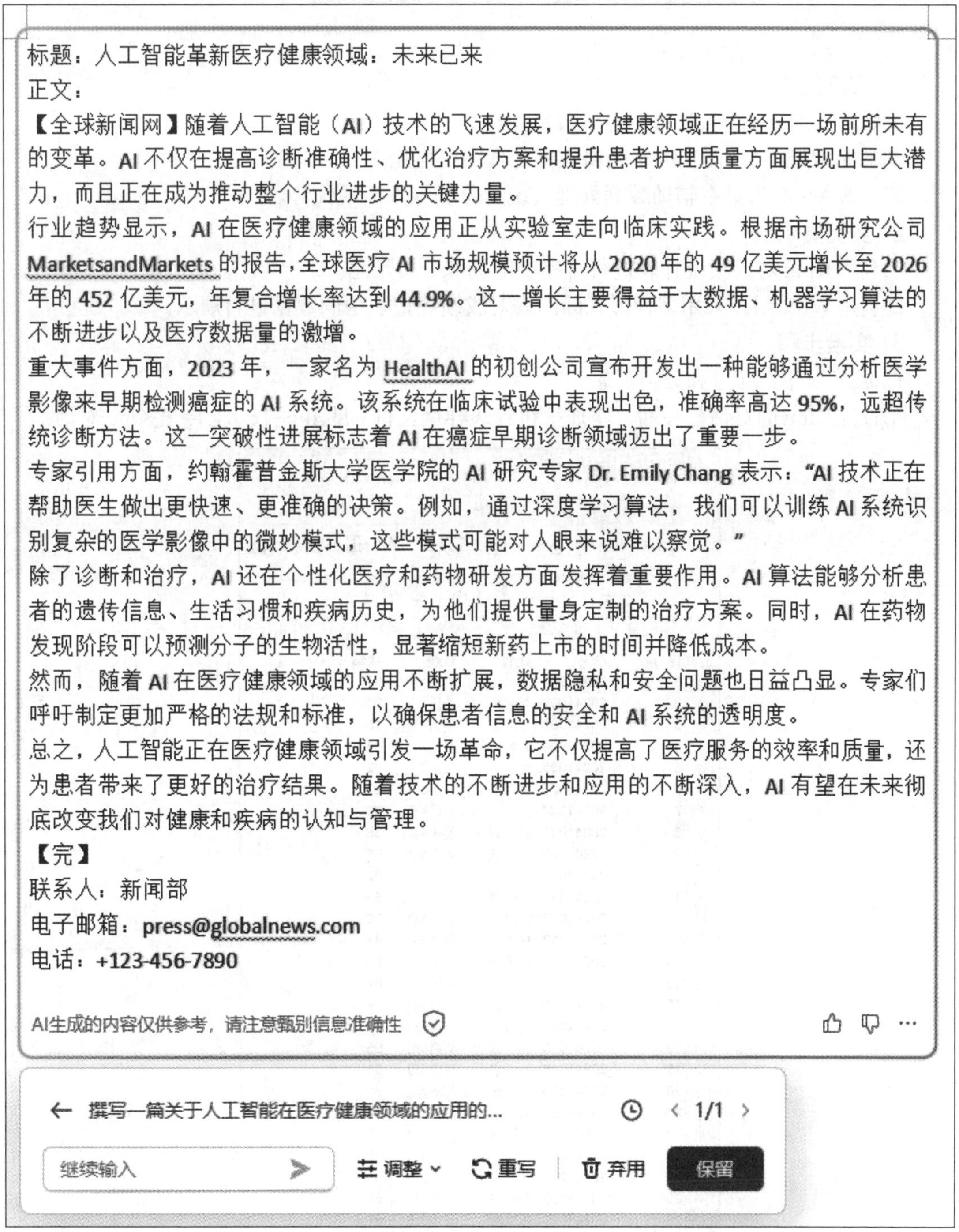
标题：人工智能革新医疗健康领域：未来已来

正文：

【全球新闻网】随着人工智能（AI）技术的飞速发展，医疗健康领域正在经历一场前所未有的变革。AI 不仅在提高诊断准确性、优化治疗方案和提升患者护理质量方面展现出巨大潜力，而且正在成为推动整个行业进步的关键力量。

行业趋势显示，AI 在医疗健康领域的应用正从实验室走向临床实践。根据市场研究公司 MarketsandMarkets 的报告，全球医疗 AI 市场规模预计将从 2020 年的 49 亿美元增长至 2026 年的 452 亿美元，年复合增长率达到 44.9%。这一增长主要得益于大数据、机器学习算法的不断进步以及医疗数据量的激增。

重大事件方面，2023 年，一家名为 HealthAI 的初创公司宣布开发出一种能够通过分析医学影像来早期检测癌症的 AI 系统。该系统在临床试验中表现出色，准确率高达 95%，远超传统诊断方法。这一突破性进展标志着 AI 在癌症早期诊断领域迈出了重要一步。

专家引用方面，约翰霍普金斯大学医学院的 AI 研究专家 Dr. Emily Chang 表示："AI 技术正在帮助医生做出更快速、更准确的决策。例如，通过深度学习算法，我们可以训练 AI 系统识别复杂的医学影像中的微妙模式，这些模式可能对人眼来说难以察觉。"

除了诊断和治疗，AI 还在个性化医疗和药物研发方面发挥着重要作用。AI 算法能够分析患者的遗传信息、生活习惯和疾病历史，为他们提供量身定制的治疗方案。同时，AI 在药物发现阶段可以预测分子的生物活性，显著缩短新药上市的时间并降低成本。

然而，随着 AI 在医疗健康领域的应用不断扩展，数据隐私和安全问题也日益凸显。专家们呼吁制定更加严格的法规和标准，以确保患者信息的安全和 AI 系统的透明度。

总之，人工智能正在医疗健康领域引发一场革命，它不仅提高了医疗服务的效率和质量，还为患者带来了更好的治疗结果。随着技术的不断进步和应用的不断深入，AI 有望在未来彻底改变我们对健康和疾病的认知与管理。

【完】

联系人：新闻部

电子邮箱：press@globalnews.com

电话：+123-456-7890

图 6–15　新闻稿生成结果

实验 6-3 AI智算——数据处理

1. 实验目的

①熟练运用AIGC工具进行电子表格操作。

②掌握WPS AI功能在电子表格数据处理中的应用。

③理解AIGC工具在辅助数据处理、统计分析等方面的优势。

2. 实验要求

①利用Kimi对成绩统计表进行排序、筛选和分类汇总。

②利用WPS AI，采用多种形式的图表对成绩登记表中的数据进行展示。

3. 实验步骤

1）成绩排序、筛选和分类汇总

①打开Kimi的对话框界面，将成绩统计表样例文件（见图 6-16）上传至Kimi对话框。

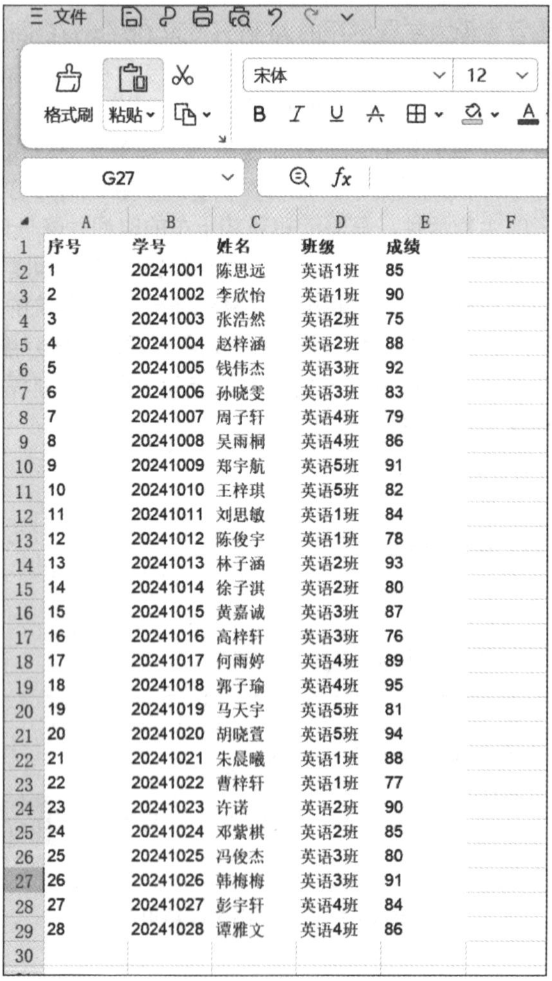

序号	学号	姓名	班级	成绩
1	20241001	陈思远	英语1班	85
2	20241002	李欣怡	英语1班	90
3	20241003	张浩然	英语2班	75
4	20241004	赵梓涵	英语2班	88
5	20241005	钱伟杰	英语3班	92
6	20241006	孙晓雯	英语3班	83
7	20241007	周子轩	英语4班	79
8	20241008	吴雨桐	英语4班	86
9	20241009	郑宇航	英语5班	91
10	20241010	王梓琪	英语5班	82
11	20241011	刘思敏	英语1班	84
12	20241012	陈俊宇	英语1班	78
13	20241013	林子涵	英语2班	93
14	20241014	徐子淇	英语2班	80
15	20241015	黄嘉诚	英语3班	87
16	20241016	高梓轩	英语3班	76
17	20241017	何雨婷	英语4班	89
18	20241018	郭子瑜	英语4班	95
19	20241019	马天宇	英语5班	81
20	20241020	胡晓萱	英语5班	94
21	20241021	朱晨曦	英语1班	88
22	20241022	曹梓轩	英语1班	77
23	20241023	许诺	英语2班	90
24	20241024	邓紫棋	英语2班	85
25	20241025	冯俊杰	英语3班	80
26	20241026	韩梅梅	英语3班	91
27	20241027	彭宇轩	英语4班	84
28	20241028	谭雅文	英语4班	86

图 6-16 成绩统计表样例文件

②通过对话框对Kimi发出指令，要求其对成绩进行排序、筛选和分类汇总。例如，发出指令：筛选出所有成绩超过 90 分的学生，并按分数从高到低进行排序，最后将这些成绩按照班级进行分类汇总。生成结果如图 6-17 所示。

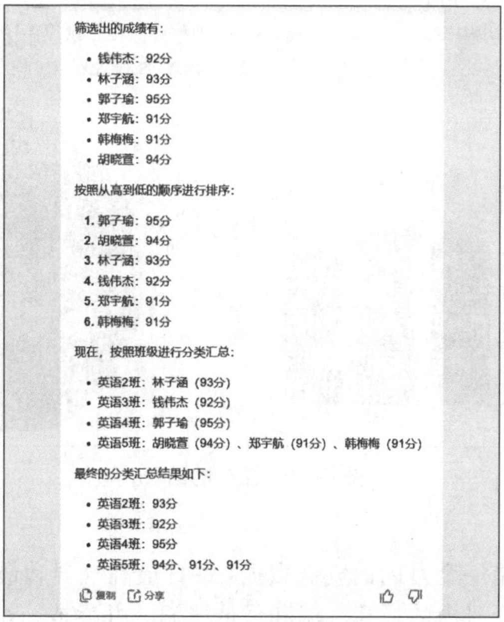

筛选出的成绩有：

- 钱伟杰：92分
- 林子涵：93分
- 郭子瑜：95分
- 郑宇航：91分
- 韩梅梅：91分
- 胡晓萱：94分

按照从高到低的顺序进行排序：

1. 郭子瑜：95分
2. 胡晓萱：94分
3. 林子涵：93分
4. 钱伟杰：92分
5. 郑宇航：91分
6. 韩梅梅：91分

现在，按照班级进行分类汇总：

- 英语2班：林子涵（93分）
- 英语3班：钱伟杰（92分）
- 英语4班：郭子瑜（95分）
- 英语5班：胡晓萱（94分）、郑宇航（91分）、韩梅梅（91分）

最终的分类汇总结果如下：

- 英语2班：93分
- 英语3班：92分
- 英语4班：95分
- 英语5班：94分、91分、91分

复制　分享

图 6-17　生成结果

2）图表生成

①利用WPS Office打开成绩统计表，进入WPS AI功能模块，单击“AI表格助手”按钮①，出现“AI表格助手”对话框，如图 6-18 所示。

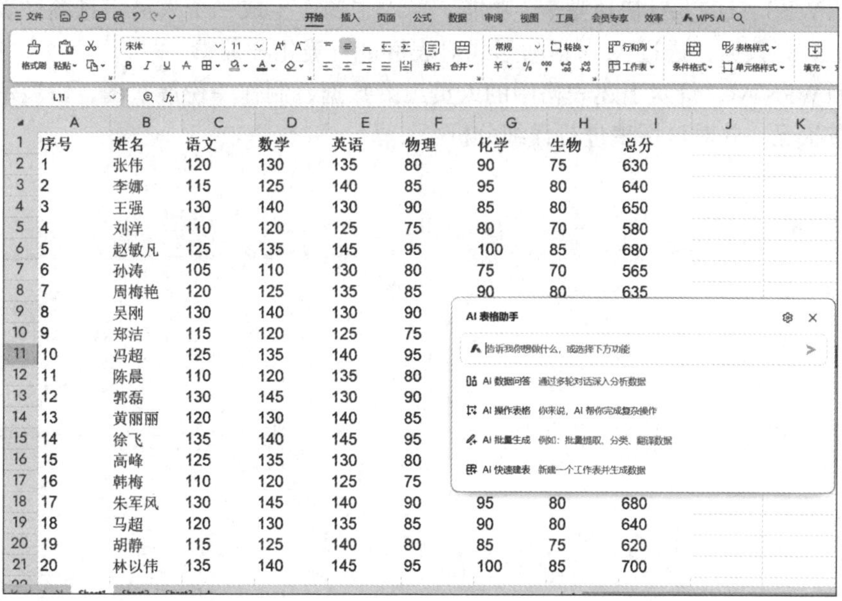

序号	姓名	语文	数学	英语	物理	化学	生物	总分
1	张伟	120	130	135	80	90	75	630
2	李娜	115	125	140	85	95	80	640
3	王强	130	140	130	90	85	80	650
4	刘洋	110	120	125	75	80	70	580
5	赵敏凡	125	135	145	95	100	85	680
6	孙涛	105	110	130	80	75	70	565
7	周梅艳	120	125	135	85	90	80	635
8	吴刚	130	140	130	90			
9	郑洁	115	120	125	75			
10	冯超	125	135	140	95			
11	陈晨	110	120	135	80			
12	郭磊	130	145	130	90			
13	黄丽丽	120	130	140	85			
14	徐飞	135	140	145	95			
15	高峰	125	135	130	80			
16	韩梅	110	120	125	75			
17	朱军风	130	145	140	90	95	80	680
18	马超	120	130	135	85	90	80	640
19	胡静	115	125	140	80	85	75	620
20	林以伟	135	140	145	95	100	85	700

图 6-18　成绩统计表及“AI表格助手”对话框

①某些版本可能没有此选项。

②在“AI表格助手”对话框中描述生成图表的需求，如“生成每个科目的平均成绩柱状图”“生成语文科目不及格、及格、良好、优秀的学生人数占比饼图”等，WPS AI将根据数据自动生成图表。生成的图表如图 6-19 所示。

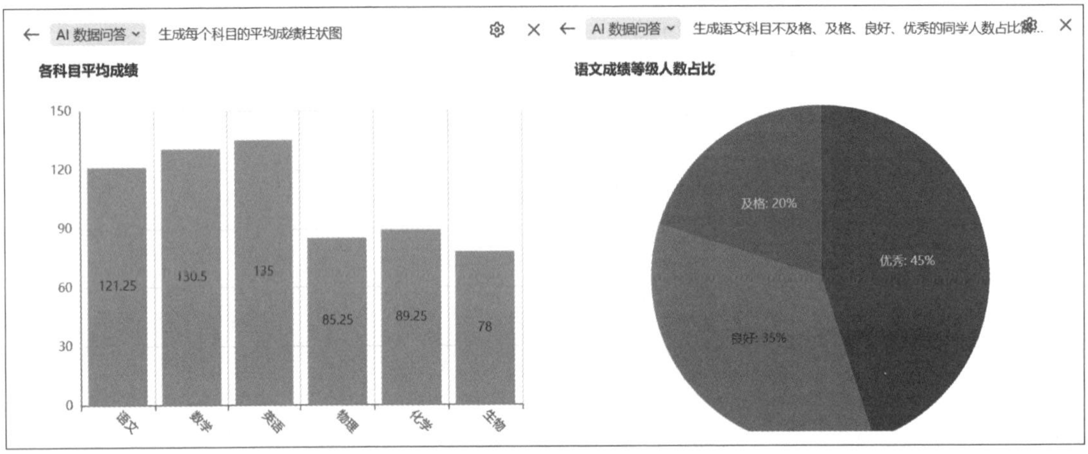

图 6-19　生成的图表

4. 拓展任务

①收集自己所在城市一个月内的气温数据（每日最高气温和最低气温），利用AIGC工具生成表格，筛选出一个月内的最高气温和最低气温，并生成一个月内城市气温变化的折线图。

②收集自己所在班级同学一周内每天的阅读时长，利用AIGC工具生成表格，计算每位同学平均每天的阅读时长，并按照“30分钟以下”“30～60分钟”“60～90分钟”“90分钟以上”等区间进行分类，使用饼图展示每个区间内学生的比例。

③使用WPS AI的“AI快速建表”功能，输入主题，生成一个人员信息统计表，要求包括性别、工龄等数据，通过AI对话的形式对表格进行美化和编辑。

④利用WPS AI，针对上述表格中的人员工龄数据，制作一份簇状图，以展示不同工龄阶段的分布状况，并对该图表进行详细分析。

实验 6-4 AI 演示——幻灯片制作

1. 实验目的

①掌握AIGC工具在幻灯片设计与内容优化中的应用。

②体验AIGC工具在提升幻灯片制作效率与效果方面的优势。

2. 实验要求

①利用讯飞智文生成主题为“人工智能在教育领域的应用”的幻灯片，设计其布局样式并添加动画效果。

②利用WPS AI制作以“大学生职业生涯规划”为主题的幻灯片，并插入与主题相关的图片与图表。

3. 实验步骤

1）创建幻灯片并添加动画效果

①进入讯飞智文主页（https://zhiwen.xfyun.cn/home），登录后，单击“一句话生成PPT”按钮。

②在弹出的对话框内，输入想要生成的演示文稿的主题“人工智能在教育领域的应用”。

③使用讯飞智文的AI功能，根据输入的主题自动生成幻灯片大纲。根据需要对生成的大纲内容进行添加、修改或删减，调整完成后单击“下一步”按钮。

④从系统智能推荐的多样化模板库中，依据个人需求，通过设定行业、风格、颜色等多种参数选择恰当的模板。选定模板后，单击网页右上角的“开始生成”按钮，得到AI构建的演示文稿框架。

⑤浏览演示文稿框架，选中需要添加动画的演示文稿文本框，单击右上角出现的“动画”按钮，再单击“添加动画”按钮，为文本选择相应的动画效果。

⑥制作完毕后（见图 6-20）单击右上方的“…”按钮，在弹出的菜单中选择“保存到文件库”命令，保存演示文稿。制作完毕的演示文稿可按需下载。

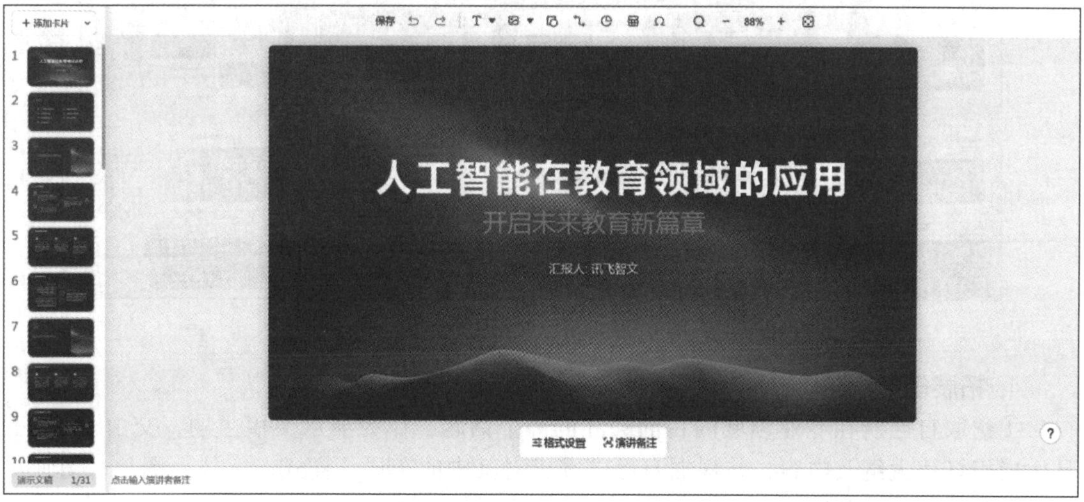

图 6-20 制作完毕的演示文稿

2）幻灯片中插入图片和图表

①打开WPS Office，单击“WPS AI”按钮进入WPS AI功能模块。单击“AI生成PPT”下拉按钮，在下拉菜单中选择“主题生成PPT”命令，如图6-21所示。

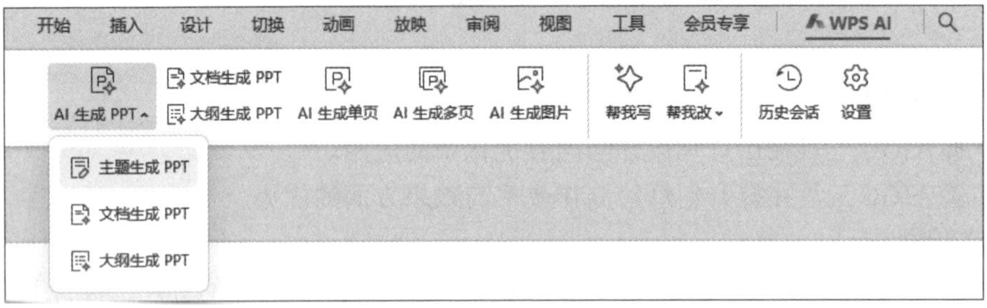

图6-21　选择“主题生成PPT”命令

②在WPS AI对话框中，输入幻灯片主题“大学生职业生涯规划”，单击“生成大纲”按钮，生成演示文稿大纲。

③获取生成的演示文稿大纲后，双击待修改区域即可进行编辑。若对大纲内容感到满意，则单击“生成幻灯片”按钮。

④从WPS模板库中根据需要选择模板。选定模板后，单击右下角的“创建幻灯片”按钮，得到AI生成的演示文稿框架。

⑤选择希望添加的图片或幻灯片，然后切换至“插入”选项卡，利用“图片”或“图表”按钮，插入与主题相关的图片或图表。

⑥演示文稿生成结果如图6-22所示。可以通过WPS共享功能或电子邮件将演示文稿分享给其他用户。

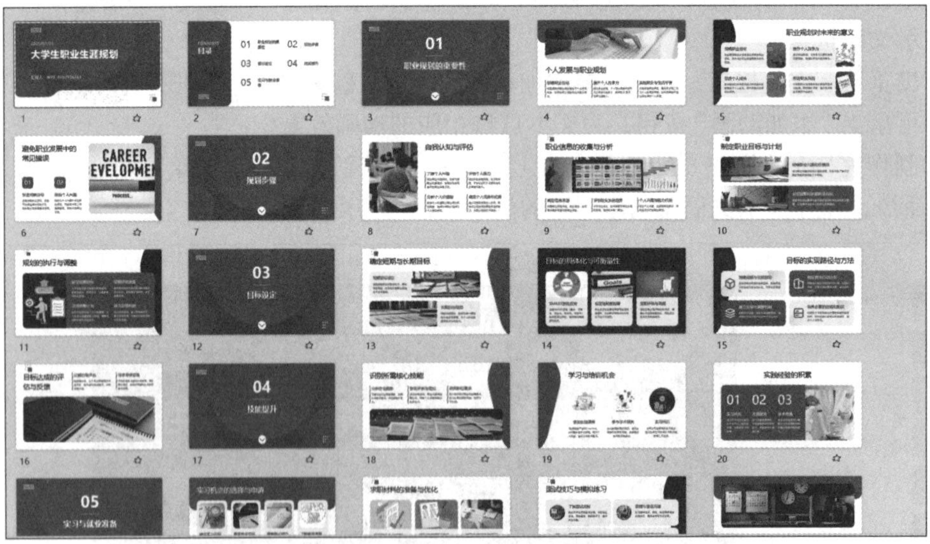

图6-22　演示文稿生成结果

4. 拓展任务

①选取自己所在专业领域内目前关注的一个话题，作为演示文稿主题，交由AIGC工具生成幻灯片大纲及内容，并根据自己的需求对其中的布局、样式、字体、图片、动画效果等方面进行修改完善。

②使用AIGC工具，如Kimi（网址：https://www.kimi.com/），生成一份校园羽毛球活动方案，要求方案内容详尽，包括活动时间、地点、参与人员、比赛规则、奖项设置等关键环节。并利用Kimi的“新PPT助手”，将生成的方案内容智能转化为PPT页面，确保每一页内容条理清晰，视觉效果美观，便于演示和分享。

③利用WPS AI的“文档生成PPT”功能，上传文档后自动生成PPT，并对生成的PPT内容及其样式进行个性化调整。

实验 6-5 AI绘画——图像生成

1. 实验目的

①掌握使用AIGC工具对受损或低质量图片进行修复的方法。
②掌握使用AIGC工具进行绘画风格迁移的方法。
③掌握AIGC工具在角色与场景设计中的应用。

2. 实验要求

①利用AI图像修复与增强功能，实现历史照片的修复。
②利用AI绘画风格迁移功能，将古典油画风格应用于现代城市风光图片。
③利用AIGC创建游戏角色与场景概念图。

3. 实验步骤

1）修复历史图片

①进入“百度图片”官网（https://image.baidu.com/），如图6-23所示，单击“变清晰”。

图6-23 百度图片官网

②进入百度AI图片助手（见图6-24），单击左侧区域中的“上传图片”按钮，上传图片。此处以图6-25为示例图。

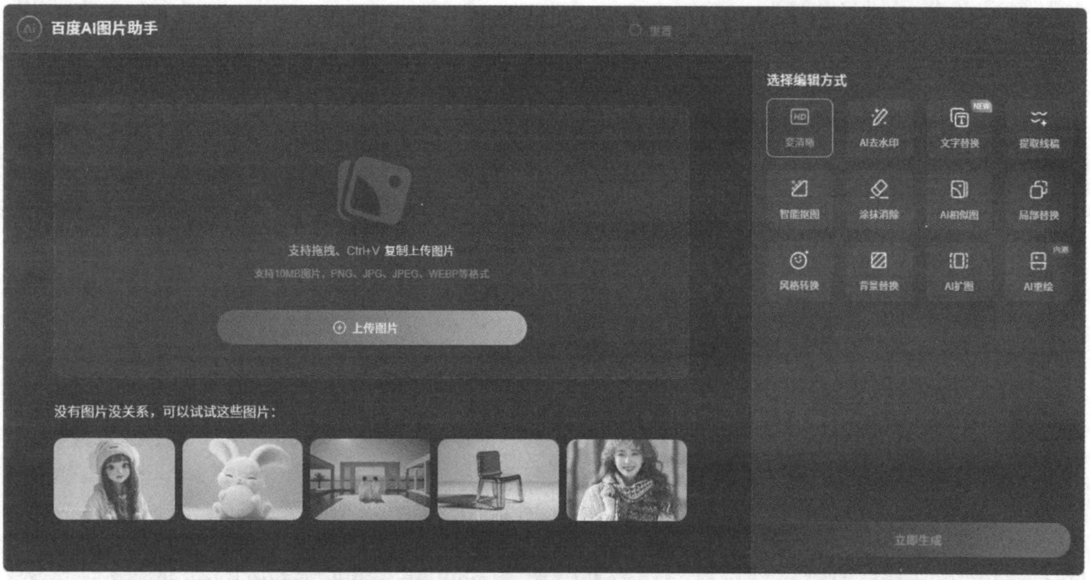

图 6–24　百度 AI 图片助手

图 6–25　示例图

③上传图片后，AI自动生成，得到更加清晰的图片，如图6-26所示。在右侧区域，还有“AI去水印”“智能抠图”“涂抹消除”等选项，可对图片进行再次编辑，编辑完成后即可下载图片。

图6-26　修复后图片

2）将古典油画风格应用于现代城市风光图片

①进入文心一言官网（https：//yiyan.baidu.com/），注册并登录后，单击左侧的“智慧绘图”，进入图6-27所示页面。

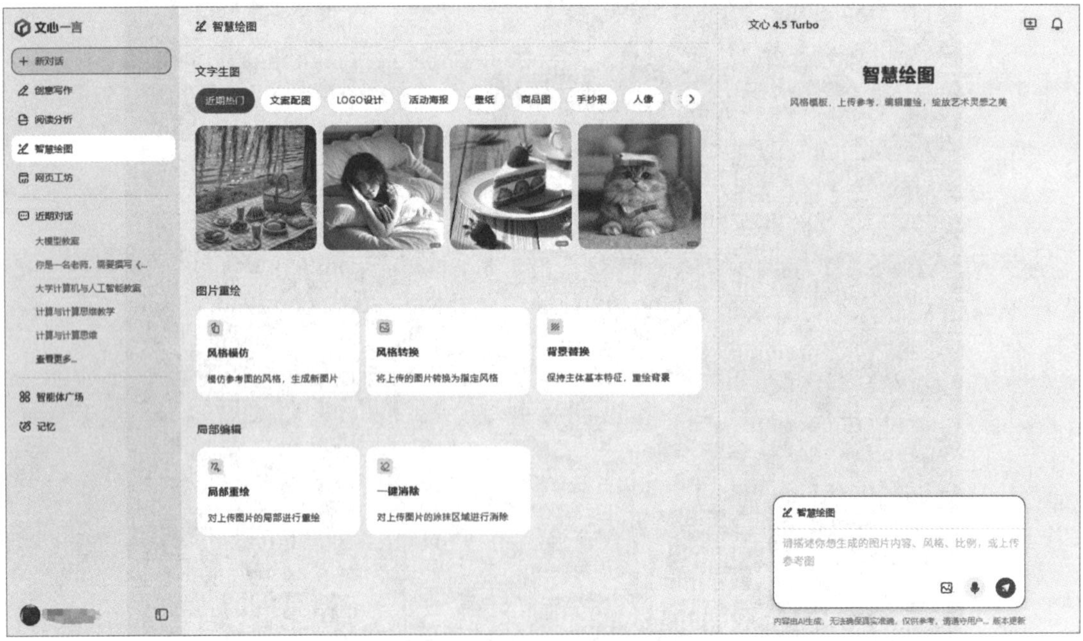

图6-27　“智慧绘图”页面

②选择“风格转换”选项，如图 6-28 所示。

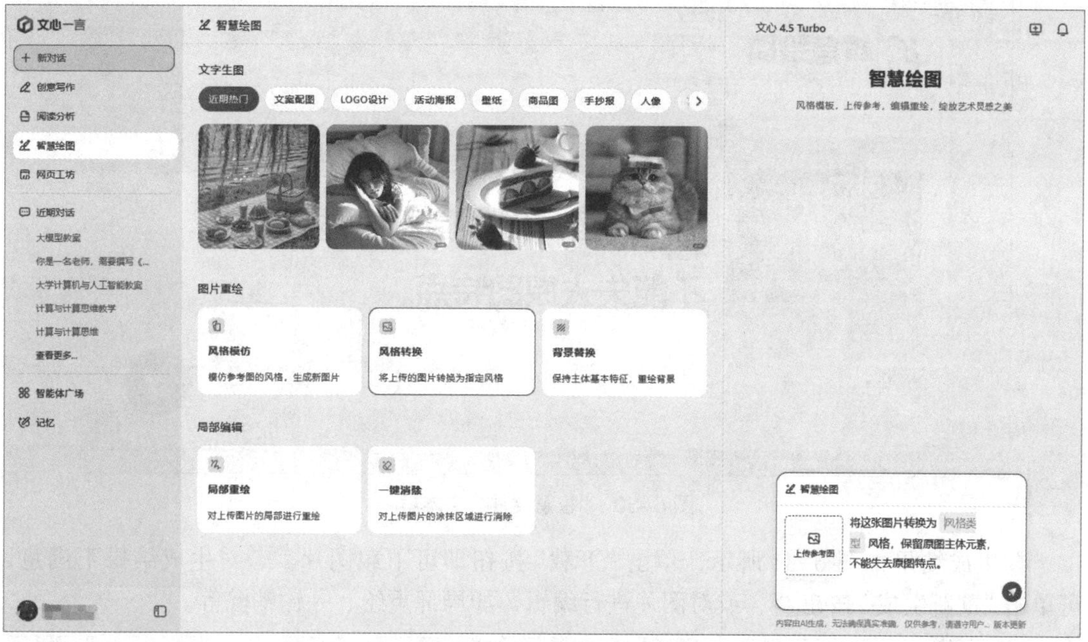

图 6-28 “风格转换”选项

③单击右下角的“上传参考图”按钮，上传图片，此处以图 6-29 所示图片为例。上传图片后，在文本框中的“风格类型”处输入“古典油画”，如图 6-30 所示，单击“生成”按钮。

图 6-29 城市风光参考图

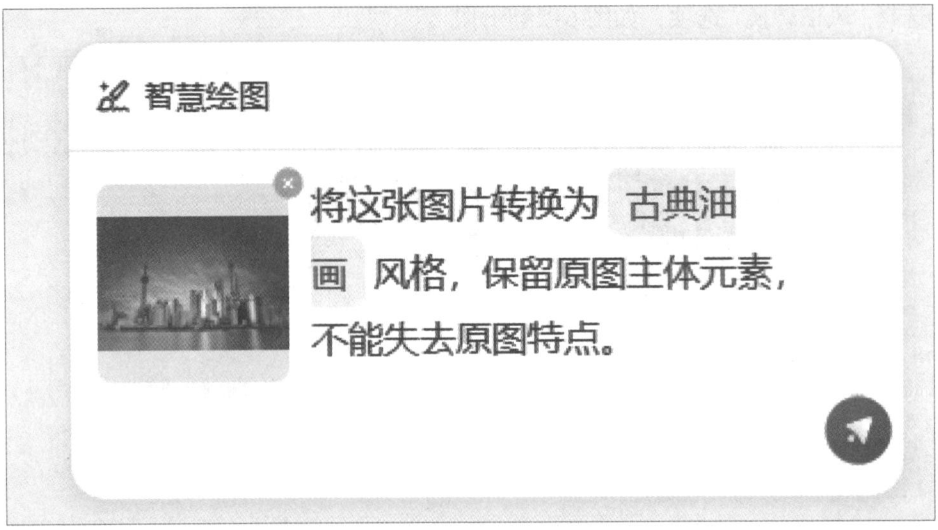

图 6-30 “智慧绘图”文本框

③生成结果如图 6-31 所示，单击“下载”按钮即可下载图片。若对生成结果不满意，可单击“重新生成”按钮，或对图片进行编辑，如局部重绘、一键消除等。

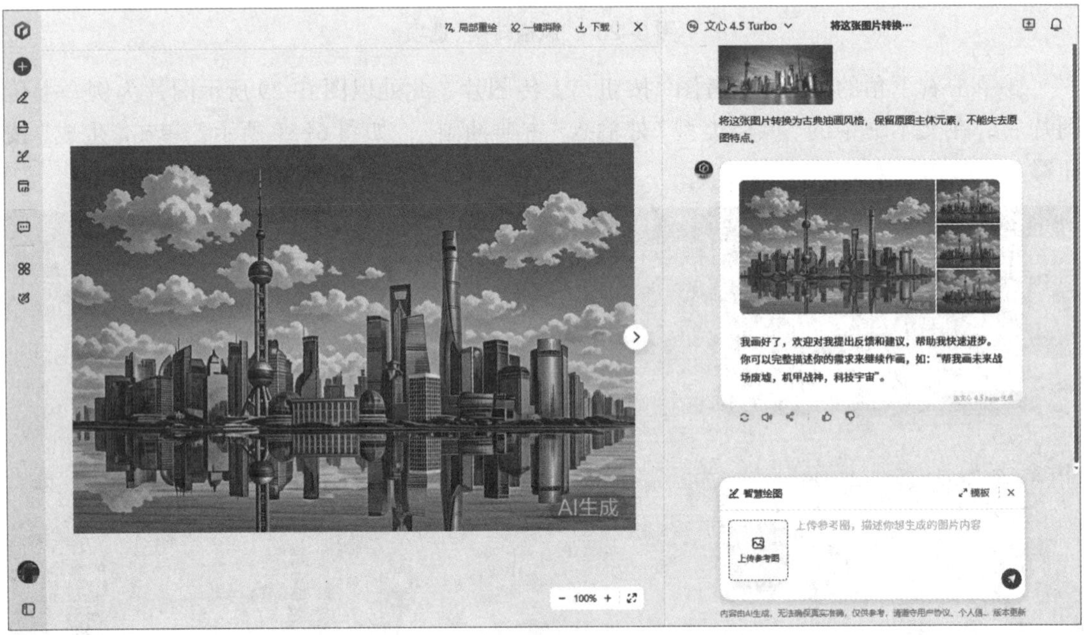

图 6-31 生成结果（1）

3）用 AIGC 工具创建游戏角色与场景概念图

在开始创作之前，需要明确角色和场景的具体设定。

角色设定包括角色的外貌特征（如发型、服饰、肤色等）、性格特点（如勇敢、善良、幽默等）以及可能的动作或表情。例如，“一位年轻的女性角色，长发飘逸，身着华丽的古装，手持长剑，面带微笑，眼神坚定”。

场景设定可描述背景、氛围、建筑、植物等细节，以及角色在场景中的位置和活动。例如，“一个充满古风特色的小镇，街道两旁是古香古色的建筑，街道上人来人往，热闹非凡。女性角色站在街道中央，周围是熙熙攘攘的人群”。

以下是使用 AIGC 工具进行人设创作的具体步骤。

①构思好角色和场景后，在文心一言的“智慧绘图”页面，将构思好的角色和场景描述文本输入右下角的文本框中，如图 6–32 所示，单击“生成”按钮。

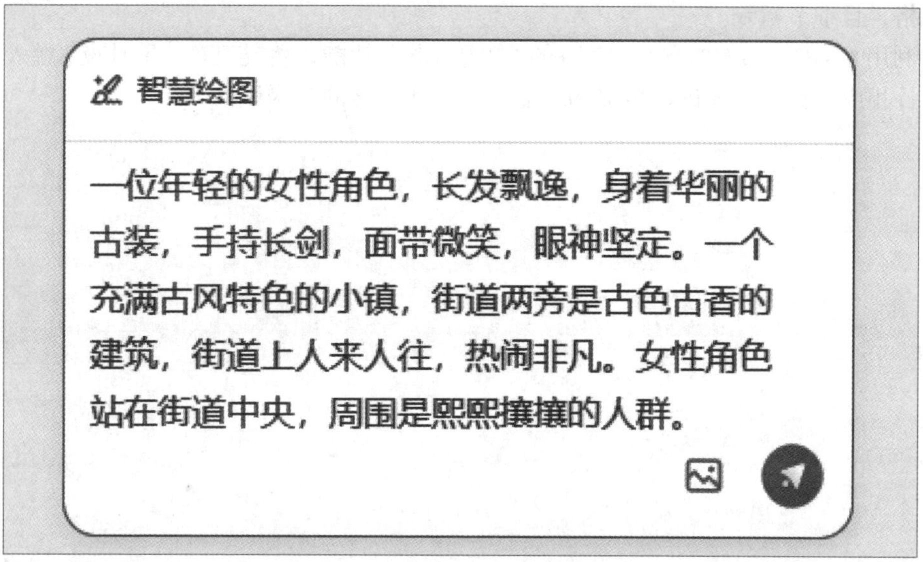

图 6–32　输入角色和场景描述

③生成结果如图 6–33 所示。

图 6–33　生成结果（2）

4. 拓展任务

①选择一种 AIGC 工具，创造属于自己的个性化卡通头像，以表达自己的个性和风格。

②设想一个未来世界的场景，如未来城市、太空探索基地等，利用AIGC工具根据个人创意，生成该场景，并对图像进行细节添加和风格调整。

③使用AIGC工具［如豆包（网址：https：//www.doubao.com/chat/）］的“图像生成”功能，生成一个中国神话人物，如孙悟空。设计相应的提示词，确保输出结果符合传统水墨画风格，且细节精致。

④利用AIGC工具（如文心一言）的“智慧绘图”功能，将梵高的《星月夜》融入中国元素。设计相应的提示词，确保生成的作品呈现中西合璧的艺术风格。

实验 6-6 AI分身——数字人生成

1. 实验目的

①掌握AIGC工具在数字人生成中的应用。

②理解数字人生成的基本原理和技术。

2. 实验要求

①利用AIGC工具生成具有个性化特征的数字人形象。

②为数字人添加相关文案并实现校园新闻播报。

3. 实验步骤

1）生成数字人形象

①进入蝉镜官网首页（https：//www.chanjing.cc），注册并登录，登录成功后进入“蝉镜”主页，如图 6-34 所示。

图 6-34 “蝉镜”主页

②单击“文生数字人”按钮，进入图 6-35 所示页面。

③选择“预置风格”。在页面左侧“预置风格”处有“日常社交”与“专业人士”两种风格，“日常社交”风格适用于日常社交媒体的创作与分享，通常为竖版。“专业人士”风格适用于宣传、教育、解说等专业场景，通常为横版，可根据实际需要选择。此处以“日常社交”风格为例。

④偏好设置。选择数字人的“年龄”“性别”“地区”“行业”，同时增添相关的人物细节和背景。增添细节和背景时，若无思路，可以单击输入框上方的“提示生成器”，在打开的对话框中选择数字人的“发色”“发型”等细节以及“天气”“时刻”“场景”“光线”等背景，如图 6-36 所示。还可以单击“随机试试”，由系统随机生成提示词。此处增添细节“金色”“卷曲”“正常的”“T恤”及背景“晴空”“早晨”“在运动场”“自然光”。

图 6–35 “文生数字人”页面

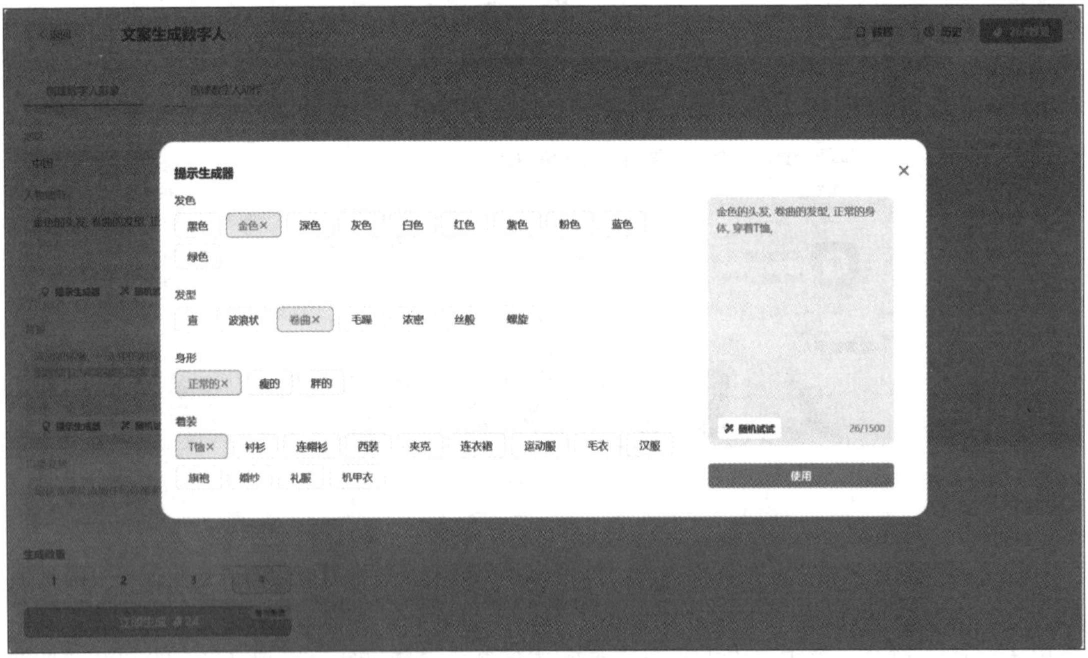

图 6–36 “提示生成器”对话框

⑤设置口播姿势及尺寸。输入数字人的口播姿势并选择合适的尺寸即可，此处将数字人口播姿势设置为“站立，略微向前倾斜，双臂自然放松在两侧”，尺寸设置为“9∶16”。

⑥完成上述操作后，单击下方的“立即生成”按钮即可生成符合要求的数字人形象，如图 6–37 所示。

图 6–37　生成数字人形象

2）生成数字人动作

①确认数字人形象后，单击“生成数字人动作”按钮，进入图 6–38 所示页面。

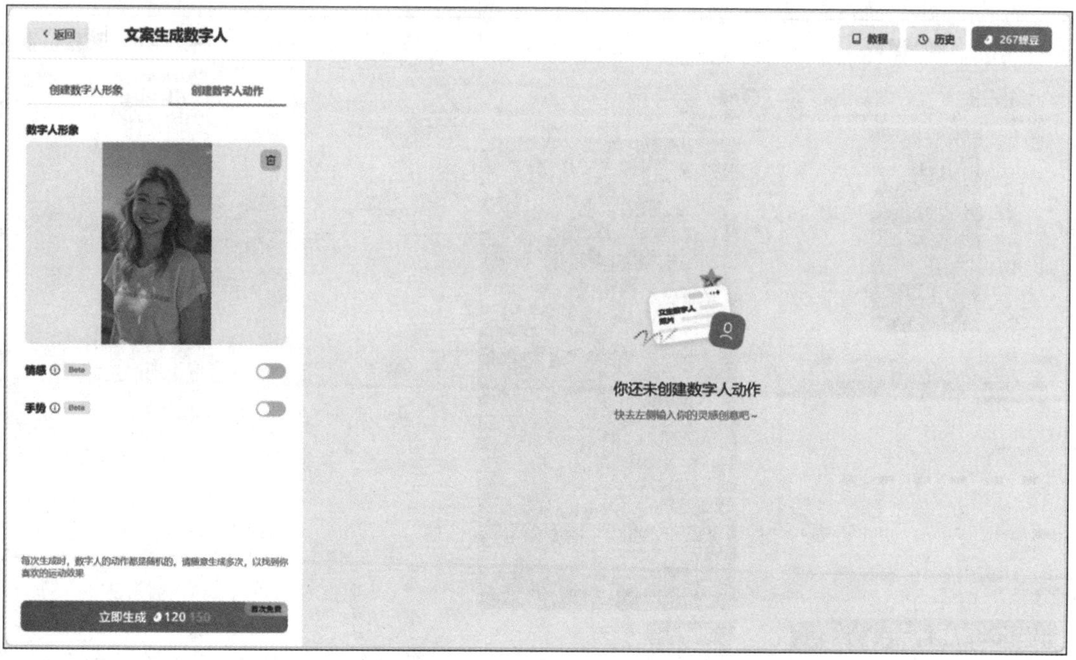

图 6–38　“生成数字人动作”页面

②开启左方“情感”和“手势”开关，并描述数字人说话时的状态，如“带着友好的微笑说话，眉毛略微上扬，目光注视观众，给人亲切的感觉”，单击“立即生成”按钮，可生成动态且富有感情的数字人形象。每次生成时，数字人的动作都是随机的，可以随意生成多次，以找到满意的效果。

③单击“创建数字人”按钮，在打开的对话框中输入数字人名称，并选择数字人声音，如图 6-39 所示。单击“保存”按钮，即可生成数字人动作，如图 6-40 所示。

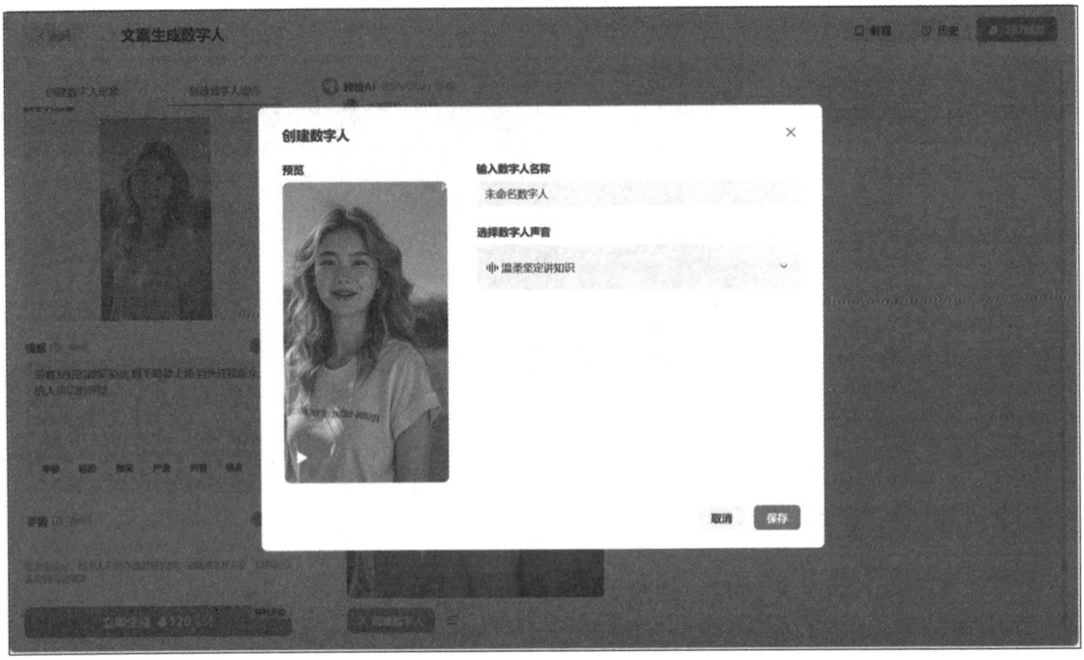

图 6-39　保存数字人形象

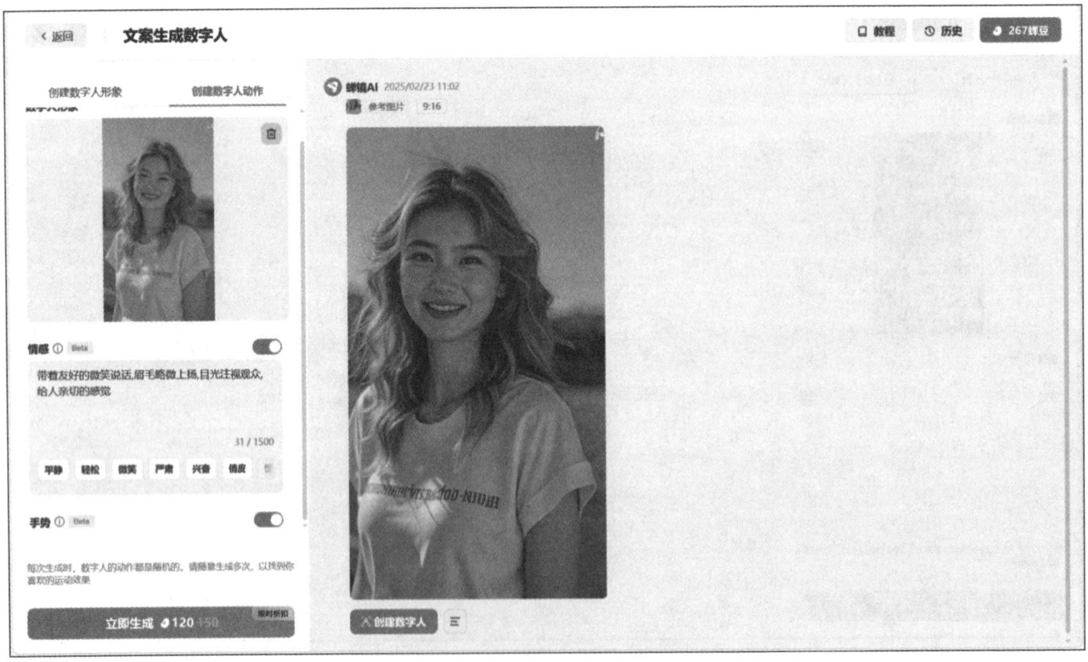

图 6-40　生成数字人动作

3）创建视频

①返回“蝉镜”主页，单击“数字人像”按钮，可以看到创建的数字人，如图 6-41 所示。单击“创建视频”按钮，进入图 6-42 所示界面。

图 6-41 “数字人像”页面

图 6-42 “创作视频”页面

②若已有文案，则在页面右侧的文本框中直接输入内容，再单击文本框右下方的“一键改写”按钮进行修改润色。若无文案，可单击“AI创作”按钮，打开“AI文案创作”对话框，如图6-43所示，输入话题“校园新闻”，自行选择“文案字数”和“生成数量”。单击“立即生成”按钮，将生成数条满足要求的文案。

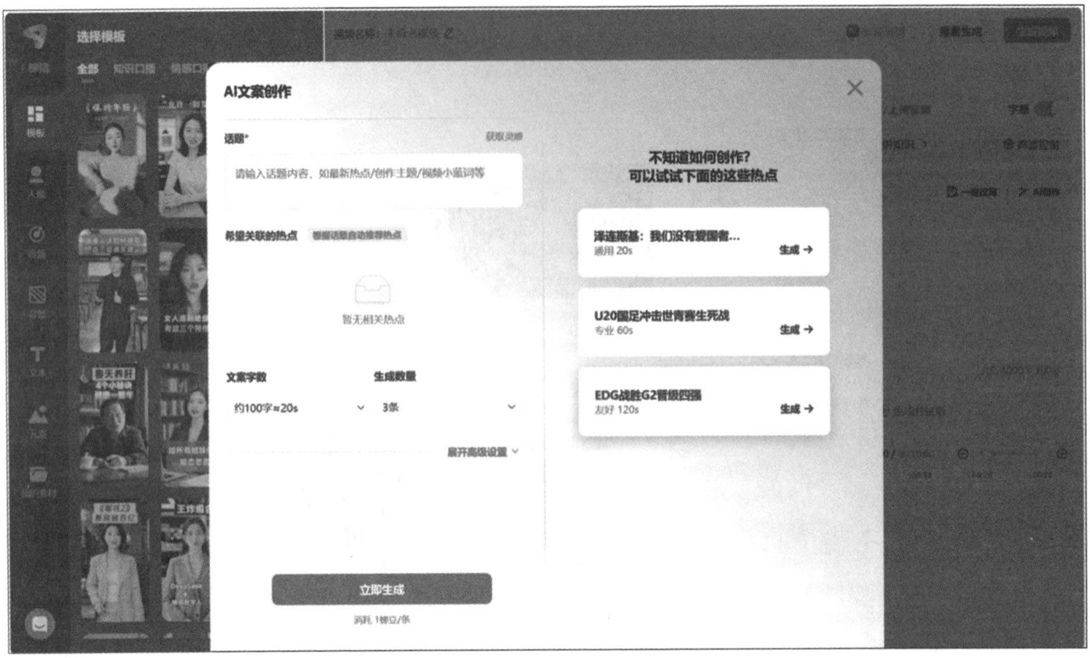

图 6–43　“AI 文案创作”对话框

③单击文案右侧的“去使用”按钮，在打开的对话框中单击“确定”按钮，生成的文案即可直接导入文本框，单击“生成并试听”按钮，即可生成相应的配音。单击“声音控制”按钮可以调节配音的“语速”“语调”“音量”等，如图 6–44 所示。完成调节后单击“应用”按钮即可。

图 6–44　声音控制

④分别单击左方的“音频”（见图 6–45）、“背景”按钮，为视频增添合适的音频和背景。

图 6–45 增添音频

⑤单击页面左侧的“文本”按钮，再单击“添加文本”按钮，拖动视频中的标题至合适位置，在页面右侧的文本框处修改标题，并在页面右侧调节字体、颜色、字号、样式等。例如，修改标题为“校园新闻”，选择“思源宋体”字体，颜色为“#FDF681”，字号为“121”，效果如图 6–46 所示。

图 6–46 添加标题

⑥完成上述操作后，单击页面中间的“播放”按钮可对视频效果进行预览，确认无误后

单击“生成视频”按钮即可生成数字人视频。单击视频下方的图标，可对视频进行保存与转发，如图 6-47 所示。

图 6-47　生成视频

4. 拓展任务

①设计并实现一个数字人校园导览系统，使数字人能够根据用户要求，在校园地图上进行标注和讲解，为大家提供个性化的校园导览服务。

②使用 AIGC 工具，如腾讯智影（网址：https://zenvideo.qq.com/），以及实验 6-5 生成的个人卡通头像，生成数字人播报视频。

拓 展 篇

第 7 章 综合应用能力训练

7-1 Windows文件管理

练习一

在资源管理器窗口中依次进行下列操作。

①在D盘根目录下建立两个新文件夹“document”和“picture”。

②在C盘根目录下建立两个新文件“ok.docx”与“pic1.bmp”。

③将C盘根目录下的“ok.docx”文件复制并粘贴到D盘的“document”文件夹下。

④将D盘的“document”文件夹下的“ok.docx”文件重命名为“myok.docx”，并设置其属性为“只读”。

⑤将C盘根目录下的“pic1.bmp”文件剪切并粘贴到D盘的“picture”文件夹下，并重命名为“pic1.jpg”。

⑥删除C盘根目录下的“ok.docx”文件。

⑦搜索D盘内扩展名为“bmp”、文件大小至多为800 kB的文件，并将搜索到的文件全部复制并粘贴到D盘的“picture”文件夹下。

⑧将D盘的“picture”文件夹下的文件按文件大小降序排列。

⑨恢复第⑥步删除的“ok.docx”文件。

练习二

①按以下目录和名称新建文件和文件夹。

E:\DOWN\MUSIC\MP3

E:\教案\大学计算机基础\PPT\第 1 章.pptx

②将“E:\教案\大学计算机基础\PPT”下的“第 1 章.pptx”文件复制并粘贴到“C:\MY DOCUMENT”下。

③将“E:\教案”下的“大学计算机基础”文件夹移动到D盘根目录下。

④将“D:\大学计算机基础\PPT”下的“第 1 章.pptx”文件的属性设置为“只读”。将“E:\DOWN\MUSIC”下的“MP3”文件夹的属性设置为“隐藏”。

⑤将“E:\DOWN”下的“MUSIC”文件夹重命名为“MY MUSIC”。

练习三

①分别以“大图标”、“小图标”、“列表”和“详细信息”4 种方式浏览“Windows”文件夹中的内容，并分别按“名称”“类型”“大小”“修改日期”排列图标。

②在D盘根目录下建立“计算机作业”文件夹，并在此文件夹下建立“文档”“图片”2个子文件夹。

③在“文档”文件夹下建立一个文本文件，输入自己的简单信息“我是一名学生，这是我的计算机作业”，将文件命名为“个人简历.txt”并保存。

④在C盘查找JPG类型的图片文件，并将其中的前 3 张图片复制到“图片”文件夹中。

⑤将“图片”文件夹重命名为“图片资料”。

练习四

①掌握常用程序的运行方法。

②在“开始”菜单添加程序磁贴。

③将程序图标固定到任务栏。

④将程序图标添加到桌面。

⑤在任务栏添加或删除图标。

⑥对桌面进行个性化设置。

⑦在D盘创建文件夹，文件夹名称为“学号+姓名”。

⑧复制C盘中以txt结尾的文件到新建的“学号+姓名”文件夹里面。

⑨压缩上面的文件夹。

⑩添加新用户账户、更改账户类型及密码。

7-2 Word 2016 图文混排

练习一

1. 样文（见图7-1）

duàn liàn hé jūn héng yǐn shí shǐ xīn zàng bǎo chí nián qīng

锻炼和均衡饮食使心脏保持年轻

在9月24日世界心脏日到来之际，世界心脏联盟的专家提醒人们注意心脏健康保护，并介绍了使心脏保持年轻的三要素：**锻炼身体、健康饮食和戒烟**。世界心脏联盟专家指出，研究表明，**锻炼身体、健康饮食和戒烟**可使心脏病和中风发病率降低80%，并有助于心脏保持健康。

锻炼身体对保持心脏健康最为重要。研究显示，每周跑步1小时或更长时间可使患心脏病的风险降低42%；每天快走30分钟可使患心脏病的风险降低18%并可使患中风的风险降低11%。

均衡饮食对保持一颗健康心脏也很重要。均衡饮食包括食用大量水果、蔬菜、谷物、瘦肉、鱼、豆类以及低脂和脱脂食品。

另外，戒烟也有助于使心脏保持年轻。因为戒烟能维持“好”胆固醇水平，降低血凝固水平，降低血管突然阻塞的概率。

图7-1 样文（1）

2. 要求

①标题为华文新魏、小一号，居中对齐，加拼音，拼音字体为Times New Roman。

②正文第1段首行缩进2字符，段前间距为1.2行，段后间距为12 pt，行距为20 pt。

③在正文第1段后插入一张“心脏”剪贴画，设置图片格式：大小缩放到原图的30%，四周型环绕，并置于段落右侧。

④正文第2至第4段首行均缩进2字符，行距为1.5倍行距，左对齐；分3栏显示，加分隔线。

⑤正文第 1 段中“锻炼身体、健康饮食和戒烟”设置为华文中宋、红色，字符间距加宽 2 pt。

⑥正文第 2 至第 4 段中“心脏”设置为幼圆、蓝色、加粗，加红色、1.5 pt 方框与灰色 –20% 底纹。

练习二

1. 样文（见图 7–2）

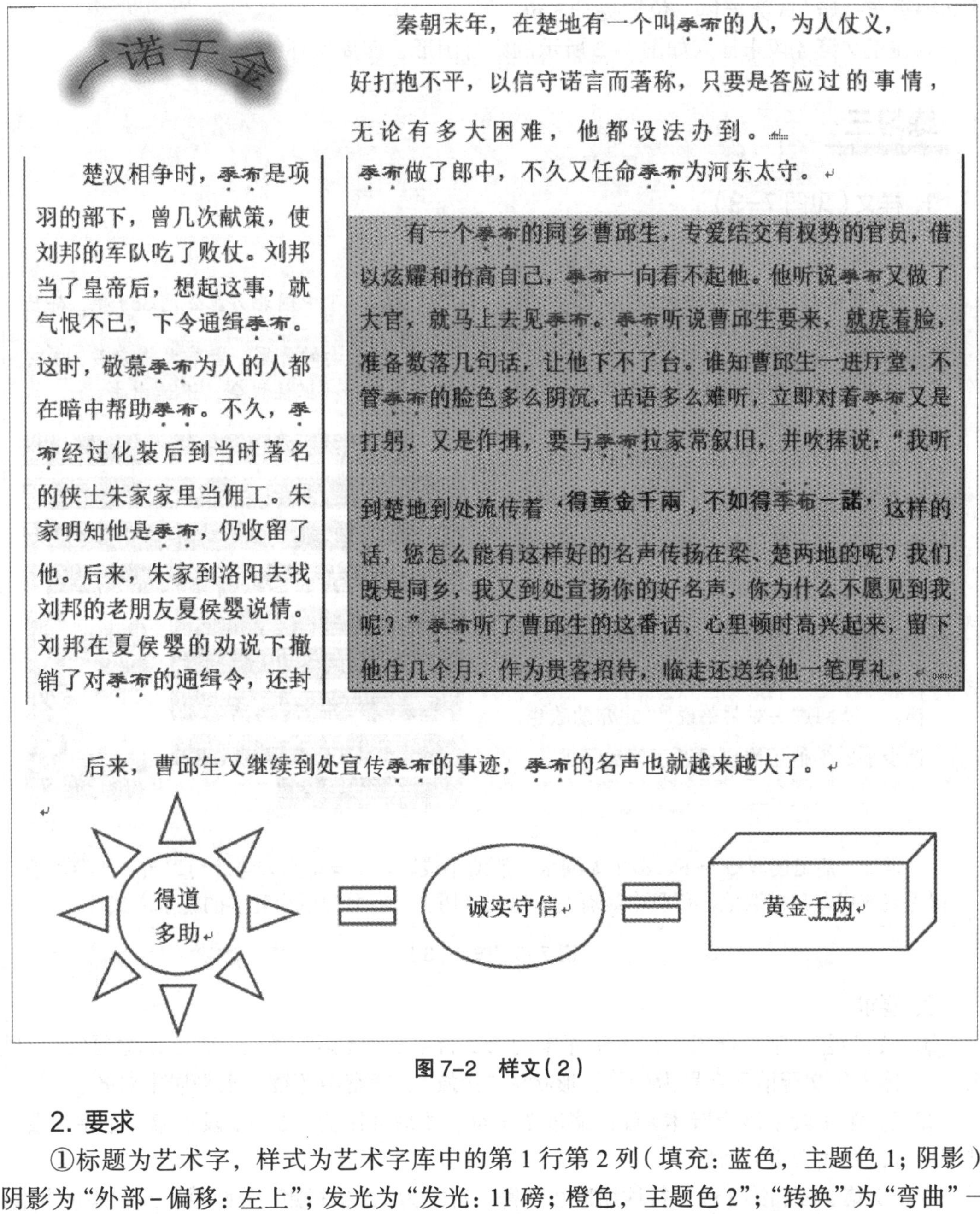

一诺千金

秦朝末年，在楚地有一个叫季布的人，为人仗义，好打抱不平，以信守诺言而著称，只要是答应过的事情，无论有多大困难，他都设法办到。

楚汉相争时，季布是项羽的部下，曾几次献策，使刘邦的军队吃了败仗。刘邦当了皇帝后，想起这事，就气恨不已，下令通缉季布。这时，敬慕季布为人的人都在暗中帮助季布。不久，季布经过化装后到当时著名的侠士朱家家里当佣工。朱家明知他是季布，仍收留了他。后来，朱家到洛阳去找刘邦的老朋友夏侯婴说情。刘邦在夏侯婴的劝说下撤销了对季布的通缉令，还封季布做了郎中，不久又任命季布为河东太守。

有一个季布的同乡曹邱生，专爱结交有权势的官员，借以炫耀和抬高自己，季布一向看不起他。他听说季布又做了大官，就马上去见季布。季布听说曹邱生要来，就虎着脸，准备数落几句话，让他下不了台。谁知曹邱生一进厅堂，不管季布的脸色多么阴沉，话语多么难听，立即对着季布又是打躬，又是作揖，要与季布拉家常叙旧，并吹捧说：“我听到楚地到处流传着‘得黄金千两，不如得季布一諾’这样的话，您怎么能有这样好的名声传扬在梁、楚两地的呢？我们既是同乡，我又到处宣扬你的好名声，你为什么不愿见到我呢？”季布听了曹邱生的这番话，心里顿时高兴起来，留下他住几个月，作为贵客招待，临走还送给他一笔厚礼。

后来，曹邱生又继续到处宣传季布的事迹，季布的名声也就越来越大了。

图 7–2　样文（2）

2. 要求

①标题为艺术字，样式为艺术字库中的第 1 行第 2 列（填充：蓝色，主题色 1；阴影）；阴影为“外部 – 偏移：左上”；发光为“发光：11 磅；橙色，主题色 2”；“转换”为“弯曲”→

“拱形：弯”；紧密型环绕，并放在如图 7-2 所示的位置。

②正文第 1 段左缩进 5 cm，右缩进 2 字符，首行缩进 2 字符，行距为 1.4 倍行距，分散对齐。

③正文第 2 段和第 3 段，首行均缩进 2 字符，段后间距为 0.5 行；加“橙色，个性色 2，深色 25%”、1 pt宽的阴影方框；分 2 栏，偏左。第 3 段添加底纹，图案样式为 12.5%，图案颜色为“金色，个性色 4，淡色 40%”。

④正文第 4 段的段前间距为 1 行，首行缩进 2 字符，左对齐。

⑤正文中“季布”两字格式替换为隶书、红色、加着重号。正文第 3 段中“得黄金千两，不如得季布一诺”改为繁体，位置提升 3 pt。

⑥在正文第 4 段末插入如图 7-2 所示的组合图形，四周型环绕，居中对齐。

练习三

1. 样文（见图 7-3）

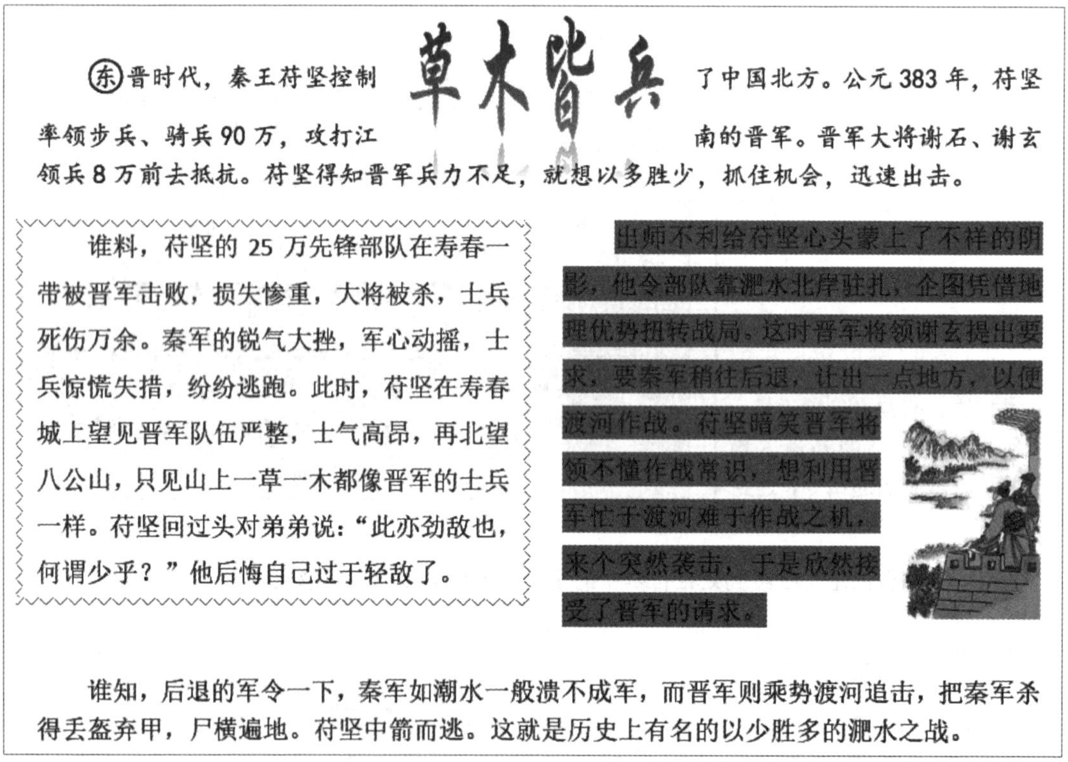

草木皆兵

东晋时代，秦王苻坚控制了中国北方。公元 383 年，苻坚率领步兵、骑兵 90 万，攻打江南的晋军。晋军大将谢石、谢玄领兵 8 万前去抵抗。苻坚得知晋军兵力不足，就想以多胜少，抓住机会，迅速出击。

谁料，苻坚的 25 万先锋部队在寿春一带被晋军击败，损失惨重，大将被杀，士兵死伤万余。秦军的锐气大挫，军心动摇，士兵惊慌失措，纷纷逃跑。此时，苻坚在寿春城上望见晋军队伍严整，士气高昂，再北望八公山，只见山上一草一木都像晋军的士兵一样。苻坚回过头对弟弟说：“此亦劲敌也，何谓少乎？”他后悔自己过于轻敌了。

出师不利给苻坚心头蒙上了不祥的阴影，他令部队靠淝水北岸驻扎，企图凭借地理优势扭转战局。这时晋军将领谢玄提出要求，要秦军稍往后退，让出一点地方，以便渡河作战。苻坚暗笑晋军将领不懂作战常识，想利用晋军忙于渡河难于作战之机，来个突然袭击，于是欣然接受了晋军的请求。

谁知，后退的军令一下，秦军如潮水一般溃不成军，而晋军则乘势渡河追击，把秦军杀得丢盔弃甲，尸横遍地。苻坚中箭而逃。这就是历史上有名的以少胜多的淝水之战。

图 7-3　样文（3）

2. 要求

①标题为艺术字，样式为艺术字库中的第 2 行第 2 列（渐变填充：蓝色，主题色 1，映像），字体为华文行楷，字号为一号，形状为“腰鼓”，紧密型环绕，水平居中对齐。

②正文第 1 段字体为楷体；首行缩进 2 字符，段后间距为 0.5 行；段落第 1 个字设置为带圈字符，样式为增大圈号。

③正文第 2 段和第 3 段首行均缩进 2 字符，行距为 1.2 倍行距；分两栏，左栏添加方框，

线型为波浪线，颜色为红色，宽度为 0.75 pt，右栏文字添加浅蓝色底纹。

④在正文第 3 段末插入 1 张图片，设置图片高为 3 cm，宽为 2 cm，紧密型环绕，并调整至合适位置。

练习四

1. 样文（见图 7-4）

桃李不言，下自成蹊

西汉时候，有一位勇猛善战的将军，名叫***李广***，一生跟匈奴打过七十多次仗，战功卓著，深受官兵和百姓的爱戴。***李广***虽然身居高位，统领千军万马，而且是保卫国家的功臣，但他一点也不居功自傲。他不仅待人和气，还能和士兵同甘共苦。每次朝廷给了他赏赐，他首先想到的是他的部下，就把那些赏赐统统分给官兵们；行军打仗时，遇到粮食或水供应不上的情况，他自己也同士兵们一样忍饥挨饿；打起仗来，他身先士卒，英勇顽强，只要他一声令下，大家个个奋勇杀敌，不畏牺牲。这是一位多么让人崇敬的好将军啊！

后来，当***李广***将军去世的噩耗传到军营时，全军将士无不痛哭流涕，连许多平时与他并不熟悉的百姓也纷纷悼念他。在人们心目中，***李广***将军就是他们崇拜的大英雄。

汉朝伟大的史学家司马迁在为***李广***立传时称赞道：“桃李不言，下自成蹊。”意思是说，桃李有着芬芳的花朵，甜美的果实，虽然它们不会说话，但仍然会吸引人们到树下赏花尝果，以至树下都走出一条小路。***李广***将军就是以他的真诚和高尚的品质赢得了人们的崇敬。

出自《史记•李将军列传》，比喻为人真诚，严于律己，自然会感动别人，自然会受到人们的敬仰。

图 7-4 样文（4）

2. 要求

①标题为华文琥珀、一号、深红，居中对齐；插入如图 7-4 所示的尾注，尾注中的文字为华文楷体、小五号，尾注位置为文档结尾，引用标记为自定义标记。

②在标题处插入一张图片，设置图片高为 2 cm，宽为 5 cm，居中对齐，“冲蚀”效果，衬于文字下方。

③正文所有段落首行均缩进 2 字符，行距为固定值 20 pt。

④正文第 1 段首字下沉，楷体，下沉 2 行。

⑤正文第 3 段中的“桃李不言，下自成蹊”为华文细黑、“蓝色，个性色 1”，加红色下划线；正文中所有“李广”均为华文行楷、加粗、倾斜，加着重号，字符位置提升 3 pt。

⑥正文第3段中的“赏花尝果”设置为中文版式合并字符：黑体、9 pt，字体颜色为绿色。

练习五

1. 样文（见图7–5）

E时代的酒店管理具有四个特点。✌

酒店业的Internet应用

1. 国际化：在经济全球化的趋势下，国际旅游更加活跃，客户的要求更加多样化，同时酒店业的竞争会更加透明和激烈，因此必须引进国际上先进的管理模式，来提高服务的水平和竞争力。
2. 网络化：网络化与酒店管理的复杂程度有关，现在，在一个更加开放的环境中，各项管理内容更加细化，而网络可以大大简化、规范这一切，同时还可以大大降低成本，另外，作为旅游业的一个环节，酒店业还必须努力融入整个商业链，更多地通过网络来扩展业务。
3. 高效化：这既是服务水平的体现，同时也是酒店提升效益的根本。
4. 灵活性：酒店必须随时掌握并满足来自客户方面的各种各样个性化的需求，只有网络才能够胜任这样烦琐但对时效性要求极高的任务。

◇个优秀的酒店管理解决方案必须包括功能齐全、管理模式先进、运行稳定的软件系统，以及对软件的运行效率起着决定性作用的服务器平台。★

酒店从Internet应用中得到的好处：避免了繁重的体力劳动和繁杂的数据统计工作。另外，严谨的管理工具会为酒店节省大量的劳动力，为酒店获得准确的经营分析数据，供决策时参考。

图7–5 样文（5）

2. 要求

①标题为艺术字，样式为艺术字库中的第1行第3列（填充：橙色，主题色2；边框：橙色，主题色2），字号为二号，文字方向为竖排，四周型环绕，放于正文右侧。

②正文第1段字体为隶书、小四、倾斜；段前间距为5 pt，段后间距为0.5行，分散对齐；在段末插入符号——表示胜利的手势，突出显示（文字底纹）为黄色。

③正文第2至第5段设置如图7–5所示的项目编号，编号位置为左对齐；段落中前3个字设为黑体、红色。

④正文第6、第7段均悬挂缩进2字符，行距为1.6倍行距。第6段第1个字设置为带圈字符，样式为缩小文字，圈号为菱形；第7段第1个字设置为带圈字符，样式为增大圈号，圈号为正方形。

⑤在正文第6段后插入一个五角星，设置五角星高为0.6 cm，宽为0.6 cm，填充颜色及线条颜色均为红色。

练习六

1. 样文（见图7-6）

音乐的魅力

研究显示音乐可增强孩子记忆力

加拿大一项研究显示，学习***音乐***的孩子比不学***音乐***的孩子有更好的记忆力。

发表在《脑》季刊网络版上的这项研究显示，经过一年***音乐***训练的孩子在记忆测验中的表现比没有学习***音乐***的孩子要好。

加拿大安大略省一所大学的心理学、神经系统科学和行为学教授劳雷尔•特雷纳说：“研究显示，如果你学习***音乐***的话，你的大脑的运转方式与没有学习***音乐***的人是不同的。研究首次显示，接受***音乐***训练的孩子与未接受***音乐***训练的孩子在一年内大脑反应就会产生差异。”

研究者在一年中对两组4至6岁的孩子进行了4次测试。其中一组学习***音乐***，另一组则不接受***音乐***训练。测试内容有区别和声、节奏和旋律的***音乐***测试及听完一列数字后复述等记忆测试。结果发现，孩子的记忆力在短短4个月后就有了变化。

研究者表示，虽然此前已有研究显示，年龄稍大的孩子接受音乐训练后比上戏剧课的孩子在智商上有更大提高，但他们的研究首次确定音乐训练对更年幼的孩子也有类似效果。

图7-6 样文（6）

2. 要求

①标题为艺术字，样式为艺术字库中的第3行第4列（填充：白色；边框：橙色，主题色2；清晰阴影：橙色，主题色2），字号为小二，环绕方式为上下型，水平居中对齐。

②正文第1至第4段首行均缩进2字符，右缩进均为0.7 cm，行距均为固定值20 pt，文字均为华文楷体、小四。

③正文第1至第4段中所有“音乐”一词字体均设置为深红、加粗、倾斜，加双下划线，字符缩放150%。

④将正文最后一段的内容放入一竖排文本框内，四周型环绕，右对齐，填充颜色为“绿色，个性色6，淡色80%”，文本加粗，颜色为“橙色，个性色2”；线条颜色为红色，线型为3 pt。

⑤正文第2段加边框，颜色为紫色，宽度为2.25 pt。第2段内的文字添加底纹，图案样式为浅色竖线，图案颜色为“绿色，个性色6，淡色60%”。

⑥设置页眉“音乐的魅力”，左对齐，字体为幼圆。

练习七

1. 样文（见图 7-7）

20-apr-20 **1:50 PM**

我们单位领导大名胡不字，识字不多，书法不好，上级逐渐对他产生了不信任。为了挽回局面，胡不字向秘书问计，秘书说：“单位的事再多，到你这也不过同意二字，你先把同意二字练好了，再练练签名，即可应付一切了！”胡不字大喜，于是整日二事不干，专练“同意，胡不字”这五个字。天长日久，水滴石穿，胡不字的这五个字练得出神入化，已达到炉火纯青的地步。上级看着胡不字的书法大有进步，对其不满也渐渐淡去。

一日，市文联组织本市书画界名人去日本观摩书画，分给我单位一个指标，人们都争着要去，胡不字一锤定音：“我去。”尽管人们私下里叽叽呱呱，胡不字一表态自己去，无人敢说二话。

就这样胡不字混迹在本市书画名人间出访日本去了。

胡不字也有自知之明，每至一处，皆小心谨慎，几天来尚未露马脚。一日行至浮世绘展馆，胡不字不禁兴致大发，连声称好。日本同行见其兴致高涨，趁兴进言，要其题字留念。知他底细的人都替他捏了把汗。谁知胡不字毫不在意，大笔一挥，写了几行字就交给了主办方。人们定睛一看，只见上面龙飞凤舞地写着：“同字不同意，意同字不同。胡不字”这个胡不字，关键时候竟把这五个字用在中日文字的区别上，倒也是歪打正着呀！

表 1 文化场地建设基本情况		
文化场地	2018 年	2019 年
公共图书馆(个)	3176	3196
省、地市级群众艺术馆(个)	390	380
博物馆(个)	4918	5119
艺术表演场馆(个)	1236	1205

图 7-7 样文（7）

2. 要求

①页面设置。纸张为自定义大小，宽为 18 cm，高为 20 cm；页边距的左、右均为 2 cm，上、下均为 2.5 cm；页眉的左侧插入系统日期，右侧插入系统时间，文字加粗；页面边框为时钟的艺术图。

②在如图 7-7 所示的位置插入一张图片，设置图片高为 7 cm，宽为 5.02 cm，环绕方式为四周型。

③将标题设置为喜欢的艺术字样式，环绕方式为浮于文字上方，将艺术字旋转到如图 7-7 所示的角度，并将标题与图片组合。

④将正文设置为楷体、五号字，首行缩进 2 字符；最后一段分两栏显示，并为段落添加浅绿底纹。

⑤将正文中所有的“胡不字”均设为红色，并添加红色的双下划线。

⑥在正文末插入表格，自动套用喜欢的格式，居中对齐。

练习八

1. 样文（见图 7-8）

秋季旅游可看六大秋色

秋天，成熟的季节，旅游的季节。一阵秋雨过后，秋风送来缕缕寒意，树叶一茬一茬地变换着自己的颜色，处处秋高气爽，处处秋水宜人。真想实实在在把这秋味儿品尝一次，让整个身心都陶醉在那秋的惬意之中。

◆ **新疆阿勒泰喀纳斯**

去了喀纳斯，就知道了什么是真正的秋色。白桦树叶、青杨树叶在秋风的轻抚中由绿变黄，再由黄变红，远远望去，层林尽染。哈萨克人木屋中的炊烟袅袅升起，环绕在树梢，弥漫在田野，悠远而宁静。

◆ **云南香格里拉纳帕海**

秋冬来临，走进香格里拉的纳帕海，映入眼帘的是金色的草原、皑皑的雪山和充满灵性的各种鸟类。

◆ **四川九寨沟**

九寨沟是水做的童话世界，关于她的美丽已经说得太多了。红色、黄色的叶子与蓝色、绿色的湖水交织在一起，此景好似人间仙境，令人惊诧。

◆ **北京香山**

虽然香山的园区面积没有米亚罗的大，但是香山红叶的名气却是米亚罗红叶不能比拟的。许多人把去香山看红叶作为秋季北京旅游的重要项目。

◆ **杭州西湖**

“万顷湖平长似镜，四时月好最宜秋。”这是古人对西湖十景之一——“平湖秋月”的描述。感受平湖秋月的意境，最好的时节就是每年的中秋节了。

◆ **长沙橘子洲**

1925年，伟人毛泽东重游橘子洲，写下《沁园春·长沙》一词，橘子洲也因此而声名大振，尤其以其秋季景色最为独特。

图 7-8 样文（8）

2. 要求

①标题为艺术字，样式为艺术字库中的第 1 行第 5 列（填充：金色，主题色 4；软棱台），四周型环绕，字号为二号。将其置于文档左侧。

②正文第 1 段首行缩进 2 字符；字符缩放 80%；加下划线，线型为双波浪线，颜色为“橙色，个性色 2”。

③正文中第2段、第4段、第6段、第8段、第10段、第12段设置如图7-8所示的项目符号，段落中文字为楷体、五号、加粗、红色，段前间距为0.3行。

④正文中第3段、第5段、第7段、第9段、第11段、第13段首行均缩进2字符。

⑤正文第11段中的“万顷湖平长似镜，四时月好最宜秋。”一句加单下划线。正文第13段中的“《沁园春 · 长沙》”添加3 pt宽的黄色方框与“灰色−10%”的底纹。

⑥页面设置：纸张大小为16开，上、下、左、右页边距分别为1.5 cm、1.6 cm、2.1 cm、2 cm。

练习九

1. 样文（见图7-9）

Unmanned Aerial Vehicle

无人驾驶战斗机目前正在大力发展中。它所担负的主要任务是空中格斗，但有的无人驾驶战斗机也可在空中发射导弹、投放鱼雷和炸弹。在飞行过程中，人们可对其随时地进行遥控，即进行所谓“实时遥控”，任务执行完毕还可以将其回收。开始研制这种无人驾驶飞机的原因是有人驾驶的战斗机成本太高，也是为了避免驾驶员的伤亡。无人驾驶战斗机也可更好地提高飞机作战的制动性。

其他种类的无人驾驶飞机还有无人驾驶研究机、无人驾驶电子干扰机和无人驾驶假目标机等。无人驾驶研究机专用于进行某些科学研究，如飞机的气动外形和机翼剖面形状的实验研究、动力装置的飞行实验等等。有的无人驾驶研究机的速度可达音速的四倍。无人驾驶电子干扰机和无人驾驶假目标机则用来干扰对方的雷达，保护己方的其他作战飞机躲开侦察以安全执行任务。

总之，在航空技术高速发展的今天，无人驾驶飞行器的功用越来越大，无论是在军事上，还是在科学研究领域，它都扮演着重要的角色。

民用无人机使用情况

单位：架

	工业	农业	合计
东区	1337	2074	3411
南区	3210	2673	5883
总计	4547	4747	9294

图7-9 样文（9）

2. 要求

①页面设置：纸张大小为16开，上、下、左、右页边距均为2 cm，装订线为0.5 cm。

②将标题“Unmanned Aerial Vehicle”设置为Arial字体、三号、倾斜、居中对齐。

③正文第 1 段首字下沉 2 行，字体为隶书。

④正文第 1 段段后间距为 0.5 行，正文第 2 段首行缩进 2 字符，行距设置为 1.5 倍行距，字体为黑体，字号为小四，颜色为浅蓝色。

⑤正文第 2 段分成两栏。

⑥正文第 3 段（正文最后一段）文字添加浅绿底纹（首行缩进 2 字符）；“总之”两字字符缩放 150%，字体颜色设置为红色。

⑦插入如图 7-9 所示的表格，表格内“总计”行、“合计”列数字由公式计算。

练习十

1. 样文（见图 7-10）

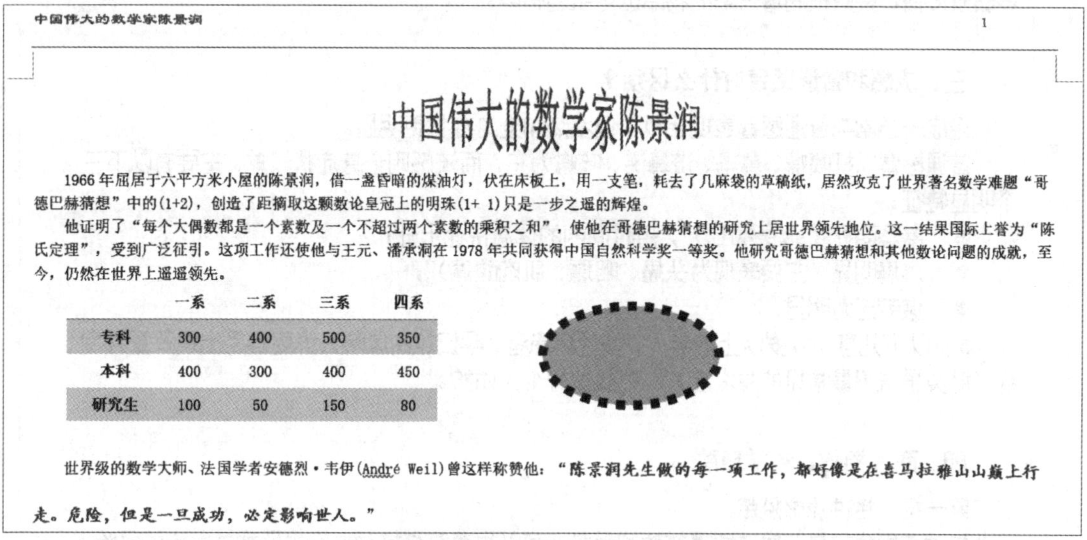

中国伟大的数学家陈景润　　1

中国伟大的数学家陈景润

1966 年屈居于六平方米小屋的陈景润，借一盏昏暗的煤油灯，伏在床板上，用一支笔，耗去了几麻袋的草稿纸，居然攻克了世界著名数学难题“哥德巴赫猜想”中的(1+2)，创造了距摘取这颗数论皇冠上的明珠(1+ 1)只是一步之遥的辉煌。

他证明了“每个大偶数都是一个素数及一个不超过两个素数的乘积之和”，使他在哥德巴赫猜想的研究上居世界领先地位。这一结果国际上誉为“陈氏定理”，受到广泛征引。这项工作还使他与王元、潘承洞在 1978 年共同获得中国自然科学奖一等奖。他研究哥德巴赫猜想和其他数论问题的成就，至今，仍然在世界上遥遥领先。

	一系	二系	三系	四系
专科	300	400	500	350
本科	400	300	400	450
研究生	100	50	150	80

世界级的数学大师、法国学者安德烈·韦伊(André Weil)曾这样称赞他：**“陈景润先生做的每一项工作，都好像是在喜马拉雅山山巅上行走。危险，但是一旦成功，必定影响世人。”**

图 7-10　样文（10）

2. 要求

①页面设置：纸张大小为 A4，横向，左、右页边距分别为 3 cm、2 cm。

②设置页眉页脚：在页眉的左侧输入“中国伟大的数学家陈景润”，文字为隶书、五号；右侧插入页码。

③标题为艺术字，样式为艺术字库中的第 2 行第 5 列（填充：灰色，主题 3；锋利棱台），文本效果为“转换”→“弯曲–停止”，字体为宋体，字号为三号，环绕方式为上下型，居中对齐。

④正文中所有段落首行均缩进 2 字符。最后一段中的“陈景润先生做的每一项工作，都好像是在喜马拉雅山山巅上行走。危险，但是一旦成功，必定影响世人。”设置为华文楷体、小四、红色、加粗。

⑤在正文第 2 段后插入一个 4 行 5 列的表格。表格自动套用格式“清单表 1 浅色–着色 5”，表格左对齐，无文字环绕，左缩进 1 cm，单元格对齐方式为水平居中。

⑥在表格右侧画一个椭圆，线条颜色为紫色，线型为圆点虚线，线宽为 6 pt，填充颜色为“金色，个性色 4，淡色 40%”。

练习十一

1. 样文（见图 7-11）

预防流感知识手册

一、什么是流感？

流行性感冒，简称“流感”，分为甲、乙、丙、丁四型，是由流感病毒引起的一种传染性强、传播速度快的急性呼吸道传染病，可在世界范围内引起暴发和流行。

二、流感是怎么感染的？

流感发病率高，全人群普遍易感。

主要通过患者打喷嚏和咳嗽等呼吸道飞沫传播，也可通过接触患者的口腔、鼻腔、眼睛等黏膜传播。接触被病毒污染的物品也可引起感染。

三、流感和普通感冒有什么区别？

轻症流感常与普通感冒表现相似，但发热和全身症状更明显。

普通感冒以打喷嚏、鼻塞、流鼻涕、咳嗽为主，而流感则全身症状较重。主要有以下三个明显特征：

- 高烧明显（38.9~40℃），短时间内的体温快速上升；
- 疼痛明显（主要表现为头痛、咽痛、肌肉酸痛）；
- 疲劳乏力明显。

5 岁以下儿童、60 岁以上老年人、慢性病患者、孕妇等高风险人群更容易出现严重并发症（肺炎是流感最常见的并发症），更要做好个人防护。

四、两大招数，科学预防

第一招：接种流感疫苗

接种流感疫苗是预防流感最有效的手段，可以显著降低接种者发生严重并发症的风险。

我们在流行期间任何时机都可进行疫苗接种。

第二招：做好个人防护

① 勤洗手。多洗手并注意正确洗手，平时不要用脏手触摸眼、鼻或口。

② 掩口鼻。咳嗽或打喷嚏时，用纸巾或屈肘遮住口鼻，用过的纸巾应及时扔到垃圾桶内，及时洗手。

③ 少聚集流感流行季节，老年人、儿童、孕妇、慢性基础病患者等高风险人群应尽可能减少去人群聚集、空间密闭场所，如必须前往应佩戴口罩。

④ 常通风每天开窗通风至少 3 次，每次至少半小时，保持室内空气新鲜。

⑤ 增强免疫力。保持科学饮食起居，积极锻炼身体，提高机体免疫力。

图 7-11　样文（11）

2. 要求

打开文档“预防流感知识手册.docx”，根据以下要求对如图 7-11 所示的样文 11 进行排版。

①设置上、下页边距均为 2 cm，左、右页边距均为 3 cm。设置“纸张大小”为“A4”，应用于“整篇文档”。

②将文章标题设置为艺术字，选择一个自己喜欢的样式，字体为黑体，字号为一号，居中对齐。

③插入图片“流感病毒.jpg”，环绕方式为“四周型”。根据图 7-12 调整图片位置。

④对“三、流感和普通感冒有什么区别？”下的文本内容分为两栏。

⑤将第一小点“第一招：接种流感疫苗”下的所有文本内容移动到文本框内容区域，并对文本框进行美化。

⑥根据图 7-12，插入智能图形并添加文本内容。

⑦插入页眉，添加文章标题并且设置段落居中。插入页码，样式为“-1-”，底端居中。

⑧选择自己喜欢的样式，设置页面边框与底纹。

文档排版后的效果如图 7-12 所示。

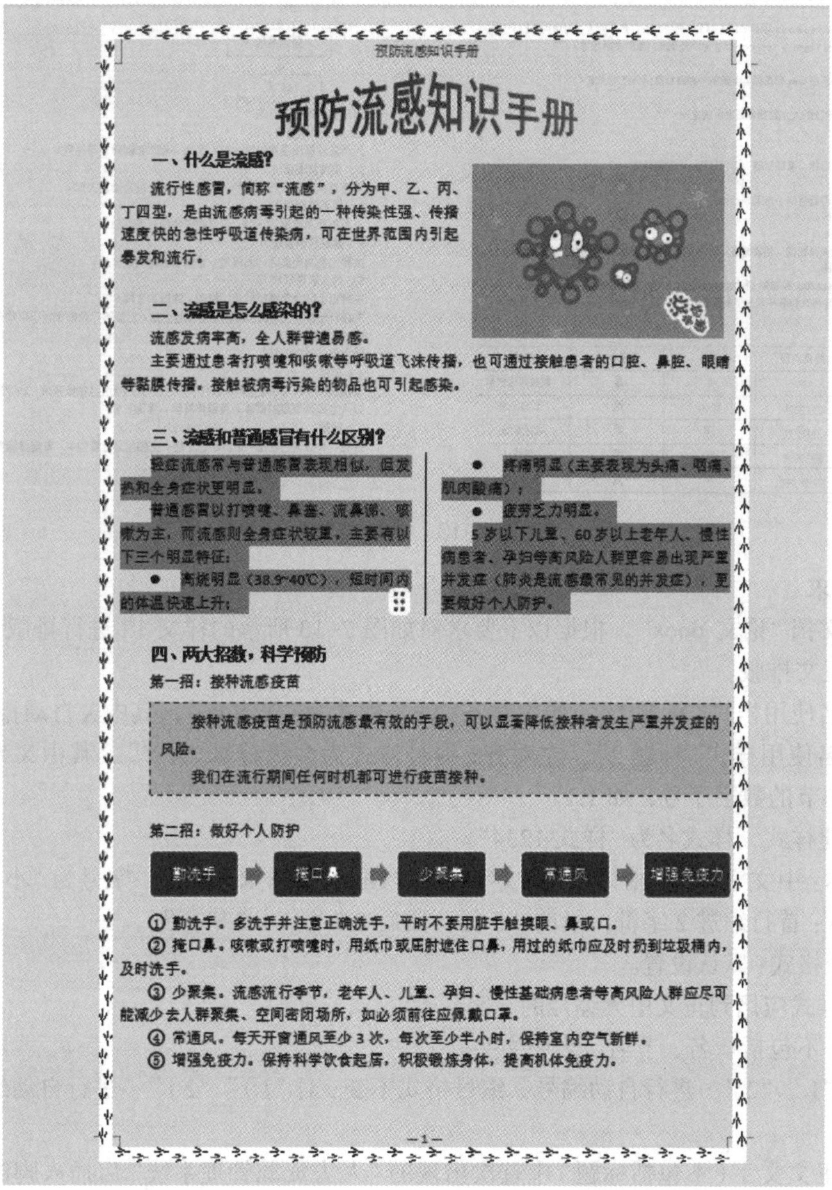

预防流感知识手册

预防流感知识手册

一、什么是流感？

流行性感冒，简称“流感”，分为甲、乙、丙、丁四型，是由流感病毒引起的一种传染性强、传播速度快的急性呼吸道传染病，可在世界范围内引起暴发和流行。

二、流感是怎么感染的？

流感发病率高，全人群普遍易感。

主要通过患者打喷嚏和咳嗽等呼吸道飞沫传播，也可通过接触患者的口腔、鼻腔、眼睛等黏膜传播。接触被病毒污染的物品也可引起感染。

三、流感和普通感冒有什么区别？

轻症流感常与普通感冒表现相似，但发热和全身症状更明显。

普通感冒以打喷嚏、鼻塞、流鼻涕、咳嗽为主，而流感则全身症状较重，主要有以下三个明显特征：

- 高烧明显（38.9~40℃），短时间内的体温快速上升；
- 疼痛明显（主要表现为头痛、咽痛、肌肉酸痛）；
- 疲劳乏力明显。

5 岁以下儿童、60 岁以上老年人、慢性病患者、孕妇等高风险人群更容易出现严重并发症（肺炎是流感最常见的并发症），更要做好个人防护。

四、两大招数，科学预防

第一招：接种流感疫苗

接种流感疫苗是预防流感最有效的手段，可以显著降低接种者发生严重并发症的风险。

我们在流行期间任何时机都可进行疫苗接种。

第二招：做好个人防护

① 勤洗手。多洗手并注意正确洗手，平时不要用脏手触摸眼、鼻或口。

② 掩口鼻。咳嗽或打喷嚏时，用纸巾或屈肘遮住口鼻，用过的纸巾应及时扔到垃圾桶内，及时洗手。

③ 少聚集。流感流行季节，老年人、儿童、孕妇、慢性基础病患者等高风险人群应尽可能减少去人群聚集、空间密闭场所，如必须前往应佩戴口罩。

④ 常通风。每天开窗通风至少 3 次，每次至少半小时，保持室内空气新鲜。

⑤ 增强免疫力。保持科学饮食起居，积极锻炼身体，提高机体免疫力。

—1—

图 7-12 样文（12）

练习十二

1. 样文（见图7-13）

第一章 绪论

1.1 系统开发背景

人力资源管理是一门新兴的、集管理科学、信息科学、系统科学及计算机科学为一体的综合性学科，在诸多的企业竞争要素中，人力资源已逐渐成为企业最主要的资源，现代企业的竞争也越来越直接地反映为人才战略的竞争。在此背景下，现代企业为适应快速变化的市场，需要更加灵活、快速反应的，具有决策功能的人力资源管理平台和解决方案。

1.2 研究目标和意义

开发使用人力资源管理系统可以使得人力资源管理信息化，可以给企业带来以下好处：

1）可以提高人力资源管理的效率；

2）可以优化整个人力资源业务流程；

3）可以为员工创造一个更加公平、合理的工作环境。

第二章 系统设计相关原理

2.1 技术准备

1. Hibernate

Hibernate是一个开放源代码的对象关系映射框架，它对JDBC进行了非常轻量级的对象封装，使得Java程序员可以随心所欲的使用对象编程思维来操纵数据库。

2. Struts

Struts最早是作为Apache Jakarta项目的组成部分，项目的创立者希望通过对该项目的研究，改进和提高Java Server Pages 、Servlet、标签库以及面向对象的技术水准。

2.2 JSP

JSP(Java Server Pages)是由Sun公司倡导创建的一种新动态网页技术标准。

2.3 SQLServer

SQLServer是目前最流行的关系数据库管理系统之一。

第三章 系统分析

3.1 需求分析

包括任务概述、总体目标、遵循原则、运行环境、功能需求等。

3.2 可行性分析

从经济可行性、技术可行性两个方面进行分析。

第四章 系统总体设计

4.1 系统功能结构设计

人力资源管理系统由人事管理、招聘管理、培训管理、薪金管理、奖惩管理5部分组成。

4.2 数据库规划与设计

本系统采用SQL Server 2008 数据库，系统数据库名为人力资源管理表，包括培训信息表、奖惩表、应聘信息表、薪金表和用户表5个数据表。其中，奖惩表(institution)结构如下表所示。

奖惩表结构

字段名	数据类型	长度	是否主键	描述
Id	int	4	是	数据库流水号
Name	varchar	2000	否	奖惩名称
Reason	varchar	50	否	奖惩原因
explain	varchar	50	否	描述
createtime	datetime	8	否	创建时间

第五章 系统详细设计与实现

5.1 用户登录模块

用户登录模块是用户进入主页面的入口。流程图如下图所示。

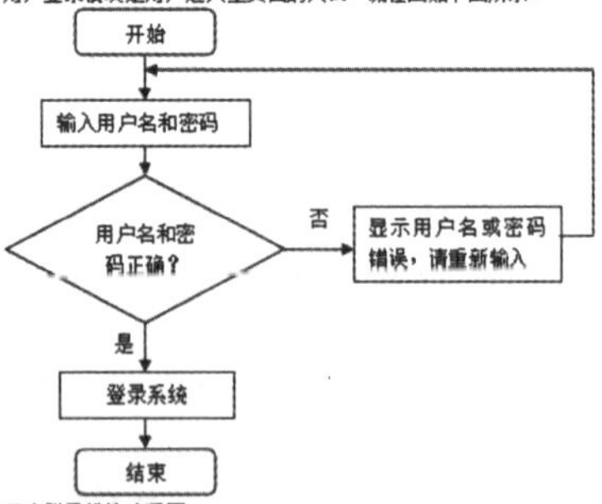

用户登录模块流程图

5.2 人员管理模块

人员管理模块主要包括浏览、添加、修改和删除人员信息。

5.3 招聘管理模块

主要包括应聘人员信息的详细查看、删除以及信息入库。

5.4 培训管理模块

主要包括浏览培训计划、信息删除和填写培训总结。

5.5 奖惩管理模块

主要包括浏览奖惩详细信息、修改和删除奖惩信息。

5.6 薪金管理模块

主要包括薪金信息的登记、修改、删除和查询。

为统计分析薪金，可以采用标准偏差函数，它反映了数值相对于平均值的离散程度，其公式如式5-1所示。

第六章 总结与展望

6.1 总结

本系统由JSP为开发工具，依托于SQLServer 2008数据库实现。功能齐全，能基本满足企业对人力资源规划的需要，且操作简单，界面友好。

6.2 展望

当然，本系统也存在一定的不足之处，比如在薪金管理中，安全措施考虑的不是很周到，存在一定的风险，有待进一步完善。

图7-13 样文（13）

2. 要求

打开文档"论文.docx"，根据以下要求对如图7-13所示的样文13进行排版。

（1）正文排版。

①章名使用样式"标题1"，居中对齐；编号格式为"第X章"，其中X自动排序。

②节名使用样式"标题2"，左对齐；编号格式为多级符号"X.Y"，其中X为章的数字序号，Y为节的数字序号，如1.1。

③新建样式，样式名为"样式1234"。

- 字体：中文字体为"楷体"，西文字体为"Times New Roman"，字号为"小四"。
- 段落：首行缩进2字符，段前0.5行，段后0.5行，1.5倍行距。
- 其余格式：默认设置。

将此样式应用到正文中无编号的文字。

注意：不包括章名、节名、表中文字。

④对"1.""2."…进行自动编号，编号格式不变；对"1）""2）"…进行自动编号，编号格式不变。

⑤在正文文字（不包括标题）中首次出现的"人力资源管理系统"后插入脚注，添加文字"human resource management system，HRMS"。

⑥对正文中的表添加题注，位于表上方，居中对齐。要求：格式为“表X-Y”（X表示章序号，Y表示表序号，如第1章中第1个表的题注为“表1-1”）；表居中对齐。

⑦对正文中的“如下表所示”的“下表”，使用交叉引用，改为“如表X-Y所示”，其中“X-Y”为表题注的编号。

⑧对正文中的图添加题注，位于图下方，居中。要求：格式为“图X-Y”（X表示章序号，Y表示图序号，如第1章中第1幅图的题注为“图1-1”）；图居中对齐。

⑨对正文中的“如下图所示”的“下图”，使用交叉引用，改为“如图X-Y所示”，其中“X-Y”为图的题注的编号。

（2）设置分节。

对正文做分节处理，每章为单独一节。

（3）生成目录。

在正文前添加目录，并分为3节。

①第1节：目录。

目录使用样式“标题1”，左对齐。目录下为目录项。

②第2节：表目录。

表目录使用样式“标题1”，左对齐。表目录下为表目录项。

③第3节：图目录。

图目录使用样式“标题1”，左对齐。图目录下为图目录项。

（4）添加页脚。

在页脚中插入页码，居中显示。

①正文前的页码采用“i,ii,iii,…”格式，页码连续，居中对齐。

②正文的页码采用“1,2,3，…”格式，页码连续，居中对齐。

③更新目录、表目录和图目录。

（5）添加页眉。

为正文添加页眉，居中显示。

①对于奇数页，页眉中的文字为“章序号”＋“章名”。

②对于偶数页，页眉中的文字为“节序号”＋“节名”。

7-3 Word 2016 表格处理

练习一

1. 样表（见图 7–14）

课程表

星期 节次		一	二	三	四	五
1~2	课程	英语	计算机		语文	
	教室	116	108		203	
3~4	课程	数学		数学		英语
	教室	501		501		116
午 间 休 息						
5~6	课程		英语			
	教室		116			
7~8	课程	语文			听力	计算机
	教室	203			408	108

图 7–14　样表（1）

2. 要求

①插入一个 10 行 6 列的表格并输入表名称，表名称居中对齐。

②按图 7-11 对相应单元格进行合并与拆分操作并输入相关文字。

③表格外框线以及第 6 行的边框线的线宽均为 1.5 pt。

④表格第 1 行文字设置为深红、加粗、水平居中，加浅绿色底纹；为 A1 单元格添加斜线。

⑤所有单元格的对齐方式均为中部右对齐；第 6 行文字设置为红色、加粗、倾斜、水平居中，字体间距加宽 5 pt。

⑥适当调整行高、列宽。

练习二

1. 样表（见图 7-15）

白鹤村居民预计出游时期调查表

年龄/岁	白鹤村居民预计出游时期				
	春耕前/%	双抢前/%	双抢后/%	春节/%	其他/%
15~24	30.8	8.4	11.2	35.9	13.7
25~44	26.1	7.5	12.6	45.3	8.5
45~64	31.5	7.4	14.6	35.6	10.9
≥65	8.4	15.1	8.8	49.6	18.1
平均	**24.2**	**9.6**	**11.8**	**41.6**	**12.8**

图 7-15　样表（2）

2. 要求

①插入一个 6 行 6 列的表格并输入表名称，表名称居中对齐。

②将第 1 列前 2 个单元格合并，将第 1 行第 2 至 6 个单元格合并，按图 7-15 输入相关文字。

③在最后一行下方插入一行，计算各列的平均值；将该行文字加粗显示。

④表格外边框线宽为 3 pt，颜色为“橙色，个性色 2”；内框线线宽为 1.5 pt，颜色为黑色。

⑤指定表格宽度为 14 cm，居中对齐；第 1 行和第 2 行的行高均为固定值 1.2 cm，单元格中文字为华文行楷、小四；其他各行的行高均为固定值 1 cm。

⑥所有单元格内容的对齐方式均为水平居中。

练习三

1. 样表（见图 7-16、图 7-17）

某公园污水排放源数量表

年份	2020	2019	2018	2017
宾馆酒楼/个	5	22	28	28
餐馆食店/个	25	36	45	40
居民住户/个	90	150	180	160

图 7-16　样表（3）

某公园污水排放源数量表

年份	2020	2019	2018	2017
宾馆酒楼/个	5	22	28	28
餐馆食店/个	25	36	45	40
居民住户/个	90	150	180	160
总计/个	120	208	253	228

图 7–17　样表（4）

2. 要求

①插入一个 4 行 5 列的表格，并输入文字（见图 7–16），表名称居中对齐；表格文字的对齐方式为中部两端对齐；表格居中对齐，无文字环绕。

②在第 4 行下方插入一行，利用公式求第 2 至第 5 列中各年数据的总和（见图 7–17）。

③表格自动套用格式，样式为“清单表 3- 着色 6”。表格所有内部竖框线设置为 0.5 pt、“绿色，个性色 6，深色 25%”。

④指定所有行的行高为 0.85 cm，所有列的列宽为 2.5 cm。

⑤表头文字设置为宋体、小四、加粗，对齐方式为中部右对齐。

练习四

1. 样表（见图 7–18、图 7–19）

中南地区城镇人口（万人）

地区	2018 年	2017 年	2016 年	2015 年
河南省	4967	4795	4623	4441
湖北省	3568	3500	3419	3327
湖南省	3865	3747	3599	3452
广东省	8022	7802	7611	7454
广西壮族自治区	2474	2404	2326	2257
海南省	552	537	521	502

图 7–18　样表（5）

中南地区城镇人口（万人）

地区	2018 年	2017 年	2016 年
湖南省	3865	3747	3599
湖北省	3568	3500	3419
河南省	4967	4795	4623
海南省	552	537	521
广西壮族自治区	2474	2404	2326
广东省	8022	7802	7611

图 7–19　样表（6）

2. 要求

①插入一个 7 行 5 列的表格，并输入文字（见图 7–18），表名称和表格居中对齐。

②对表格进行排序，主要关键字为“列 1”，类型为拼音，降序。

③删除第 5 列；指定表格宽度为 13 cm。

④调整单元格间距为 0.1 cm。

⑤单元格内的文字为隶书、小四，对齐方式为靠下居中对齐。

练习五

1. 样表（见图 7–20）

医院体检报告

一般科室				
项目名称	检查结果	单位	参考范围	提示
身高	163	cm		
体重	66.7	kg		
收缩压	128	mmHg	< 140	
舒张压	85	mmHg	< 90	
腰围	76	cm	60-90	
小结：				

图 7–20　样表（7）

2. 要求

（1）创建表格。

①插入一个 9 行 5 列的表格，并输入表名称，字体、段落设置为“黑体、四号、加粗、居中对齐”。

②对在对应的单元格中输入如图 7–20 所示的表格内容。

（2）编辑表格。

①将表格中的第 1 列的列宽设置为 4.5 cm，其余列宽、行高不变。

②合并表格第 1 行的 5 个单元格。

③在表格最后一行下插入新的行，合并单元格，在新行中输入如图 7-21 所示的内容。

（3）表格格式化。

①设置表格第 1 行的上框线的为 2.25 pt、黑色实线，下框线为 1 pt、黑色实线，第 2 行的下框线为 1 pt、黑色实线，最后一行下的框线为 2.25 pt、黑色实线，其他行无框线。

②为表格第 1 行添加“白色，背景 1，深色 15%”的底纹。

③将表格第一行中的文本设置为黑体、小四、加粗，第 2 行中的文本加粗，“小结”“小结医生”“小结时间”文本加粗。

（4）表格的计算。

使用函数工具，使当收缩压大于 140 时，“提示”单元格显示 1，否则显示 0；舒张压大于 90 时，“提示”单元格显示 1，否则显示 0；腰围小于 90 时，“提示”单元格显示 0，否则显示 1。

编辑后的效果如图 7-21 所示。

医院体检报告

一般科室				
项目名称	**检查结果**	**单位**	**参考范围**	**提示**
身高	163	cm		
体重	66.7	kg		
收缩压	145	mmHg	< 140	1
舒张压	85	mmHg	< 90	0
腰围	76	cm	60-90	0
小结：				
小结医生：				
小结时间：				

图 7-21　样表（8）

7-4 Excel 2016 数据处理

练习一

1. 样表（见图 7-22）

	A	B	C	D	E
1	地区	常住人口/万人	出生率/‰	死亡率/‰	自然增长率/‰
2	北京市	2154	8.24	5.58	2.66
3	上海市	2424	7.2	5.4	1.8
4	江苏省	8051	9.32	7.03	2.29
5	湖北省	5917	11.54	7	4.54
6	湖南省	6899	12.19	7.08	5.11
7	广东省	11346	12.79	4.55	8.24
8	海南省	934	14.48	6.01	8.47

图 7-22　样表（9）

2. 要求

建立一个如图 7-22 所示的工作表，并进行如下操作。

①在第 1 行前插入一行，将 A1：E1 单元格区域合并，输入表名称“部分省市常住人口、出生率、死亡率和自然增长率表”，并设置为黑体、16 pt、红色，添加“灰色-25%”底纹。

②将工作表改名为“人口表”；A2：E2 与 A3：A9 单元格区域的文字设置为楷体、加粗、16 pt。

③为 E 列单元格设置条件格式：数值大于 8 的单元格设置成红色、加粗、浅蓝色底纹，小于 3 的单元格设置成橙色、倾斜、加删除线。

④按“常住人口 / 万人”降序排列。

⑤筛选出常住人口数大于 6 000 万，并且自然增长率大于 5‰的地区。

⑥求各列数据的平均值，并放入对应列之下。C 至 E 列的数字保留两位小数。

练习二

1. 样表（见图 7-23）

	A	B	C	D	E	F	G
1	姓名	性别	部门	基本工资	津贴	水电费	公积金
2	刘武	男	财务部	5800	3200	95.6	1080
3	张冰冰	女	技术部	5620	2600	106.6	1062
4	郑小明	男	技术部	5620	2600	170.3	1062
5	王宏岩	男	销售部	5500	2400	112.3	1050
6	李国林	男	销售部	5800	4000	117	1080
7	孙乐乐	女	财务部	5500	3000	86.7	1050
8	张艳	女	技术部	5620	3400	146.2	1062
9	吴志斌	男	销售部	5620	3200	65	1062
10	刘冷	男	财务部	5580	4000	70.3	1058
11	陈红红	女	财务部	5580	4000	112.3	1058
12	赵大林	男	技术部	5800	5000	117	1080
13	朱意	女	销售部	5500	4000	86.7	1050
14	邱红霞	女	销售部	5620	3200	143.2	1062

图 7-23　样表（10）

2. 要求

建立一个如图7-18所示的工作表（表中数据为模拟数据），并进行如下操作。

①在G列后插入“扣除总计”和“实发工资”两列，求出每个月的扣除总计和实发工资，其中，扣除总计等于水电费加上公积金，实发工资等于基本工资加津贴减扣除总计。表中所有数值数据保留2位小数，前面加货币符号“¥”。

②对表格内容进行排序，主要关键字为“部门”，升序；次要关键字为“基本工资”，降序；第3关键字为“实发工资”，升序。

③筛选出实发工资大于或等于8 000元的女职工。

④分别求男、女职工基本工资、津贴、实发工资的平均值。

⑤按部门分别统计男、女职工的平均实发工资。

练习三

1. 样表（见图7-24）

	A	B	C	D
1	各级各专业在校学生人数			
2	专业	2019级	2020级	2021级
3	会计	1203	1309	1580
4	计算机科学与技术	1108	1418	1633
5	水利水电工程	909	1204	1160

图7-24　样表（11）

2. 要求

按照图7-24建立工作表，并进行如下操作。

①表格格式化。文字设置为楷体、10 pt，加内、外边框，文字水平居中对齐；第1行文字设置为加粗、绿色。

②在工作表中插入折线图（见图7-25），子类型为带数据标记的折线图，横坐标为年级，纵坐标为人数。

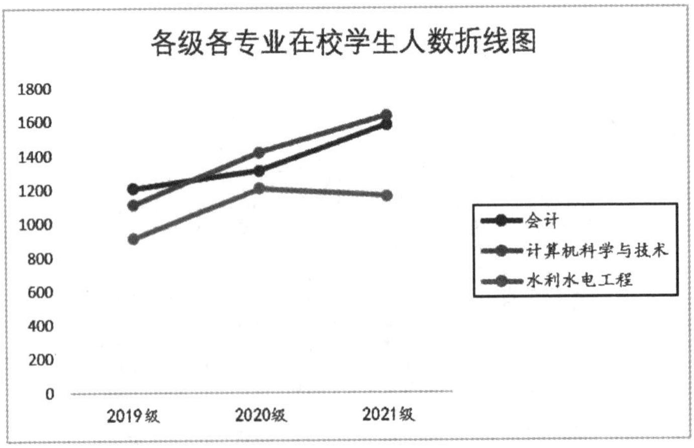

图7-25　样图（1）

③设置属性。图例加黑色实线边框，文字为楷体、9 pt。横坐标轴文字设置为楷体、9 pt。图表标题为黑体、14 pt。清除图中的网格线。

练习四

1. 样表（见图 7–26）

	A	B	C	D
1	2019年各季度各产业增加值			
2	指标	第一产业增加值当季值/亿元	第二产业增加值当季值/亿元	第三产业增加值当季值/亿元
3	2019年第一季度	8769.4	81806.5	127486.9
4	2019年第二季度	14437.6	97315.6	130820.6
5	2019年第三季度	19798	97790.4	134620.4
6	2019年第四季度	27461.6	109252.8	141305.2

图 7–26 样表（12）

2. 要求

按照图 7–26 建立工作表，并进行如下操作。

①在 A7 单元格内输入“全年”，B7：D7 单元格区域内的值分别为对应列数值之和。

②表格格式化。第 1 行文字设置为隶书、16 pt，第 2 行及 A 列均添加黄色底纹，所有单元格文本水平居中对齐，为表格添加边框。

③插入柱形图（见图 7–27），子类型为百分比堆积柱形图，横坐标为季度，纵坐标为百分比。

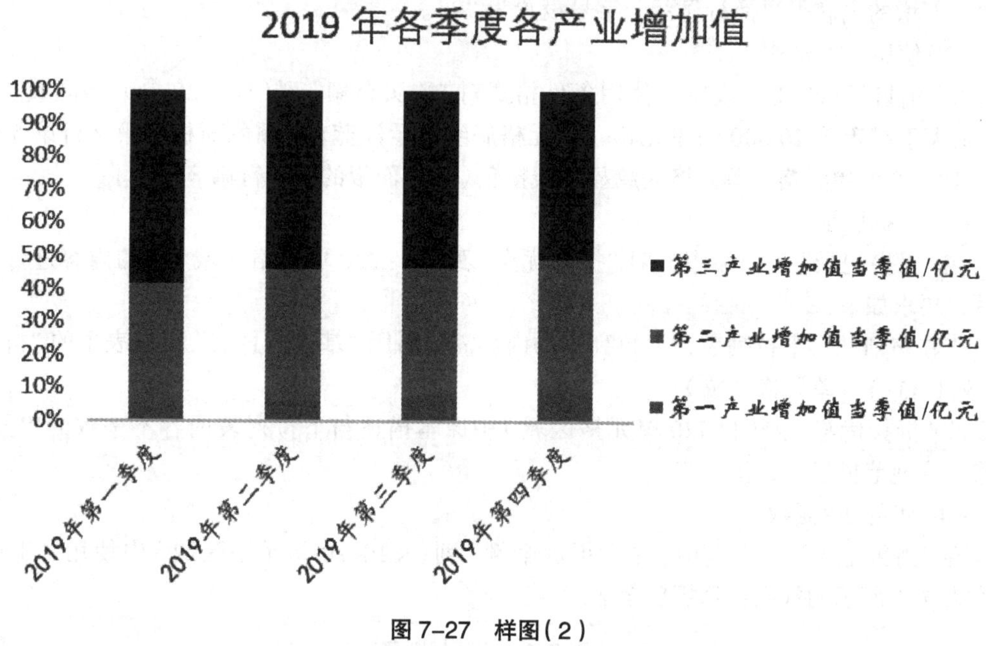

图 7–27 样图（2）

④设置图表属性。其中，图例位置靠右，文字为华文新魏、9 pt；坐标文字为楷体、9 pt；图表标题为楷体、12 pt；清除绘图区网格线、边框、背景颜色及图例边框。

⑤“第一产业增加值当季值 / 亿元”数据系列格式：内部填充为橙色。“第三产业增加值当季值 / 亿元”数据系列格式：内部填充为紫色网格纹理。

练习五

1. 样表（见图 7-28）

	A	B	C	D	E	F	G	H	I	J	K	L
1	日期	客户名称	商品编号	商品名称	品类	品牌	单价	购买数量	购买金额	折扣优惠	折后金额	备注
2	2020/10/01	客户01	N.10031	M8手机，256M(内销)	手机	M品牌	¥2,600	5	¥13,000	SVIP		
3	2020/10/02	客户03	N.10023	T2手机，金色	手机	T品牌	¥1,500	1	¥1,500	VIP		
4	2020/10/04	客户02	N.10012	H4手机，128M	手机	H品牌	¥2,000	5	¥10,000	无		
5	2020/10/04	客户05	N.10031	M8手机，256M(内销)	手机	M品牌	¥2,600	2	¥5,200	普通优惠		
6	2020/10/06	客户05	N.10032	M8手机，512M	手机	M品牌	¥4,000	10	¥40,000	无		
7	2020/10/07	客户01	N.20031	M-60电视(内销)	电视	M品牌	¥4,600	3	¥13,800	VIP		
8	2020/10/09	客户06	N.10014	H5手机，256M(内销)	手机	H品牌	¥3,000	10	¥30,000	普通优惠		
9	2020/10/10	客户04	N.30031	M洗衣机，5kg(出口)	洗衣机	M品牌	¥3,200	10	¥32,000	无		
10	2020/10/10	客户08	N.10013	H5手机，128M(出口)	手机	H品牌	¥2,200	5	¥11,000	无		
11	2020/10/10	客户03	N.20031	M-60电视(内销)	电视	M品牌	¥4,600	20	¥92,000	普通优惠		
12	2020/10/12	客户07	N.20021	T-45电视	电视	T品牌	¥2,600	15	¥39,000	VIP		
13	2020/10/13	客户02	N.10013	H5手机，128M(出口)	手机	H品牌	¥2,200	2	¥4,400	普通优惠		
14	2020/10/14	客户07	N.10011	H4手机，64M	手机	H品牌	¥900	1	¥900	普通优惠		
15	2020/10/16	客户06	N.10032	M8手机，512M	手机	M品牌	¥4,000	5	¥20,000	无		
16	2020/10/16	客户01	N.10011	H4手机，64M	手机	H品牌	¥900	5	¥4,500	普通优惠		
17	2020/10/17	客户04	N.10011	H4手机，64M	手机	H品牌	¥900	8	¥7,200	普通优惠		
18	2020/10/19	客户05	N.10014	H5手机，256M(内销)	手机	H品牌	¥3,000	11	¥33,000	SVIP		
19	2020/10/21	客户03	N.30031	M洗衣机，5kg(出口)	洗衣机	M品牌	¥3,200	3	¥9,600	无		
20	2020/10/22	客户04	N.30031	M洗衣机，5kg(出口)	洗衣机	M品牌	¥3,200	6	¥19,200	无		

图 7-28　样表（13）

2. 要求

打开工作簿“商品销售记录表.xlsx”，根据以下要求对工作簿中的工作表进行处理。

（1）设置字体。

在“销售记录”工作表中的D1:G1单元格区域中已有内容，在其后面增加“（自动计算）”文本，新增的内容需要换行显示，字号设置为“9”。

（2）使用条件格式。

在“销售记录”工作表中，使用条件格式对“购买金额”列（I2：I20单元格区域）进行标注；大于或等于20 000的单元格，单元格底纹显示浅蓝色（颜色面板的第2行第5个）；小于10 000的单元格，单元格底纹显示浅橙色（颜色面板的第2行第8个）。

（3）数据验证。

在“销售记录”工作表中，对“折扣优惠”列（J2：J20单元格区域）中的内容进行规范填写，要求如下：

①在该列插入下拉列表，下拉列表的内容需要引用“基础信息表”工作表中的“折扣优惠”列（H3：H6单元格区域）。

②“折扣优惠”列（J2:J20单元格区域）中原本描述与下拉列表内容不一致的单元格，需修改为规范描述。

（4）使用IFS函数。

在“销售记录”工作表中，在“折后金额”列（K2:K20单元格区域）中使用IFS函数，按如表7-1所示的规则计算折后金额。

表 7-1　折算规则表

折扣优惠	折后金额
无优惠	购买金额 ×100%
普通	购买金额 ×95%
VIP	购买金额 ×95%
SVIP	购买金额 ×90%

（5）冻结窗格。

在“销售记录”工作表中，设置成上下滚动查看数据时，标题行始终显示；左右滚动查看数据时，“日期”和“客户名称”列始终显示。

（6）设置打印页面。

将“销售记录”工作表横向打印在A4纸上，在打印时，每页都打印标题行。

（7）创建数据透视表。

①创建数据透视表并放置在“统计表”工作表中，用于统计不同品牌、不同品类的购买数量、购买金额。

②数据透视表左侧标题为“品类”，上方第一行标题为“品牌”，每个品牌下方的2级标题分别为“数量”和“金额”。数据透视表的效果参考表7-2（“###”代表具体数据）。

表 7-2 销售记录表

	H品牌		M品牌		T品牌		数量汇总	金额汇总
品类	数量	金额	数量	金额	数量	金额		
手机	###	###	###	###	###	###	###	###
电视	###	###	###	###	###	###	###	###
洗衣机	###	###	###	###	###	###	###	###
总计	###	###	###	###	###	###	###	###

③将数据透视表中的所有“金额”列设置成“货币”格式。

④将数据透视表中的数据按“金额汇总”降序排列。

（8）查找和替换及限制权限。

①使用查找和替换功能将“商品名称”列（D3:D20单元格区域）中的“（内销）”和“（出口）”内容清除。

②将“基础信息表”设置成默认禁止编辑。

（9）设置超链接和套用表格样式。

在“目录”工作表中，按如下要求进行设置。

①对B3:B5单元格区域分别设置超链接，单击单元格能自动跳转至对应工作表，设置完成后，3个单元格需要恢复默认效果（字体为“黑体”，字号为“10”，字体颜色为“黑色，文字1”）。

②选中A2:C5单元格区域，插入表格，表格样式修改为“白色，表样式中等深浅1”。

练习六

1. 样表（见图 7-29）

	A	B	C	D	E	F	G	H	I
1	2022年下半年各类能源发电量统计表（单位：亿千瓦时）								
2	指标	2022年7月	2022年8月	2022年9月	2022年10月	2022年11月	2022年12月	累计发电量	平均发电量
3	火力发电量	5559.6	5989.3	4838.7	4453.1	4754.1	5549.5		
4	风力发电量	456.4	462.6	476.1	613.3	602	723		
5	水力发电量	1462.6	1226.5	989.9	993.5	779.5	747.1		
6	核能发电量	369.7	363.2	323.5	360.1	373.6	397.3		
7	太阳能发电量	210.8	206.4	201.8	190	157.5	161.6		
8	所有能源发电量								
9	注：主要能源产品产量月度统计范围为规模以上工业法人单位，即年主营业务收入2000万元及以上的工业企业。								
10	数据来源：国家统计局								

图 7-29　样表（14）

2. 要求

打开工作簿“2022 年下半年各类能源发电量统计表.xlsx”，根据以下要求对工作簿中的工作表进行处理。

（1）表格的计算。

①使用公式计算所有能源每个月的发电量，以及各类能源下半年累计发电量。

②使用函数计算各类能源每个月的平均发电量。

③在“所有能源发电量”行的下一行添加“发电量比较”，如果每个月的所有能源发电量高于平均发电量则显示“高”，低于平均发电量则显示“低”。

（2）表格格式化。

①将表中所有的发电量数据都保留 2 位小数。

②将标题设置为华文楷体、12 号、加粗，行高设置为 24，将 A1 到 I1 单元格设置为合并后居中；最后两行文字设为华为楷体、9 号，行高设置为 12；其他行高设置为 19；

③将表格的底纹改为“绿色，个性色 6，淡色 80%”，将表格第 2 行边框设置为黑色的上粗框线和下细框线，第 8、9 行的外边框设置为黑色的上细框线和下粗框线。

（3）设置条件格式。

将 2022 年下半年各类能源发电量大于对应平均发电量的单元格设置为“黄填充色深黄色文本”效果，小于对应平均发电量的单元格设置成绿色、加双下划线。

（4）制作并编辑图表。

①根据各类能源每个月的发电量及其对应的平均发电量，制作一个簇状柱形图。

②标题改为“2022 年下半年各类能源发电量统计表”，设置填充色为“白色，背景 1，深色 5%”。

③添加 X 轴标题“每月发电量及平均发电量”，Y 轴标题“亿千瓦时”。

④为图表的系列图例项设置一个喜欢的快速样式，设置绘图区的背景为纯色填充“蓝色，个性色 1，淡色 90%”。

编辑处理后的效果如图 7-30 所示。

指标	2022年7月	2022年8月	2022年9月	2022年10月	2022年11月	2022年12月	累计发电量	平均发电量
2022年下半年各类能源发电量统计表（单位：亿千瓦时）								
火力发电量	5559.60	5989.30	4838.70	4453.10	4754.10	5549.50	31144.30	5190.72
风力发电量	456.40	462.60	476.10	613.30	602.00	723.00	3333.40	555.57
水力发电量	1462.60	1226.50	989.90	993.50	779.50	747.10	6199.10	1033.18
核能发电量	369.70	363.20	323.50	360.10	373.60	397.30	2187.40	364.57
太阳能发电量	210.80	206.40	201.80	190.00	157.50	161.60	1128.10	188.02
所有能源发电量	8059.10	8248.00	6830.00	6610.00	6666.70	7578.50	43992.30	7332.05
发电量比较	高	高	低	低	低	高		

注：主要能源产品产量月度统计范围为规模以上工业法人单位，即年主营业务收入2000万元及以上的工业企业。
数据来源：国家统计局

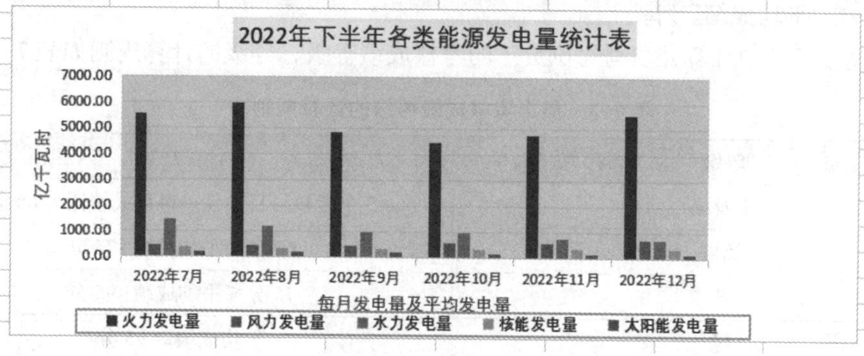

图 7–30 样表（15）

练习七

1. 样表（见图 7–31）

员工编号	姓名	性别	年龄	部门	Word	Excel	PowerPoir	Outlook	Visio	平均成绩	等级
1	包一兰Bao	女	48	研发部	89	86	75	66	76		
2	蔡迪嘉Cai	女	41	物流部	54	83	54	80	67		
3	曹雅君Cao	女	52	市场部	73	68	58	61	46		
4	曾雪依Zen	女	40	研发部	74	78	67	57	70		
5	常援琪Cha	女	45	行政部	54	67	67	82	80		
6	陈贝嘉Che	男	54	物流部	58	63	46	73	76		
7	陈贝一Che	女	52	市场部	52	81	64	51	59		
8	陈府华Che	女	44	研发部	57	58	56	83	62		
9	陈润祺Che	女	54	研发部	59	71	64	53	53		
10	陈蒿吟Che	女	25	市场部	96	90	82	88	74		
11	程晓洁Che	女	46	生产部	58	76	75	65	58		
12	程心怡Che	女	40	采购部	56	75	71	87	85		
13	程孜懿Che	女	51	行政部	62	77	69	50	51		
14	崔梦鑫Cui	女	37	物流部	85	61	68	89	72		
15	崔艺萱Cui	女	28	行政部	97	78	66	71	91		
16	党靖雯Dan	女	45	采购部	78	80	54	53	82		
17	邓智航Den	女	27	市场部	79		94	98	81		
18	丁雪飞Din	女	51	研发部	71	45	52	52	55		
19	董安妮Don	女	38	生产部	91	68	72	62	58		
20	杜格格Du	女	52	生产部	46	66		55	80		
21	杜思雨Du	女	24	行政部	90	82	81	71	79		
22	杜悦Du Yu	女	28	市场部	71	74	96	72	77		
23	段雨佳Dua	女	35	行政部	75	88	88	75	80		
24	樊佳磊Fan	男	46	市场部	79	68	53	82	79		
25	范丁玉Fan	女	47	市场部	81	77	75	68	76		
26	范林瑶Fan	女	43	研发部	54	61	87	57	61		
27	范梦琪Fan	女	55	研发部	58	61	57	81	49		
28	范振勤Fan	男	43	研发部	68	80	63	80	61		

图 7–31 样表（16）

2. 要求

打开工作簿“员工Office应用能力考核表.xlsx”，根据以下要求对工作簿中的工作表进行处理。

①在“成绩单”工作表中，设置工作表标签颜色为标准红色；对数据区域套用“表样式浅色 16”表格样式。

②删除“姓名”列中所有拼音字母，只保留汉字。

③设置“员工编号”列的数据格式为“001，002，…，334”；在G3：K336单元格区域中的所有空单元格中输入数值“0”。

④计算每个员工5个考核科目（Word、Excel、PowerPoint、Outlook和Visio）的平均成绩，并填写在“平均成绩”列。

⑤在“等级”列中计算并填写每位员工的考核成绩等级，等级的计算规则如表7-3所示。

表 7-3　员工考核成绩等级的计算规则

等级	计算规则
不及格	5个考核科目中任一科目成绩低于60分
及格	60分≤平均成绩<75分
良	75分≤平均成绩<95分
优	平均成绩≥95分

⑥适当调整“成绩单”工作表的B2：M336单元格区域内各列的列宽，并将该区域内数据设置为水平、垂直方向均居中对齐。

⑦依据自定义序列“研发部→物流部→采购部→行政部→生产部→市场部”的顺序进行排序；如果部门名称相同，则按照平均成绩由高到低的顺序排序。

⑧设置“分数段统计”工作表标签颜色为蓝色；参考“成绩分布及比例.png”示例，以该工作表的B2单元格为起始位置创建数据透视表，计算“成绩单”工作表中平均成绩在各分数段的人数以及所占比例，其中平均成绩各分数段下限包含临界值，根据图7-32（a）所示的效果图，设置数据透视表中的数据格式。根据数据透视表在E2：L17单元格区域内创建数据透视图，根据图7-32（b）所示的效果图，设置数据透视图的图表类型、数据系列、坐标轴、图例等。

行标签	人数	所占比例
<60	32	9.6%
60-70	127	38.0%
70-80	118	35.3%
80-90	55	16.5%
90-100	2	0.6%
总计	334	100.0%

(a)

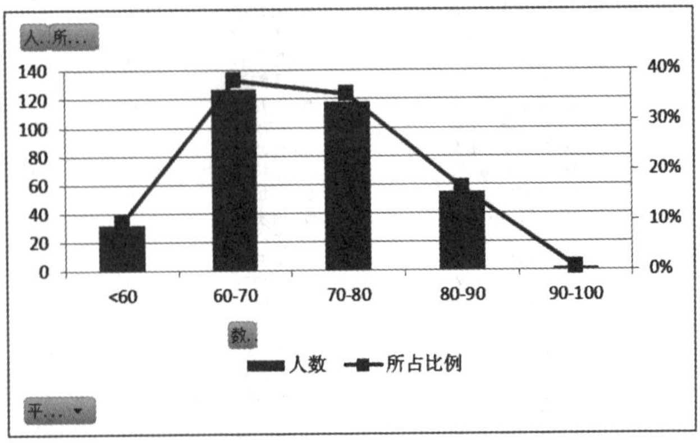

(b)

图7-32　成绩分布及比例

⑨根据“成绩单”工作表中的“年龄”和“平均成绩”两列数据，创建名为“成绩与年龄”的工作表，根据图 7–33 所示的效果图，设置图表类型、样式、图表元素。设置“成绩与年龄”工作表标签颜色为绿色，并将其放置在全部工作表的最右侧。

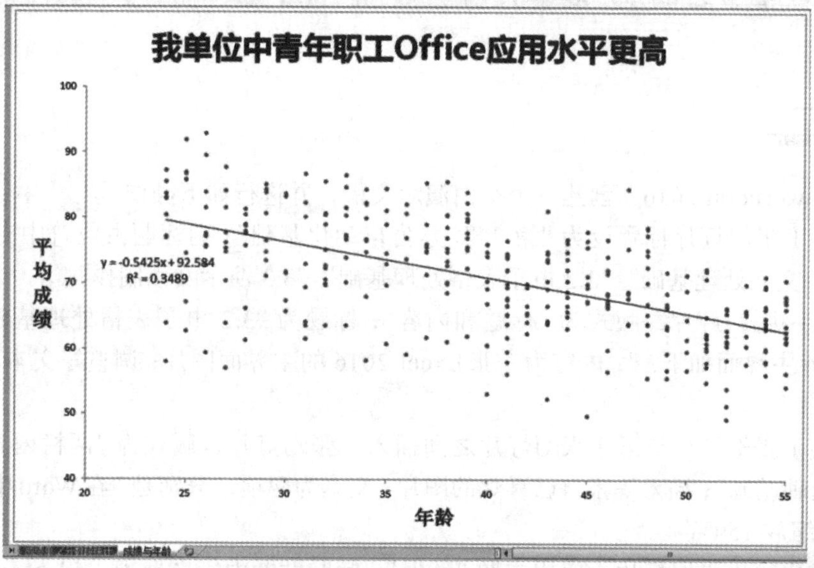

图 7–33 成绩与年龄

⑩将“成绩单”工作表中的数据区域设置为打印区域，并设置标题行在打印时可以重复出现在每页顶端。

⑪将所有工作表的纸张方向都设置为横向，并为所有工作表添加页眉和页脚，页眉中间位置显示“成绩报告”文本，页脚样式为“第 1 页，共 × 页”。

7-5 PowerPoint 2016 演示文稿制作

练习一

打开PowerPoint 2016，创建一个空白演示文稿，并进行如下操作。

①将第 1 张幻灯片标题设为“第 3 章 办公自动化基础”；副标题占位符中有 3 行文字，分别为“3.1 文字处理基础”“3.2 电子表格处理基础”“3.3 演示文稿制作”。

②插入一张幻灯片，版式为“标题和内容”；标题为“3.2 电子表格处理基础”；文本为“Excel 2016 主界面如下：”；内容为一张Excel 2016 的主界面图片；调整好文本与内容的大小与距离。

③在第 1 张幻灯片与第 2 张幻灯片之间插入一张幻灯片，版式为“两栏内容”；标题为“3.1 文字处理基础”；插入一张自己喜欢的图片；文本为两项，分别是“在Word中插入图片”和“将图片缩放 150%”。

④格式化第 1 张幻灯片。应用主题“环保”；标题设置为华文新魏、54 pt；副标题占位符的文字左对齐，字体为楷体，加粗。

⑤为第 1 张幻灯片中的“3.1 文字处理基础”设置超链接，链接到本演示文稿的第 2 张幻灯片；为第 1 张幻灯片中的“3.2 电子表格处理基础”设置超链接，链接到本演示文稿的第 3 张幻灯片。

⑥格式化第 2 张幻灯片。格式化背景，填充效果为纹理“粉色面巾纸”；标题文字加粗；图片缩放 150%；修改文本的项目符号的样式，文本设置为隶书、32 pt。

⑦格式化第 3 张幻灯片。应用主题“画廊”。

⑧通过幻灯片母版，为每张幻灯片插入日期（自动更新）、幻灯片编号以及页脚“办公自动化”，并将其字号均设置为 20 pt。

⑨为第2张幻灯片添加动画，文本添加“菱形”进入效果，速度为非常快；图片为“棋盘”进入效果。

⑩所有幻灯片的切换效果均为随机线条，持续 2 s，声音为风铃。

⑪保存文件，命名为“第 3 章.pptx”，放映并观看效果，各张幻灯片分别如图 7-34、图 7-35、图 7-36 所示。

图 7-34 第 1 张幻灯片

图 7-35 第 2 张幻灯片

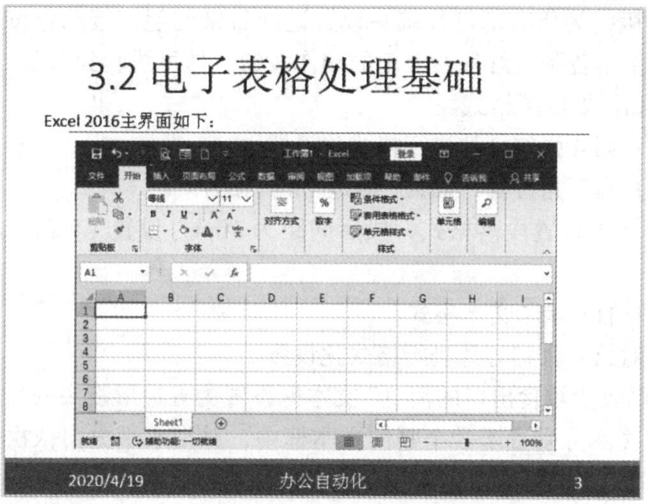

图 7–36 第 3 张幻灯片

练习二

打开“光盘行动.pptx”演示文稿，根据以下要求进行设计。

（1）幻灯片模板设计。

通过编辑母版功能，对演示文稿进行整体性设计。

①将所有幻灯片的背景统一设置为“背景.png”图片。

②将“光盘行动logo.png”图片批量添加到所有幻灯片页面的右上角，然后单独调整“标题幻灯片”版式的背景格式，使其“隐藏背景图形”。

③将所有幻灯片中的标题字体统一修改为“黑体”。将所有应用了“仅标题”版式的幻灯片（第 2、4、6、8 张）的标题字体颜色修改为自定义颜色，RGB 值为“红色 249、绿色 192、蓝色 165”。

（2）更改幻灯片版式。

将节标题幻灯片（第 3、5、7、9 张）的版式更改为“节标题”版式。

（3）应用艺术字样式和设置动画效果。

按下列要求，对标题幻灯片（第 1 张）进行排版美化。

①美化幻灯片标题文本，为主标题应用艺术字的预设样式“渐变填充：橙色，主题色 4；边框：橙色，主题色 4”，为副标题应用艺术字的预设样式“填充：白色，背景色 2，内部阴影”。

②为幻灯片标题设置动画效果，主标题以“劈裂”方式进入，方向为“中央向左右展开”，副标题以“切入”方式进入，方向为“自底部”，并设置动画开始方式为单击时主、副标题同时进入。

（4）插入超链接。

按以下要求，为演示文稿设置目录导航的交互动作。

①为目录幻灯片（第 2 张）中的 4 张图片分别设置超链接，在幻灯片放映状态下，通过单击即可跳转到相应的节标题幻灯片（第 3、5、7、9 张）。

②通过编辑母版，为所有幻灯片统一设置返回目录的超链接动作按钮，要求在幻灯片放映状态下，通过单击各张幻灯片右上角的动作按钮，即可跳转到目录幻灯片。

（5）插入图片和设置段落格式。

按以下要求，对第4张幻灯片进行格式化设置。

①在本张幻灯片右下角位置，插入“锄地.png”图片。

②为两段内容文本设置段落格式，段后间距为10pt，设置1.5倍行距，并应用预设项目符号“●”。

（6）更改文本框的形状和文本格式。

按以下要求，对第6张幻灯片进行格式化设置。

①将“近期各国收紧粮食出口的消息”文本框设置为五边形箭头的预设形状。

②将3段内容文本分别置于3个竖向文本框中，并沿水平方向依次并排展示，相邻文本框之间以10 cm高、1 pt粗的白色直线分隔，并适当进行对齐。

（7）插入智能图形。

将第8张幻灯片中的3段文本转换为智能图形中的“梯形列表”展示，方向为“从右往左”，颜色为预设的“彩色范围-个性色4至5”，并将整体高度设置为9 cm，将宽度设置为25 cm。

（9）设置文本框格式和图片效果。

按以下要求，对第10张幻灯片进行格式化设置。

①将文本框的“文字边距”设置为“宽边距”（上、下、左、右边距均为0.39 cm），并将文本框的背景填充颜色的透明度设置为40%。

②为图片应用“柔化边缘”→“25磅”效果，将图层置于文本框下方，使其不遮挡文本。

（9）设置幻灯片的切换方式。

为第4、6、8、10张幻灯片设置“平滑”切换方式，切换速度设置为3 s。其他幻灯片均设置为“随机”切换方式，切换速度设置为1.5 s。

设计完成后的演示文稿如图7-37所示。

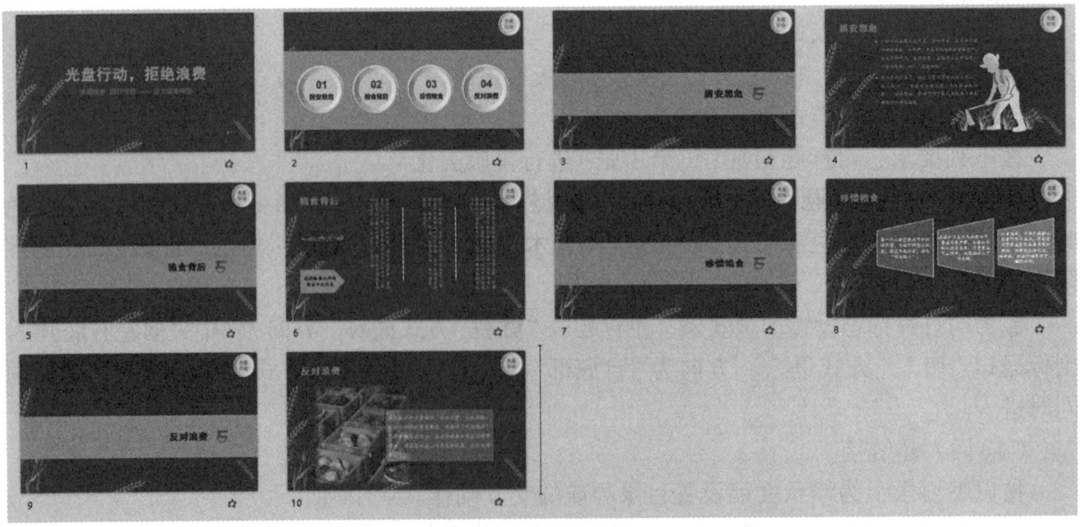

图7-37 “光盘行动，拒绝浪费”演示文稿最终效果

练习三

打开 PowerPoint 2016，创建一个空白演示文稿，参考图 7-38 进行如下操作。

(1)新建幻灯片。

①新建第 1 张幻灯片，输入标题和副标题，分别设置为黑体、黑色、加粗、60 pt，左对齐；微软雅黑、黑色、32 pt，左对齐。在幻灯片左上方合适位置插入文本框，输入内容，并设置为宋体、蓝色-个性色 1、20 pt，分散对齐。插入背景音乐（“医疗教育.mp3”）。

②新建第 2 张幻灯片，输入标题，设置为黑体、黑色、加粗、40 pt。插入图片、圆形及直线形状，输入正文，并设置字体为微软雅黑、蓝色-个性色 1、29 pt。插入超链接，均链接到对应内容的幻灯片。

③新建第 3 张幻灯片，输入标题和正文，分别设置为黑体、黑色、加粗、32 磅；微软雅黑、黑色、19 pt，两端对齐，1.5 倍行距，段后 10 pt。插入相应图片，调整图片与文字的相应位置。

④新建第 4 ～ 8 张幻灯片输入相应内容，并插入图片，参照③设置格式。其中第 5 张幻灯片中插入智能图形，输入相应文字并进行相应格式设置。

(2)幻灯片格式化。

①在第 1 张幻灯片中插入图片（医疗插画.jpg）和矩形形状，并设置幻灯片的背景为纯色填充，填充颜色为图片中的背景，使幻灯片整体更加美观。

②设置第 2 张幻灯片的圆形形状的预设样式为“渐变填充-无线条”，直线形状设置为虚线。将第 2 ～ 8 张幻灯片的背景设置为图片（背景图片.png）填充。

(3)在母版中添加页脚。

在第 3 ～ 9 幻灯片的下方正中间插入页脚“海姆立克急救法——拯救生命的拥抱”，在“标题幻灯片”版式的母版中设置页脚为宋体、9 pt、分散对齐，在母版的标题左侧添加一个图标（医疗.png）。

(4)设置动画和播放效果。

①对第 1 张幻灯片的标题设置“空翻”动画效果，速度为“中速”，声音为“风铃”，从上一动画之后延迟 1 s 启动；

②设置全部幻灯片的切换效果为“抽出”，换片方式为“单击鼠标时换页”或“每间隔 5 秒换页”。

制作设计完成后的演示文稿如图 7-38 所示。

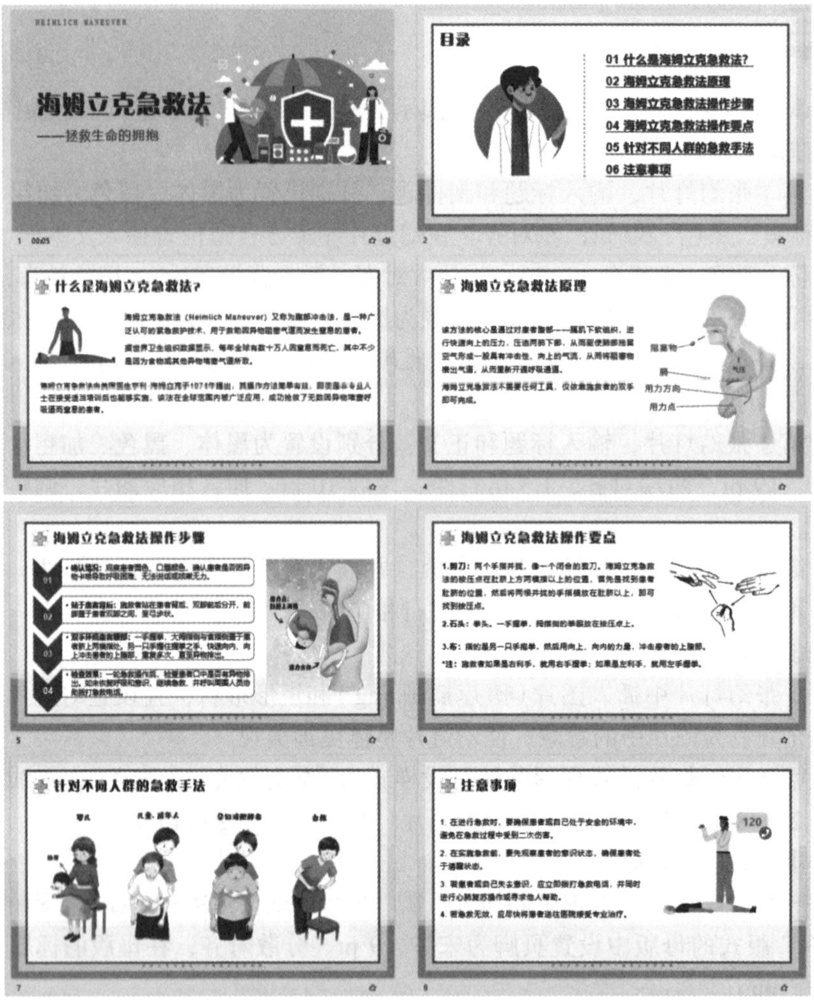

图 7–38 “海姆立克急救法”演示文稿最终效果图

第 8 章 数据库技术基础

数据库可以直观地理解为存放数据的仓库，只不过这个仓库是放在计算机的大容量存储器上的。数据库技术研究的问题就是如何科学地组织、存储和管理数据，以及如何高效地获取和处理数据。数据库系统是指带有数据库并利用数据库技术进行数据管理的计算机系统。本节重点介绍关系数据库的基本概念和基本操作，以及SQL（structured query language，结构化查询语言）的常用命令。

8-1 数据管理技术

1. 数据管理技术的发展

计算机对数据的管理是指对数据的组织、分类、编码、存储、检索和维护的过程。随着计算机硬件技术、软件技术和计算机应用范围的发展，数据管理方式也在不断地改进，先后经历了人工管理阶段、文件系统阶段和数据库系统阶段。互联网的广泛应用，更促进了新的数据管理技术不断涌现，尤其以数据库为基础的计算机信息系统在越来越多的领域中发挥着重要作用。

1）人工管理阶段（20 世纪 50 年代以前）

早期的计算机应用主要是科学计算，一般不需要保存数据，计算时将数据输入，计算后将结果输出。当时的硬件状况是外存只有纸带、卡片、磁带，没有直接存取数据的设备；软件状况是没有操作系统及管理数据的软件。

2）文件系统阶段（20 世纪 50 年代后期到 60 年代中期）

在此阶段，计算机的应用范围逐渐扩大，大量地应用于管理中。在硬件方面，出现了磁鼓、磁盘等直接存取数据的存储设备；在软件方面，操作系统中已经有了专门的数据管理软件，一般称为文件系统；在处理方式上，不仅有了文件批处理方式，而且能够联机实时处理。

3）数据库系统阶段（20 世纪 60 年代末至今）

在此阶段，计算机性能大幅提高，更重要的是出现了大容量磁盘，存储容量大大增加且存储设备的单价下降。在此基础上，有可能克服文件系统管理数据的不足，而去满足和解决实际应用中多个用户、多个应用程序共享数据的要求，从而使数据能为尽可能多的应用程序服务，这就出现了数据库这样的数据管理技术。数据库的特点是数据不再只针对某一特定应用，而是面向全组织，具有整体的结构性，共享性高、冗余度小，具有较高的程序与数据之间的独立性，并且实现了对数据的统一控制。数据库技术的应用使数据存储量猛增，用户增加，而且由于数据库技术的出现，数据处理系统的研制从围绕以加工数据的程序为中心转向围绕共享数据进行。

图8-1给出了数据管理技术发展的各个阶段中应用程序和数据之间的对应关系。

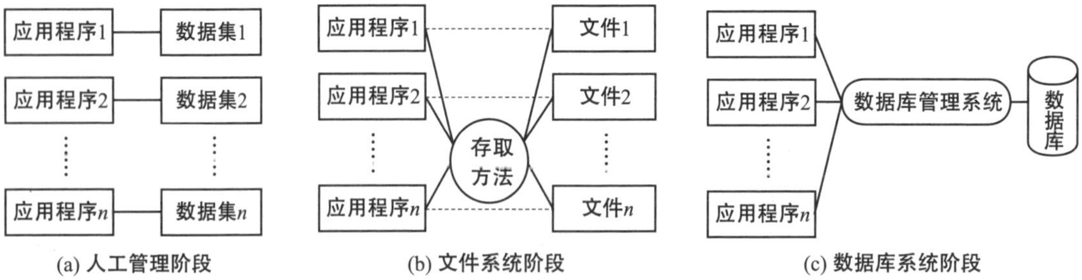

图8-1 数据管理技术发展的各个阶段中应用程序和数据之间的对应关系

4）数据管理新技术

数据、计算机硬件和数据库应用，这三者推动着数据库技术与系统的发展。尤其是互联网的出现，极大地改变了数据库的应用环境，向数据库领域提出了前所未有的技术挑战，这些因素的变化推动着数据库技术的进步，出现了一批新的数据库技术，如Web数据库技术、并行数据库技术、数据仓库与联机分析技术、数据挖掘与商务智能技术、海量数据管理技术等。

（1）Web数据库技术。目前，Web技术与数据库管理系统（database management system，DBMS）融合领域的研究已成为热点方向之一。数据库厂家和Web公司也纷纷推出各自的产品和中间件以支持Web技术和DBMS的融合，将两者取长补短，发挥各自的优势，使用户可以在Web浏览器上方便地检索数据库的内容。Web数据库管理系统是指基于Web模式的数据库管理系统的信息服务，充分发挥数据库管理系统高效的数据存储和管理能力，以Web这种浏览器/服务器模式为平台，将客户端融入统一的Web浏览器，为Internet用户提供使用简便、内容丰富的服务。Web数据库管理系统必将成为Internet提供的核心服务，为Internet上的电子商务提供技术支持。

（2）数据仓库技术。20世纪90年代后期，随着Internet的兴起与飞速发展，大量的信息和数据出现在人们眼前，用科学的方法去整理数据，从不同视角对企业经营各方面的信息进行精确分析、准确判断，这种需求比以往更为迫切，实施商业行为的有效性也比以往更受关注。

数据仓库技术就是建立在数学及统计学严谨的逻辑思维基础上并达成“科学的判断、有效的行为”的一种工具。数据仓库技术也是实现“数据整合、知识管理”的一种有效手段。典型的数据仓库系统有经营分析系统、决策支持系统等。

数据仓库是面向主题的、集成的、与时间相关的、不可修改的数据集合。这是数据仓库技术特征的定位。

（3）并行数据库技术。并行数据库系统（parallel database system）是新一代高性能的数据库系统，是在集群并行计算环境的基础上建立的数据库系统。

并行数据库技术的目标是追求高性能和高可用性，通过多个处理节点并行执行数据库任务，提高整个数据库系统的性能和可用性。

（4）数据挖掘技术。随着信息技术的迅速发展，数据库的规模不断扩大，从而产生了大量的数据。为了给决策者提供一个统一的全局视角，许多领域建立了数据仓库。但大量的数据往往使人们无法辨别隐藏在其中的能为决策提供支持的信息，传统的查询、报表工具无法满足挖掘这些信息的需求。因此，需要使用一种新的数据分析与处理技术来处理大量数据，并从中抽取有价值的潜在知识，数据挖掘（data mining）技术应运而生。

数据挖掘是一种新的信息处理技术，是一门涉及多个领域的新兴交叉学科，它涉及数据库、人工智能、数理统计、可视化、并行计算等领域。数据挖掘的主要功能是对数据库中的大量数据进行抽取、转换、分析和其他模型化处理，并从中提取辅助决策的关键数据。数据挖掘是知识发现过程中的一个特殊步骤，它用特定算法从数据中抽取模式，它并不是用规范的数据库查询语言（如SQL）进行查询，而是对查询的内容进行模式的总结和规律的搜索。传统的查询和报表处理只是得到事件发生的结果，并没有深入研究事件发生的原因，而数据挖掘主要了解事件发生的原因，并且以一定的置信度对未来进行预测，以便为决策行为提供有力支持。

数据挖掘技术及其应用是目前国际上的一个研究热点，并在许多行业中得到了很好的应用，尤其是在市场营销中获得了成功，初步体现了其优越性和发展潜力。在信息管理领域，综合应用数据挖掘技术和人工智能技术来获取用户知识、文献知识等各类知识，将是实现知识检索和知识管理发展的必经之路。

2. 数据库系统的组成

数据库系统是指带有数据库并利用数据库技术进行数据管理的计算机系统，是由数据库、硬件系统、软件系统、人员等构成的人机系统，如图 8-2 所示。

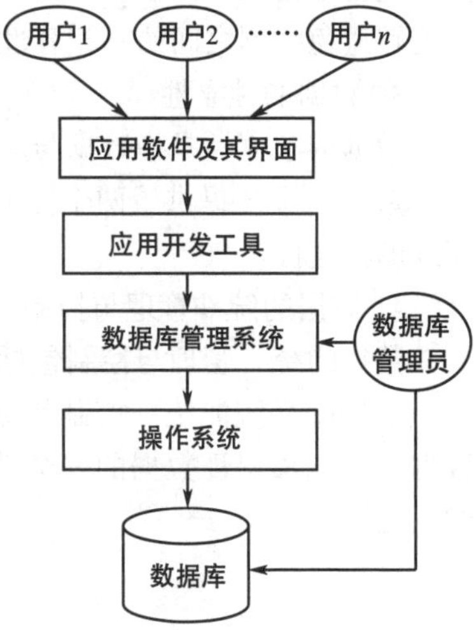

图 8-2 数据库系统的组成

1）数据库

数据库（data base，DB）是数据库系统的数据源，是长期存储在计算机内的、有组织的、可共享的数据的集合。数据库中的数据按一定的数据模型组织、描述和存储，具有很小的冗余度、较高的数据独立性和易扩展性，可供各种用户共享。

2）硬件系统

硬件系统是指构成计算机系统的各种物理设备，包括存储所需的外部设备。硬件系统的配置应满足整个数据库系统的需要。

3）软件系统

软件系统包括操作系统、数据库管理系统及应用程序。

数据库管理系统是数据库系统的核心软件，在操作系统的支持下工作。数据库管理系统是位于用户与操作系统之间的数据管理软件，是解决如何科学地组织和存储数据、如何高效获取和维护数据的系统软件。数据库管理系统的主要功能包括数据定义功能、数据操纵功能、数据库的运行管理及数据库的建立与维护等。

4）人员

（1）系统分析员和数据库设计人员。系统分析员负责应用系统的需求分析和规范说明，他们和用户及数据库管理员一起确定系统的硬件配置，并参与数据库系统的概要设计。数据库设计人员负责数据库中数据的确定及数据库各级模式的设计。

（2）应用程序员。应用程序员负责编写使用数据库的应用程序。这些应用程序可以对数据进行检索、建立、删除或修改等操作。

（3）最终用户。最终用户利用系统的接口或查询语言访问数据库。

（4）数据库管理员。数据库管理员（database administrator，DBA）是专门从事数据库建立、使用和维护的工作人员。数据库管理员的具体职责包括：确定数据库中的信息内容和结构；决定数据库的存储结构和存取策略；定义数据库的安全性要求和完整性约束条件；监控数据库的使用和运行；负责数据库的性能改进及数据库的重组和重构，以提高系统的性能。

3.数据库系统的基本特点

数据库系统脱胎于文件系统，两者都以数据文件的形式组织数据，但数据库系统由于引入了数据库管理系统，与文件系统相比，数据库系统具有以下特点。

1）数据结构化

数据结构化是数据库系统与文件系统的根本区别。在数据库系统中，数据是面向整体的，不但数据内部组织有一定的结构，而且数据之间的联系也按一定的结构描述出来。

2）数据的高共享性与低冗余性

数据库系统从整体角度看待和描述数据，数据不再面向某个应用，而是面向整个系统。同一组基本记录可以被多个应用程序共享，这样既可以大大减少数据冗余，节约存储空间，又能够避免数据之间的不相容性和不一致性。

3）数据的独立性

数据的独立性是指数据与应用程序之间彼此独立，不存在相互依赖的关系。

数据库系统提供了两个方面的映像功能，使程序与数据库中的逻辑结构和物理结构有高度的独立性。

4）数据的统一管理与控制

数据的统一管理与控制包括数据的完整性检查、安全性检查和并发控制3个方面。

数据库系统能统一控制数据库的建立、运用和维护，使用户能方便地定义数据和操作数据，并能够保证数据的安全性、完整性，以及多个用户对数据的并发使用和发生故障后的系统恢复。

8-2 数据库管理系统

数据库管理系统是一种操纵和管理数据库的大型软件，用于建立、使用和维护数据库。它对数据库进行统一的管理和控制，以保证数据库的安全性和完整性。用户通过数据库管理系统访问数据库中的数据，数据库管理员也通过数据库管理系统进行数据库的维护工作。

数据库管理系统的主要功能如下。

1）数据定义功能

数据库管理系统提供了数据定义语言（data definition language，DDL），用户通过它可以方便地对数据库中的相关内容进行定义，包括对数据库、表、索引进行定义。

例如，要创建一个“学生信息表”，首先要设计该表的格式，说明该表由哪些栏目组成（如学号、姓名、性别、出生日期、院系、班级等），即要明确表的框架。通过数据定义语言就可以完成对数据格式的定义工作。

2）数据操纵功能

数据库管理系统提供了数据操纵语言（data manipulation language，DML），用户通过它可以实现对数据库的基本操作。

例如，通过数据操纵语言对“学生信息表”进行数据的填充、删除、修改和查询等工作。

3）数据库的运行控制功能

这是数据库管理系统的核心部分，它对数据库的建立、运行和维护进行统一管理，以保证数据的安全性、完整性及多个用户对数据库的并发使用。

4）数据组织、存储与管理功能

数据库管理系统要分类组织、存储和管理各种数据，包括数据字典、用户数据、存取路径等，需确定以何种文件结构和存取方式在存储空间组织这些数据，如何实现数据之间的联系。数据组织和存储的基本目标是提高存储空间的利用率，选择合适的存取方法提高存取效率。

5）数据库的保护功能

数据库中的数据是信息社会的战略资源，因此数据的保护至关重要。数据库管理系统对数据库的保护通过 4 个方面来实现：数据库的恢复、数据库的并发控制、数据库的完整性控制和数据库的安全性控制。数据库管理系统的其他保护功能还有系统缓冲区的管理及数据存储的某些自适应调节机制等。

6）数据库的维护功能

这部分包括数据库的数据载入、转换、转储，数据库的重组和重构，以及性能监控等功能。这些功能分别由各个应用程序来完成。

7）通信功能

数据库管理系统具有与操作系统的联机处理、分时系统及远程作业输入的相关接口，负责处理数据的传送。对于网络环境下的数据库系统，还应该包括数据库管理系统与网络中其他软件系统的通信功能及数据库之间的交互操作功能。

8-3 关系数据库

在数据库技术中，用数据模型的概念描述数据库的结构与语义，对现实社会进行抽象和表示。常用的数据模型有4种：层次模型、网状模型、关系模型和面向对象模型。目前，使用较为广泛的是关系模型。

关系模型是从现实生活中管理信息所使用的“表格”抽象出来的，并用数学概念规范化的数据模型。关系模型由3个部分组成：关系数据结构、关系操作和关系完整性约束。

1. 关系数据结构

关系模型的数据结构单一，是一种二维表的结构。以关系模型建立的数据库就是关系数据库（relational database，RDB）。

在现实生活中，表达数据之间关联性的最常用、最直观的方法就是将它们制作成各式各样的表格，这些表格通俗易懂。表8-1所示的“学生信息表”就是一个描述学生基本信息的二维表。

表8-1 学生信息表

学号	姓名	性别	出生日期
202442070401	吴迪	男	2006/2/28
202442070402	张杨	男	2005/6/9
202442070403	李子凡	女	2005/11/19
202442070404	舒舍予	男	2006/5/1
202442070405	高大全	男	2006/11/6

在用户观点下，关系模型中数据的逻辑结构就是一张二维表，它由行和列组成。

1）关系的相关术语

- 关系（relation）：关系在逻辑结构上就是一张二维表，它由行和列组成。每一个关系都有一个关系名，即表名。
- 元组（tuple）：二维表（关系）中的一行就是一个元组，对应于表中的记录。
- 属性（attribute）：二维表中的一列就是一个属性，给每一个属性取一个名字，即属性名。属性对应于表中的字段，属性名就是字段名。属性描述了实体某一方面的特性。例如，“教师”实体可以用“教师编号”“姓名”“性别”“出生日期”“职称”“基本工资”“研究方向”等属性来描述。每个属性可以取不同的值，称为属性值。属性是一个变量，属性值是变量所取的值。
- 域（domain）：属性的取值范围称为域，也称为值域，如“性别”属性的域为“男”“女”。
- 关键字（key）：关键字是属性或属性的集合，关键字的值能够唯一地标识一个元组。例如，“学生信息表”中的“学号”唯一地标识了某个学生记录。
- 外部关键字：如果表A中的一个字段不是表A的主关键字或候选关键字，而是另外一个表的主关键字或候选关键字，则这个字段就是表A的外部关键字。

●关系模式：关系模式是对关系的描述。一个关系模式对应一个关系的结构，其格式如下。

```
关系名(属性名1，属性名2，…，属性名n)
```

例如，表 8-1 的关系模式如下。

```
学生信息(学号，姓名，性别，出生日期)
```

2）关系的特点

在关系模型中，对关系有一定的要求，关系必须具有以下特点。

（1）关系必须规范化。关系模型中的每一个关系模式都必须满足一定的要求，基本要求是每个属性必须是不可分割的数据单元，即表中不能再包含表。如表 8-2 所示，其中“应发”和“扣除”是可分的数据项，这就不符合关系模型的规范化要求，修改后的表 8-3 符合规范化要求。

表 8-2　工资表实例之一

职工号	姓名	职称	应发			扣除		实发
			基本	职务	津贴	房租	火电	
001245	范原	高工	1 200	2 000	2 800	0	500	5 500
010251	於大勇	高工	1 200	1 200	3 000	0	0	5 400

表 8-3　工资表实例之二

职工号	姓名	职称	基本	职务	津贴	房租	火电	实发
001245	范原	高工	1 200	2 000	2 800	0	500	5 500
010251	於大勇	高工	1 200	1 200	3 000	0	0	5 400

（2）属性名必须唯一，即一个关系中不能出现相同的属性名。

（3）关系中不允许有完全相同的元组，即冗余。

（4）在一个关系中元组和属性的顺序是无关紧要的。

表 8-1 给出的“学生信息表”便是一个关系模型。

2. 关系操作

在关系数据库中查询用户所需的数据时，需要对关系进行一定的关系运算。关系运算主要分为两类：传统的集合运算和专门的关系运算。前者将关系看成元组的集合，其运算是从关系的水平方向（即行的角度）进行的；而后者的运算不仅涉及行而且涉及列。

1）传统的集合运算

传统的集合运算是二目运算。设关系R和关系S具有相同的目n（关系R和关系S均有n个属性，本例中设n为 3），且相应的属性取自同一个域，如图 8-3（a）及图 8-3（b）所示，则可以定义以下 4 种运算。

（1）并（union）。关系R和关系S的并运算记作R∪S，由属于R或属于S的所有元组组成，结果仍为n目关系，如图 8-3（c）所示。

（2）差（difference）。关系R和关系S的差运算记作R − S，由属于R但不属于S的元组组成，结果仍为*n*目关系，如图8-3（d）所示。

（3）交（intersection）。关系R和关系S的交运算记作R ∩ S，由属于R且属于S的元组组成，结果仍为*n*目关系，如图8-3（e）所示。

A	R	C
a1	b1	c1
a1	b2	c2
a2	b2	c1

(a) 关系R

A	B	C
a1	b2	c2
a1	b3	c2
a2	b2	c1

(b) 关系S

A	B	C
a1	b1	c1
a1	b2	c2
a2	b2	c1
a1	b3	c2

(c) R∪S

A	B	C
a1	b1	c1

(d) R−S

A	B	C
a1	b2	c2
a2	b2	c1

(e) R∩S

图8-3　关系R和S及其3种传统的集合运算

（4）笛卡儿积。关系R和关系S的笛卡儿积记作R×S，结果是将R中的每个元组与S中的每个元组连接后生成新的关系，如图8-4所示。

RA	RB	RC	SA	SB	SC
a1	b1	c1	a1	b2	c2
a1	b1	c1	a1	b3	c2
a1	b1	c1	a2	b2	c1
a1	b2	c2	a1	b2	c2
a1	b2	c2	a1	b3	c2
a1	b2	c2	a2	b2	c1
a2	b2	c1	a1	b2	c2
a2	b2	c1	a1	b3	c2
a2	b2	c1	a2	b2	c1

图8-4　关系R和S的笛卡儿积

如图8-5和图8-6所示为笛卡儿积的实例。

学生R

学号	姓名
201008010111	钟石柱
201008010121	陈泽桦

课程S

课程号	课程名
080201	VB程序设计
080202	数据库应用
121002	大学物理

图8-5　关系：学生R和课程S

学号	姓名	课程号	课程名
201008010111	钟石柱	080201	VB程序设计
201008010111	钟石柱	080202	数据库应用
201008010111	钟石柱	121002	大学物理
201008010121	陈泽桦	080201	VB程序设计
201008010121	陈泽桦	080202	数据库应用
201008010121	陈泽桦	121002	大学物理

图 8-6 学生选课关系：学生 R× 课程 S

2）专门的关系运算

为介绍专门的关系运算，先给出“学生选课”数据库实例，它包括 3 个关系（表），即“学生”表 S（学号，姓名，性别，年龄，班级），“课程”表 C（课程号，课程名，系别），“选课”表 SC（学号，课程号，等级），如图 8-7 所示。下面的例子将在这些表上进行展示。

学号	姓名	性别	年龄	班级
S1	李燕	女	20	99881
S2	吴迪	男	19	04651
S3	贝宁	男	21	04263
S4	赵冰	女	18	02471

(a) “学生”表S

课程号	课程名	系别
C1	电路基础	物理
C2	数据结构	计算机
C3	概率统计	数学

(b) “课程”表C

学号	课程号	等级
S1	C1	A
S1	C3	B
S2	C1	B
S2	C2	A
S2	C3	B
S3	C1	C
S3	C2	A
S4	C3	C

(c) “选课”表SC

图 8-7 “学生选课”数据库

（1）选择（selection）。选择运算是从关系中查找符合指定条件的元组的操作。以逻辑表达式指定选择条件，选择运算将选取使逻辑表达式为“真”的所有元组。选择运算的结果构成关系的一个子集，是关系中的部分元组，其关系模式不变。

换句话说，选择运算是从二维表中选取若干行组成新的表，是在表中选取若干个记录的操作。

【例 8-1】 从“学生”表 S 中选取所有女生，运算结果如图 8-8（a）所示。

（2）投影（projection）。投影运算是从关系中选取若干个属性的操作。换句话说，投影运算是从表中选取若干列形成一个新的关系。

【例 8-2】 选取“学生”表 S 中的所有姓名和班级，运算结果如图 8-8（b）所示。

可以看出，投影运算是在一个关系中进行垂直方向的选择，选取关系中所有元组的某几列的值。投影运算的结果可能出现内容完全相同的元组，在结果关系中应将重复元组去掉。

学号	姓名	性别	年龄	班级
S1	李燕	女	20	99881
S4	赵冰	女	18	02471

(a) 选择运算的结果

姓名	班级
李燕	99881
吴迪	04651
贝宁	04263
赵冰	02471

(b) 投影运算的结果

图 8-8　选择与投影运算

（3）连接（join）。连接运算是将两个二维表中的若干列按同名等值的条件拼接成一个新的二维表的操作。换句话说，是将两个表的若干字段按指定条件（通常是同名等值）拼接生成一个新的表。

一般的连接操作是从行的角度进行运算，但自然连接还要取消重复列，所以是同时从行和列的角度进行运算的。

【例 8-3】“学生”表S和“选课”表SC自然连接的结果如图 8-9 所示。

学号	姓名	性别	年龄	班级	课程号	等级
S1	李燕	女	20	99881	C1	A
S1	李燕	女	20	99881	C3	B
S2	吴迪	男	19	04651	C1	B
S2	吴迪	男	19	04651	C2	A
S2	吴迪	男	19	04651	C3	B
S3	贝宁	男	21	04263	C1	C
S3	贝宁	男	21	04263	C2	A
S4	赵冰	女	18	02471	C3	C

图 8-9　“学生”表S和“选课”表SC自然连接的结果

用关系运算可以完成对数据的检索、删除和插入操作，如果要修改数据，则先删除数据再插入新的元组。因此，以关系运算为基础的数据库语言可以实现人们对数据库的所有查询和更新操作。

3. 关系完整性约束

关系完整性是为了保证数据库中数据的正确性和相容性而对关系模型提出的某种约束条件或规则。完整性通常包括实体完整性、参照完整性和用户定义完整性（又称为域完整性），其中实体完整性和参照完整性是关系模型必须满足的完整性约束条件。

1）实体完整性

实体完整性规则要求关系中记录的关键字字段不能为空，不同记录的关键字字段值也不能相同，否则关键字就失去了唯一标识记录的作用。

例如，“学生”表S将“学号”字段作为主关键字，那么，该列就不得有空值，否则无法对应某个具体的学生。如果关键字字段有空值，则表格不完整，对应关系就不符合实体完整性规则的约束条件。

2）参照完整性

参照完整性规则要求关系中“不引用不存在的实体”。

例如，在“学生选课”数据库中，“学号”字段是“学生”表的主关键字(主键)，如果将“选课”表作为参照关系，“学生”表作为被参照关系，以“学号”作为两个表的关联属性，则“学号”字段是“选课”表的外部关键字(外键)。“选课”表通过外键“学号”字段参照“学生”表，如图 8-10 所示。在参照关系“选课”表中出现的学号值(外键)，必须是被参照关系“学生”中存在的学号(主键)。也就是说，按照参照完整性规则要求，“选课”表中不得出现“学生”表中没有的学号。

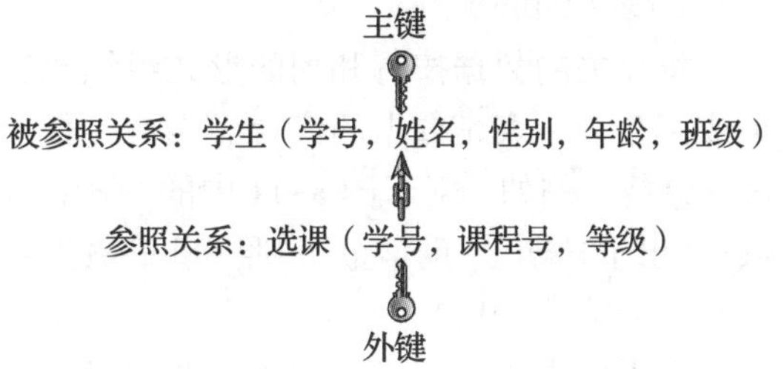

图 8-10　参照关系与被参照关系

3)用户定义完整性

实体完整性和参照完整性适用于任何关系型数据库系统，它主要是针对关系的主键和外键的取值必须有效而进行的约束。用户定义完整性是根据应用环境的要求和实际的需要，对某一具体应用所涉及的数据提出约束性条件。这一约束机制一般不应由应用程序提供，而应由关系模型提供定义并检验。

用户定义完整性主要包括字段有效性约束和记录有效性约束。例如，在如图 8-7 所示的“学生选课”数据库中，对“选课”表中的“等级”字段的取值范围，规定只能取字母 A～E 的值。

4. 关系模型与关系数据库

关系数据库系统是支持关系数据模型的数据库系统。

以关系数据库软件 Microsoft Access 2016 为例，其数据库对应的是数据库文件(accdb 文件)，一个数据库文件包含若干表，表由表结构与若干数据记录组成，表结构对应关系模式，每条记录由若干字段构成，字段对应关系模式的属性，字段的数据类型和取值范围对应属性的域。

在 Access 中，“学生管理”数据库中有 3 张表，如图 8-11 所示，下面通过实际例子说明关系模型是如何描述表及表之间的联系的。

课程

课程号	课程名	开课院系
010101	英语	外语学院
030101	高等数学（一）	信计学院
030201	高等数学（二）	信计学院
080101	大学计算机	计通学院
080201	VB程序设计	计通学院
080202	数据库应用	计通学院
100802	篮球	体育部
121002	大学物理	信计学院
*		

选课

学号	课程号	得分等级
201008010111	010101	B
201008010111	030201	C
201008010121	100802	B
201009030101	010101	A
201009030101	030201	B
201009030101	121002	A
201009030105	100802	B
*		

学生

学号	姓名	性别	党员	院系	出生日期	助学金	照片
201008010111	钟石柱	男	☐	计通学院	1990-01-30	￥200.00	包
201008010121	陈泽桦	女	☑	计通学院	1991-10-02	￥200.00	包
201008010125	许文亮	男	☐	计通学院	1989-12-30	￥200.00	
201009030101	宋萍	女	☑	交运学院	1990-02-21	￥300.00	
201009030105	汤舒恺	男	☐	交运学院	1991-09-20	￥200.00	
*			☐				

图 8-11　“学生管理”数据库中的 3 张表

1）表（table）

将相关的数据按行和列的形式组织成二维表格的形式就得到了表。关系数据库包含一个或多个表，表是数据的集合。表是一种数据对象，它可以有许多属性，这些属性构成了表的结构。例如，对于图 8-11 中的“学生”表，它包含“学号”“姓名”“性别”“党员”“院系”“出生日期”“助学金”“照片”等数据项（字段）。

2）字段（field）

数据库表中的每一列称为一个字段。字段是标记实体属性的符号集。表是由其包含的各个字段定义的，字段规定了数据的特征。创建一个数据库的表时，要设置每个字段的数据类型、最大长度和其他一些属性。字段可以包含各种字符、数字或图形。例如，图 8-11 中的 3 张表，各自包括多个字段，它们的数据类型可以各不相同，如文本类型、数值类型等。

3）记录（record）

对于关系数据库，表中的每一行称为记录，记录是一组相关字段的有序集合。例如，在如图 8-11 所示的“课程”表中，与每门课程有关的信息存放在表的各行中，其中的每一行就是关于每门课程的一条记录。

4）关键字

如果表中的某个字段或多个字段的组合能够唯一地确定一条记录，则称该字段或多个字段的组合为候选关键字。如图 8-11 所示，“学生”表中的“学号”字段可以作为候选关键字，因为对每个学生来说，学号是唯一的；同理，“课程”表中的“课程号”字段可以作为候选关键字，因为对每门课程来说，课程号是唯一的；而在“选课”表中，“学号”和“课程号”字段的组合可以作为候选关键字，因为这两个字段的组合能唯一确定表中的一条记录。

一个表中可以有多个候选关键字，但只能有一个候选关键字作为主键。主键必须有一个唯一的值，而且不能为空。在两个表的联系中，主键用来在一个表中引用来自另一个表中的特定记录。

5）表间的关系

表间的关系就是定义两个表相互联系的方式。数据库可以由多个表组成，表与表之间可以用不同方式相互关联。表间的关系归纳起来有 3 种类型。

（1）一对一关系（1∶1）。如果对于实体集 A 中的每一个实体，实体集 B 中有且只有一个实体与之联系，反之亦然，则称实体集 A 与实体集 B 具有一对一关系。例如，一所学校只有一个校长，一位校长只在一所学校任职，所以校长与学校之间是一对一关系。

（2）一对多关系（1∶N）。如果对于实体集 A 中的每一个实体，实体集 B 中有多个实体与之联系，反之，对于实体集 B 中的每一个实体，实体集 A 中至多只有一个实体与之联系，则称实体集 A 与实体集 B 有一对多关系。例如，一所学校有许多学生，但一名学生只能就读于一所学校，所以学校和学生之间是一对多关系。

（3）多对多关系（M∶N）。如果对于实体集 A 中的每一个实体，实体集 B 中有多个实体与之联系，而对于实体集 B 中的每一个实体，实体集 A 中也有多个实体与之联系，则称实体集 A 与实体集 B 之间有多对多关系。例如，一位医生可以为多名患者看病，一名患者也可以找多位医生看病，所以医生和患者之间是多对多关系。

在定义一个联系时，必须说明相互联系的两个表中的同名字段。例如，“学生”表与“选课”表之间通过“学号”字段建立联系。这两个表之间是一对多关系，因为一名学生可以选修多门课程，即“学生”表中的每一个元组可对应“选课”表中的多个元组。

若约定一名学生可以选修多门课，一门课也可以被多名学生选修，那么“学生”表和“课程”表之间是多对多关系。通过“选课”表把多对多关系分解为多个一对多关系，“选课”表在这里起纽带的作用，所以也将这种表称为纽带表。

在 Access 2016 中，3 个表之间的关系如图 8-12 所示。

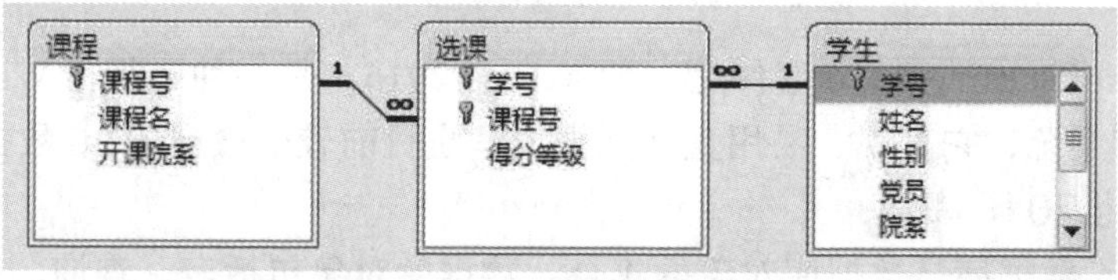

图 8-12　3 个表之间的关系

“学生”表和“选课”表是通过同名字段“学号”建立联系的，两个表互为关联表。在“学生”表中，“学号”字段是主键，唯一标识该表中的每条记录。同理，“课程号”字段是“课程”表的主键。在“选课”表中，“学号”字段虽不是该表的主键（“选课”表的主键是组合主键），却是关联表“学生”表的主键，所以“学号”字段是“选课”表的外键。同理，“课程号”字段是“选课”表的外键。图 8-12 中，符号“∞”表示“多”。纽带表不一定需要自己的主键，如果需要，则将它所联系的两个表的主键作为组合关键字，将组合关键字指定为主键，如“选课”表的主键为组合关键字“学号＋课程号”。

8-4 Access 2016 数据库及其应用

作为Microsoft Office 2016套件之一的Access 2016，是一种运行于Windows平台上的关系数据库管理系统，它直观、易用且功能强大，是目前较受欢迎的PC数据库软件。

1. Access 2016 概述

Access 2016 数据库是数据库对象的集合。数据库对象包括表、查询、窗体、报表、数据访问页、宏和模块。

1）Access 2016 的主要特点

除数据访问页以外，Access 2016 的其他数据库对象都存储在同一个以“accdb”为扩展名的数据库文件中。在任何时刻，Access 2016 只能打开并运行一个数据库，这样就可以方便地完成对数据库文件的操纵和管理。

2）Access 2016 的启动

与Office 2016套件中的其他软件类似，可以选择“开始”→“Access”命令启动Access 2016，也可以双击桌面上的Access 2016快捷方式图标直接启动。

3）Access 2016 主界面

启动Access 2016，在“开始”界面中单击“空白数据库”，设置数据库的保存位置和名称后，单击“创建”按钮，进入Access 2016的工作窗口。

单击“文件”按钮，在“最近”栏单击已有的数据库文件“学生管理.accdb”，打开“学生管理”数据库窗口，如图8-13所示，窗口上部为选项卡和相应的功能按钮区，当前显示的是“创建”选项卡及其功能按钮；窗口左下方是数据库对象列表区域，用于显示当前打开的数据库中包含的对象；窗口右下方是工作区域。

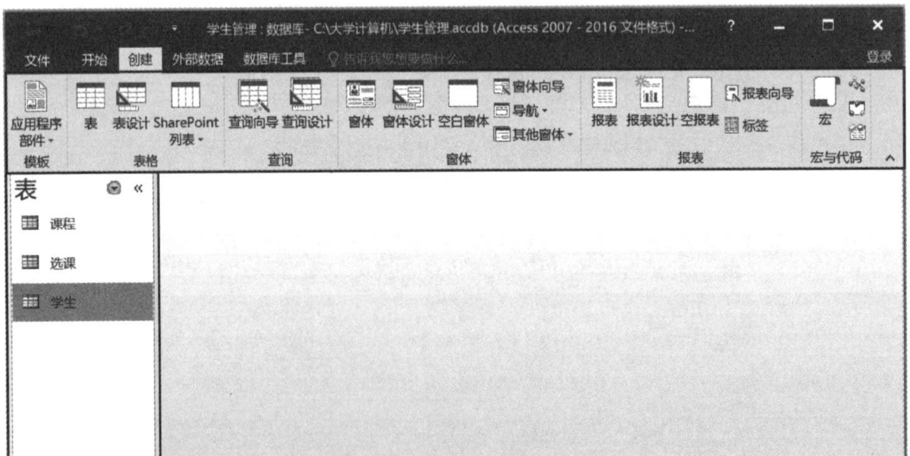

图 8-13 “学生管理”数据库窗口

数据库对象包括表、查询、窗体、报表、数据访问页、宏和模块，它们之间的关系如图8-14所示，图中的实线表示数据流，虚线表示控制流。

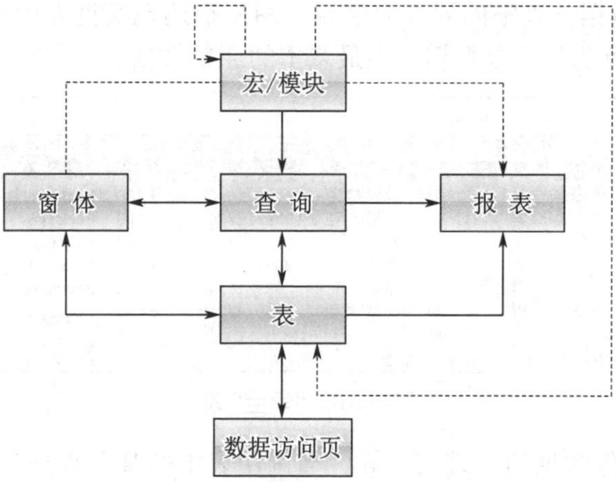

图 8-14 数据库对象之间的关系

表是数据库的核心与基础，存放着数据库中的全部数据信息。报表、查询和窗体都是从数据表中获得数据信息，以实现用户的某一特定需要，如查找、计算、统计、打印、编辑、修改等。窗体可以提供一种良好的用户操作界面，通过它可以直接或间接地调用宏或模块，并执行查询、打印、预览、计算等功能，甚至对表进行编辑修改。

2. 创建 Access 数据库

在创建一个数据库之前，要明确这个数据库的用途，它要存储哪些数据，这些数据将保存在哪些表中，以及这些数据之间有什么联系。要尽可能地降低数据冗余，使建立起来的数据库既能满足检索数据的需要，又能节省存储空间。

1）建立数据库的途径

（1）使用数据库向导建立数据库。使用数据库向导，能够以最简单的方式创建一个数据库，一次操作就可以创建数据库所需要的表、窗体和报表等对象。数据库向导是根据设计人员的数据库设计结果为用户准备好的模板，只要用户回答数据库向导的几个问题，向导即可自动创建出用户需要的数据库。利用数据库向导，可以大大提高创建数据库及数据库对象的工作效率。

（2）自行创建一个空数据库。如果所需数据库没有可供参照的数据库模板，那么也可以从新建一个空数据库开始创建数据库。

2）数据库中数据的组织关系

（1）数据的组织层次。在 Access 数据库中是以层次方式组织数据的，由数据库、表、记录和字段 4 层组织构成，如图 8-15 所示。

数据库用来组织、管理并存放数据表。表用来组织、管理并存放记录，不同的记录是通过不同的字段值来描述的。记录用来组织、管理并存放字段。字段是数据库中有意义的最小数据单位。

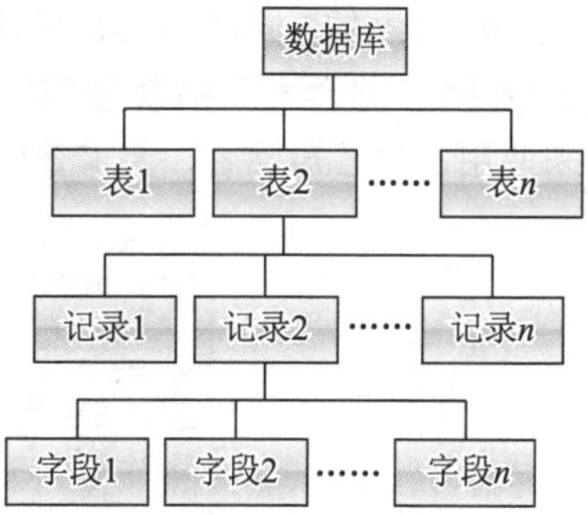

图 8-15 数据组织的层次

（2）表的结构。表由字段、记录、值、主键、外键和关系元素构成。“学生”表（表中为模拟数据）如图 8-16 所示。表中的行称为记录，由若干个字段组成，反映了一个关系模式（表）的全部属性数据。表中的列称为字段，用来描述现实世界中某一实体的某种属性。行与列交叉处的数据称为值，是数据库中最基本的原始数据。

学号	姓名	性别	党员	院系	出生日期	助学金	照片	单击以添加
201008010111	钟石柱	男	☐	计通学院	1990/1/30	￥200	Package	
201008010121	陈泽桦	女	☑	计通学院	1989/10/2	￥150	Package	
201008010125	许文亮	男	☐	计通学院	1988/12/30	￥200	Package	
201009030101	宋萍	女	☑	桥结学院	1990/2/21	￥200	Package	
201009030102	李长花	女	☐	桥结学院	1989/11/12	￥200	Package	
201009030112	黄河	男	☐	桥结学院	1989/11/4	￥150	Package	
201009030130	张涛	男	☑	桥结学院	1989/6/21	￥180	Package	
						￥0		

图 8-16 “学生”表

Access中的表就像常见的二维表一样，当调用表中的某个数据时，只要指明数据所在行号、列标即可。

设计一个表，首先就要定义表的结构，即要确定表中每个字段的名称、字段的数据类型等。如图 8-17 所示为“学生”表的结构。其中“学号”字段为表的主关键字，它的值可以唯一地标识表中的每条记录。

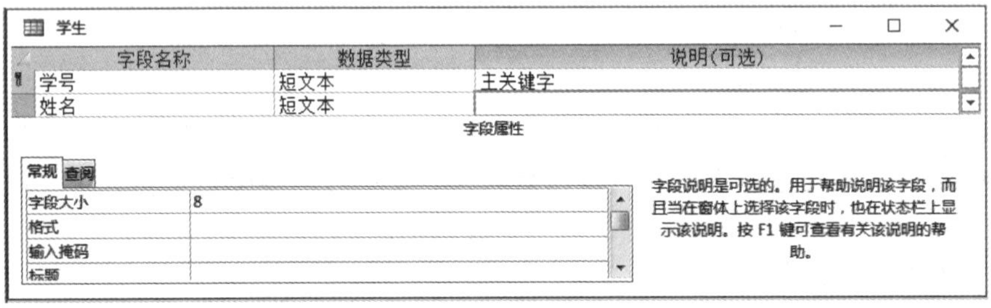

图 8-17 “学生”表的结构

（3）表之间的关系。表之间的关系是指通过两个表之间的同名字段创建的表的关联性。通过表之间的关系，可将数据库中的多个表连接成一个有机的整体。如图 8-18 所示是“学生管理”数据库中各表之间的关系。其中∞表示“多”，如“学生”表与“选课”表之间就是一对多关系，这种关系是通过“学生”表的主键“学号”字段与“选课”表的同名字段（外键）“学号”建立的。同理，“课程”表与“选课”表之间也是一对多关系，这种关系是通过“课程”表的主键“课程号”字段与“选课”表的同名字段建立的，所以可将这 3 张表的数据连接起来使用，如已知姓名，要求查询该学生都选修了哪些课程。

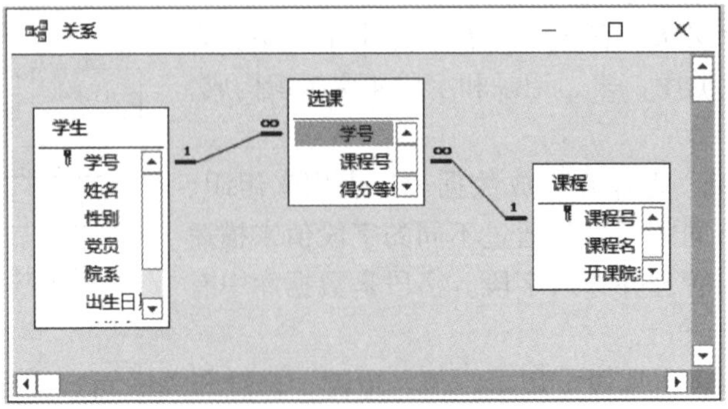

图 8-18 “学生管理”数据库中各表之间的关系

3）数据库的设计

针对具体的任务需求，软件开发人员需要制定数据库的设计方案，其一般步骤如下。

（1）确定新建数据库所要完成的任务。

（2）确定新建数据库所需要的表。

（3）确定各个表中所需要的字段。

（4）定义有唯一值的主键。

（5）确定表之间的关系。

（6）优化设计。

3. 在Access数据库中创建表

创建表分为两个步骤：创建表结构和向表中输入数据，分别在设计视图和数据表视图中进行。

1）创建表结构

创建表结构就是在数据库中定义表的名字、字段名、数据类型和字段大小等。

（1）Access支持的数据类型。

数据有不同的类型，可以是文本、数字、图像或声音等，Access支持多种数据类型，以下仅介绍几种常用的类型。

● 短文本：文本或文本与数字的组合，允许存储的最大长度为 255 个字符。

● 长文本：长文本及数字，如备注或说明，最多包含 64 000 个字符。

● 数字：可用来进行算术运算的数字数据，涉及货币的计算（使用货币类型）除外。可通过设置“字段大小”属性定义一个特定的数字类型。

● 日期/时间：日期和时间，长度为 8 字节。

● 货币：货币值。使用货币数据类型可以避免计算时四舍五入，精确到小数点的左边 15 位数及右边 4 位数，长度为 8 字节。

● 是/否：该类型的字段只包含两个值中的一个，如“是或否”“真或假”“开或关”，长度为 1 个字符。

● OLE对象：该类型的字段可存储OLE（object link and embedding，对象链接与嵌入）对象。OLE对象是指使用OLE协议程序创建的对象，如Word文档、Excel电子表格、图像、声音或其他二进制数据，该字段的最大长度为 1 GB。

（2）使用表结构设计器创建表结构。

Access主要提供了 3 种方法用于创建表结构：设计器、表向导、通过输入数据创建表。在此用第一种方法创建“学生”表，即在表的设计视图中创建表。假设表结构如下：学号（短文本，12，主键），姓名（短文本，8），性别（短文本，1），党员（是/否），院系（短文本，20），出生日期（日期/时间），助学金（货币），照片（OLE对象）。

操作步骤如下。

①打开设计视图。在“创建”选项卡的“表格”组中单击“表设计”按钮，打开设计视图。窗口右下方的工作区域是表结构的设计与显示区域。

②在表结构的设计与显示区域中依次输入各字段名称、数据类型及字段大小等属性，如图 8-19 所示。需要注意的是，在“数据类型”下拉列表中选择合适的类型；编辑下一字段时可以单击右边滚动条的向下按钮；字段的编辑操作可以利用右键的快捷菜单完成。

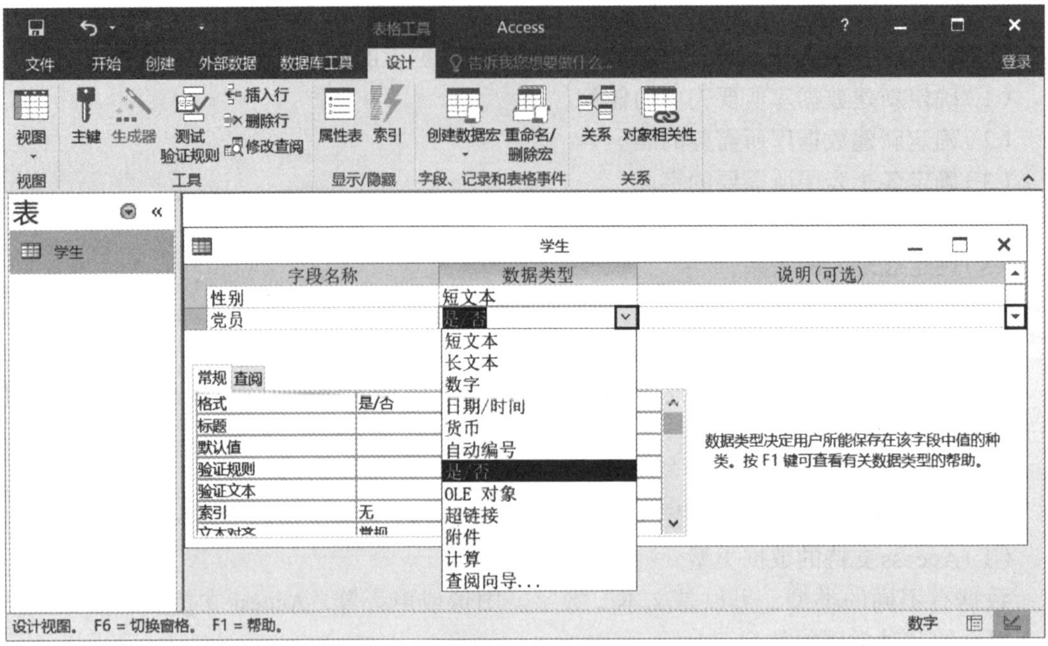

图 8-19　设计视图

③设置主键。将表的所有字段定义完毕后，再选择“学号”字段为当前字段并右击，在快捷菜单中选择“主键”命令，也可以单击“表格工具-设计”选项卡的“工具”组中的“主键”按钮，将其设为主键。

④保存表结构。在“表1”标签处右击，在弹出的快捷菜单中选择“保存”命令，在“另存为”对话框中输入表名称“学生”，单击“确定”按钮，即可建立“学生”表结构。用同样的方法依次在“学生管理”数据库中建立“选课”表和“课程”表结构。这两个表结构如下。

选课表：学号（短文本，12，主键），课程号（短文本，6），得分等级（短文本，1）。

课程表：课程号（短文本，6，主键），课程名（短文本，16），开课院系（短文本，10）。

设置完毕后进行保存操作，此时就可以在数据库窗口的对象列表中看到所创建的表对象。

2）向表中输入数据

创建表结构后，数据库中的表对象是一个空表，所以创建表的第二步是向表中输入数据。

（1）打开表。打开表是指进入数据表视图状态。

在“学生管理”数据库窗口的对象栏中双击“学生”表对象，即可在设计与显示区域打开空的“学生”表。或者在设计视图下，单击设计与显示区域中右下角的“数据表视图”按钮▦；也可以单击“开始”选项卡的“视图”组中的“视图”下拉按钮，在下拉菜单中选择“数据表视图”命令。

（2）输入数据。依次输入学生记录。输入时应注意以下几点。

①在输入日期与时间型数据时，格式是“年/月/日”，如1989/10/2。

②在输入是否党员时，单击复选框使之出现“√”标记，表示选择相应值。

③在输入OLE对象时要使用“插入对象”方式。

以插入照片为例，其操作步骤如下。

①将插入点移到“照片”字段的数据单元格。

②在单元格上右击，弹出快捷菜单，选择“插入对象”命令。

③在打开的对话框中选中“由文件创建”单选按钮，并指明存放照片文件的路径，如图 8-20 所示。

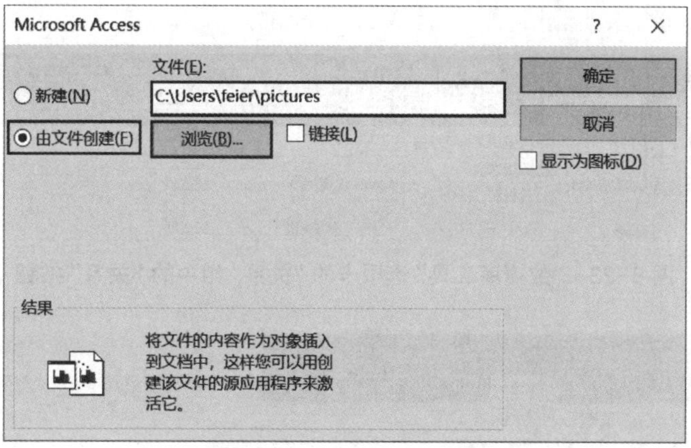

图 8-20　插入对象时的对话框设置

④单击“确定”按钮，即将所选择的文件插入“照片”字段中。

（3）保存表。输入数据后的“学生”表如图 8-21 所示。在“学生”标签上右击，在弹出的快捷菜单中选择“保存”命令。

学生

学号	姓名	性别	党员	院系	出生日期	助学金	照片
201008010111	钟石柱	男	☐	计通学院	1990/1/30	￥200	Package
201008010121	陈泽桦	女	☑	计通学院	1989/10/2	￥150	Package
201008010125	许文亮	男	☐	计通学院	1988/12/30	￥200	Package
201009030101	宋萍	女	☑	桥结学院	1990/2/21	￥200	Package
201009030102	李长花	女	☐	桥结学院	1989/11/12	￥200	Package
201009030112	黄河	男	☐	桥结学院	1989/11/4	￥150	Package
201009030130	张涛	男	☑	桥结学院	1989/6/21	￥180	Package
*			☐			￥0	

图 8-21　“学生”表

按照上述方法，继续建立如图 8-22 所示的“课程”表和“选课”表。

课程

课程号	课程名	开课院系	单击以添加
010101	英语	外语系	
010102	高等数学（一	信计学院	
010201	高等数学（二	信计学院	
020101	大学计算机基	计通学院	
030201	VB程序设计	计通学院	
030202	数据库应用	计通学院	
100802	体育	体育部	
121002	大学物理	信计学院	
*			

选课

学号	课程号	得分等级
20100801011	010101	B
20100801011	030201	C
20100801012	100802	B
20100903010	010101	A
20100903010	030201	B
20100903010	121002	A
20100903013	100802	B
*		

图 8-22　“课程”表和“选课”表

3）建立数据表之间的关系

当数据库中有多个表时，把其中的相关表用关系字段联系起来，可以为创建查询、窗体和报表对象以及输出用户所需要的信息打下基础，以便更好、更有效率地使用数据库中的数据。

下面以“学生管理”数据库中的3个表为例介绍创建表之间的关系步骤。

（1）打开关系视图。在“学生管理”数据库窗口中，在“数据库工具”选项卡的“关系”组中单击“关系”按钮，如图8-23所示。打开“关系工具-设计”选项卡和“显示表”对话框，如图8-24所示。

图8-23 “数据库工具”选项卡的“关系”组中的“关系”按钮

图8-24 “关系工具/设计”选项卡和“显示表”对话框

（2）建立表关系。要定义关系，首先在关系视图中添加要定义关系的表。单击“关系工具-设计”选项卡的“关系”组中的“显示表”按钮，打开“显示表”对话框，依次将3个表添加到关系视图中，如图8-25所示。

图8-25 关系视图（1）

从表中拖曳主键字段至其他表中的同名字段上。例如，在图8-25中拖曳“学生”表的主键“学号”至“选课”表中的匹配字段“学号”上，弹出“编辑关系”对话框。在其中勾选“实施参照完整性”“级联更新相关字段”“级联删除相关记录”复选框，如图8-26所示（这样当更新主表时相关表会自动更新，而删除主表中的某行时，相关表的行也会相应地被删除），单击“确定”按钮，返回关系视图窗口。

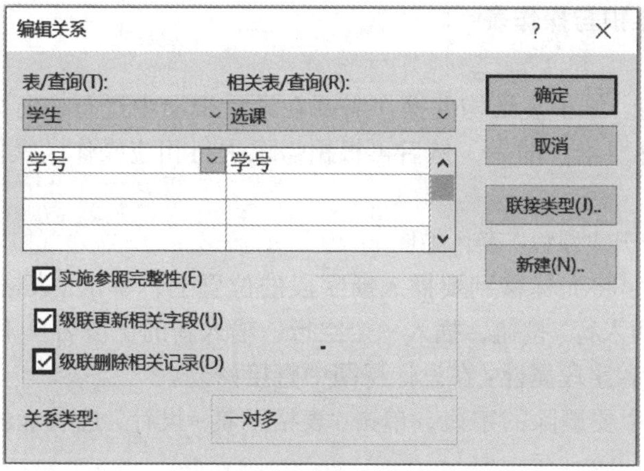

图 8-26 “编辑关系”对话框

用同样的方法为“选课”表和“课程”表按照“课程号”字段建立关系，当返回关系视图窗口时，“学生管理”数据库中的 3 个表之间的关系如图 8-27 所示。

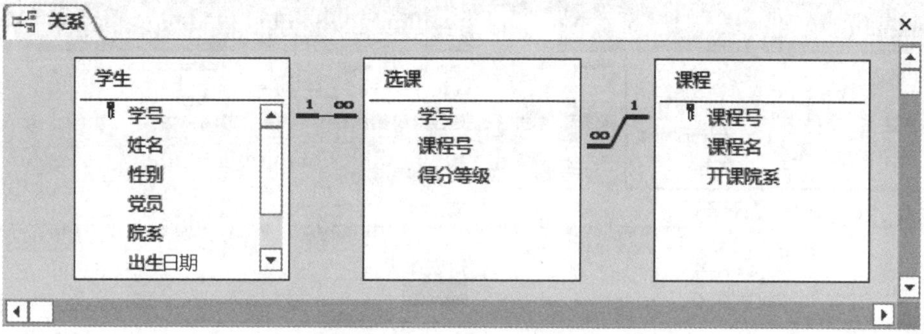

图 8-27 关系视图(2)

(3)保存关系的设置。关闭关系视图窗口时，即可保存关系的设置。

(4)编辑表关系。编辑表关系包括删除表关系、添加表关系及修改表关系。

- 删除表关系：选中要删除关系的连线，然后按 Delete 键。
- 添加表关系：拖曳主表中的主键字段到关联表的外键字段上。
- 修改表关系：双击要更改关系的连线，在打开的“编辑关系”对话框中进行修改。

创建关系后，可以在主表中显示相关表(或称子表、关联表)的数据。如图 8-28 所示，在“学生”表中单击记录左边的“+”按钮，会展开相关的子表(“选课”表)。

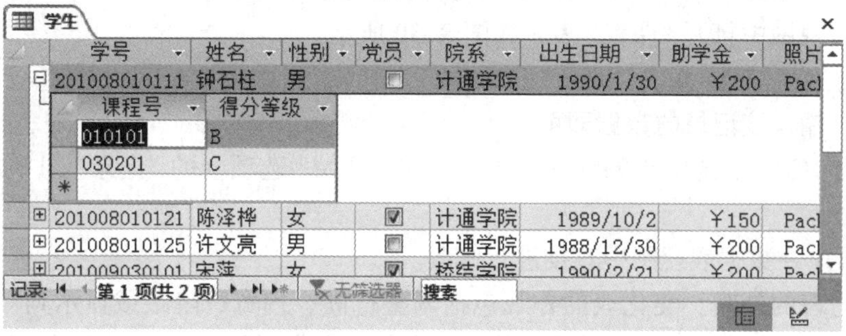

图 8-28 在主表中显示子表

4. 在 Access 中维护与操作表

1）维护表

（1）维护表结构。维护表结构的操作需要在设计视图中进行，所以维护表结构之前都要在设计视图下打开要维护的表，然后再根据需求进行相应操作。操作完毕后应进行保存操作。

在设计视图中打开“课程”表，如图 8-29 所示。

- 插入新的字段：将光标移到要插入新字段的位置上，单击“表格工具/设计”选项卡的“工具”组中的“插入行”按钮，插入一个空行，输入新的字段名及属性即可。
- 修改字段名称和字段属性：在设计视图中直接修改。
- 删除字段：选中要删除的字段，单击“表格工具-设计”选项卡的“工具”组中的“删除行”按钮即可。
- 设置/取消主键：选中相应字段，单击“表格工具-设计”选项卡的“工具”组中的“主键”按钮即可。

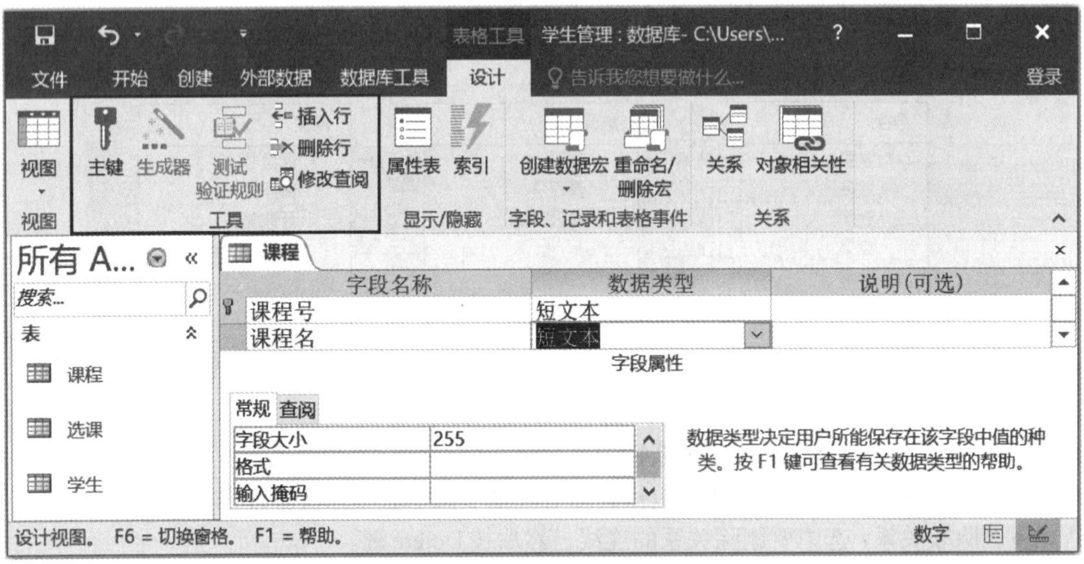

图 8-29 “课程”表的设计视图

（2）维护表内容。维护表内容的操作主要在数据表视图中进行，所以维护表内容之前都要在数据表视图下打开要维护的表，然后再根据需求进行相应操作。当关闭数据表或切换到其他操作状态时，系统将自动保存已进行的修改。

在数据表视图中打开“课程”表，如图 8-30 所示。

- 向表中添加记录：单击“开始”选项卡的“记录”组中的“新建”按钮，光标就会移到新记录上，输入该记录的数据即可。
- 删除表中记录：选中要删除的记录，单击“开始”选项卡的“记录”组中的“删除”按钮即可。

修改数据：在数据表视图中直接进行修改。

（3）美化表的外观。美化表的外观包括调整行高、列宽、隐藏或显示列以及设置数据字体等操作，这些操作均可利用“开始”选项卡的“记录”组中的“其他”下拉按钮对应的下拉菜单中的命令完成，其对应的下拉菜单如图 8-31 所示。

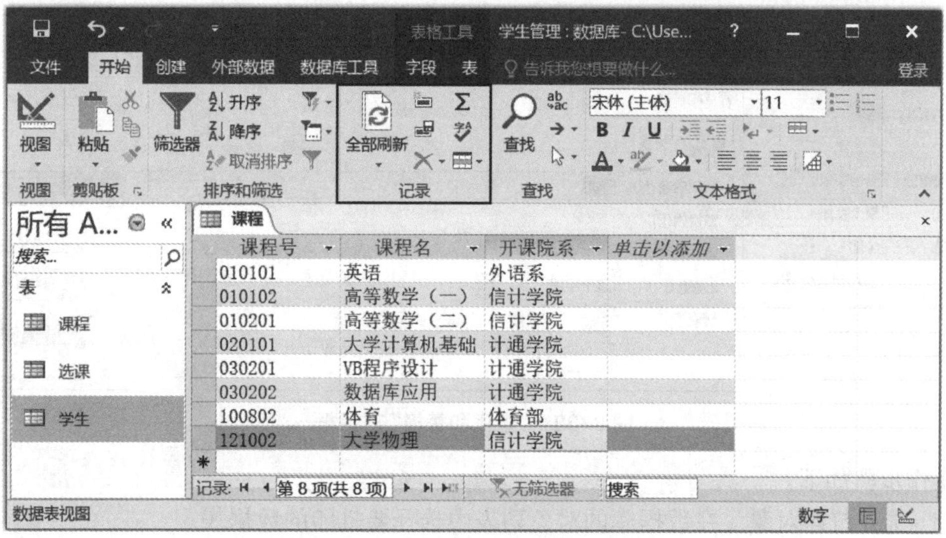

图 8-30 “课程”表的数据表视图

2）在表中查找或替换数据

对表中大量数据的基本操作，均在数据表视图下完成。

（1）通过记录定位查找记录。已知数据所在的记录号时，只需将记录号输入记录定位器的记录编号框即可定位查找记录，如图 8-32 所示。利用图 8-32 所示的其他按钮还可以逐条查找记录。

（2）通过“查找与替换”对话框查找或替换指定内容。已知要查找的数据内容或要替换某些内容时，可采用这种方法。单击“开始”选项卡的“查找”组中的“查找”按钮，打开“查找和替换”对话框，如图 8-33 所示，输入有关信息即可，找到或替换的数据会高亮显示。

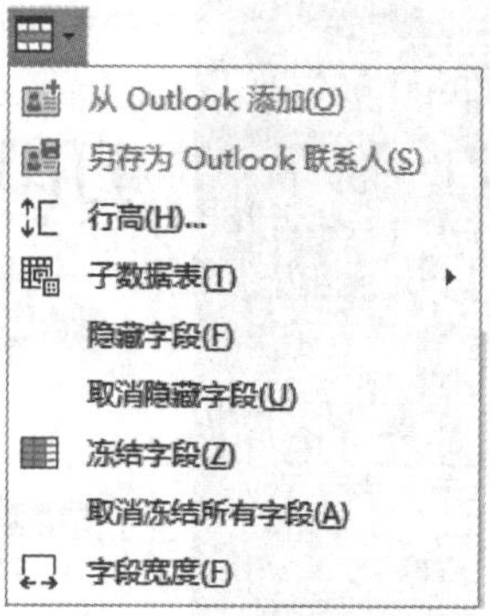

图 8-31 “其他”下拉按钮对应的下拉菜单

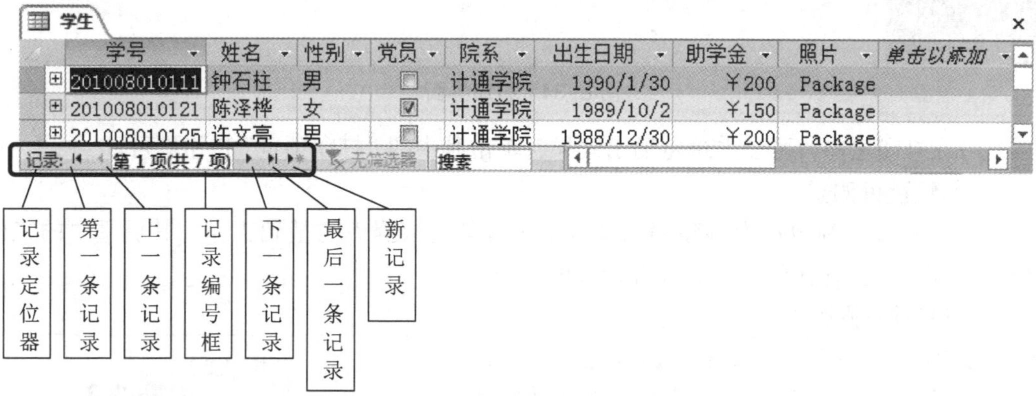

图 8-32 数据表视图及记录定位器

3）数据表中数据的打印及打印预览

将数据表视图设置为合适的显示格式后，即可在打印机上打印数据表。打印获得的效果与数据表视图中的显示效果基本相同。

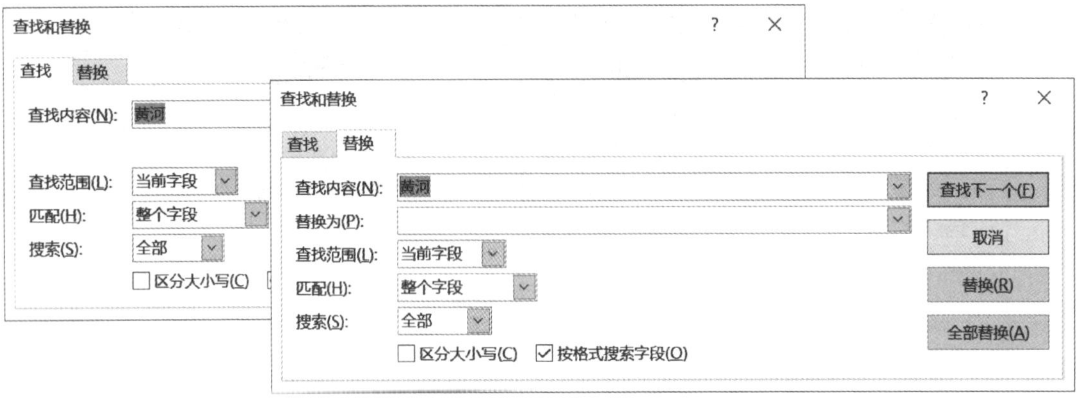

图 8-33 “查找和替换”对话框

操作步骤如下。

（1）选择打印对象。在数据库的对象列表中选择要打印的数据表。

（2）在主窗体中选择“文件”→“打印”命令，显示打印界面，如图 8-34 所示。

图 8-34 打印界面

（3）在打印之前，可以先预览输出效果，单击其中的“打印预览”按钮即可。

5. 创建查询对象

建立数据库、为数据库创建表以及维护表等都是数据库的基础工作，其更重要的工作是管理和加工数据，让数据资源发挥最大的作用。

1）查询对象概述

查询对象就是用来对表中数据进行加工并输出信息的数据库对象，它以一个或多个表及其他查询对象为基础，重组并加工这些表或查询中的数据，提供一个新的数据集合，如图 8-35 所示。

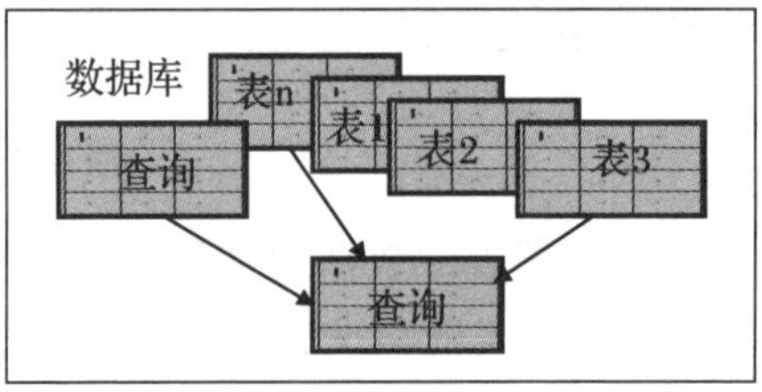

图 8-35 查询的数据来源与数据对象

重组并加工的操作包括以下几项。

（1）选择字段。查询对象可以从多个关联的表

（相关表）中提取所需要的字段，将分散在不同表中的字段集中在一起形成一个动态的数据表。

（2）选择记录。查询对象还可以根据条件从相关表中查找所需要的记录。

（3）编辑记录。可以编辑、修改查询对象中的记录，源表中的数据将同步地自动修改。

（4）生成新数据。可以根据查询到的字段进行计算，并在查询对象中生成新的字段。

（5）为创建其他对象打基础。查询对象可以作为其他查询对象、窗体或报表的数据源。

2）创建查询对象

在数据库窗口中打开“创建”选项卡，从其中的“查询”组中（见图 8-36）可以看出，Access 提供了两种方法来创建查询对象。

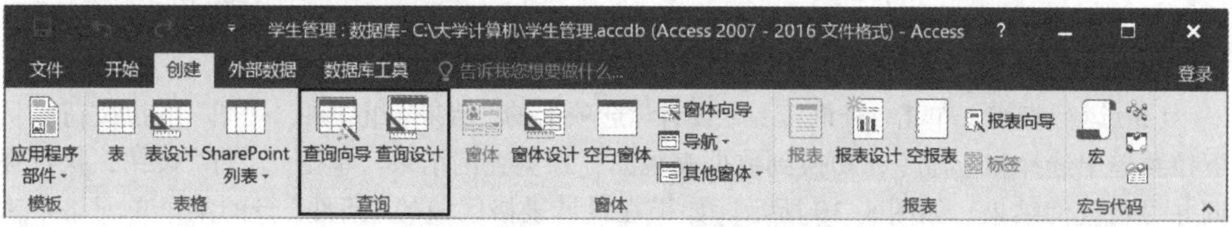

图 8-36 “创建”选项卡的“查询”组的按钮

下面以创建“学生成绩”查询对象为例介绍第一种创建查询对象的方法。

要求将每个学生的姓名、选修的课程名称和课程成绩显示出来，这些字段分别来自“学生”表、“选课”表和“课程”表。操作步骤如下。

（1）选择查询对象的数据源。单击图 8-36 所示的“查询设计”按钮，打开默认名称为“查询 1”的查询设计视图，同时还打开了“显示表”对话框，如图 8-37 所示。依次在“显示表”对话框的“表”选项卡中双击列出的表对象，将其添加到查询设计视图中，然后关闭“显示表”对话框。

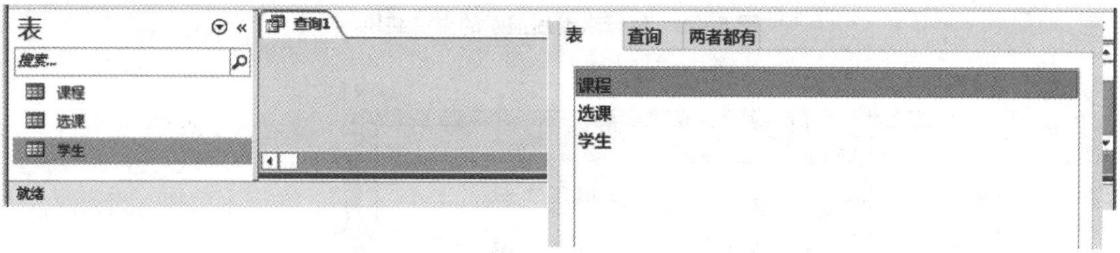

图 8-37 查询设计视图及“显示表”对话框

（2）为查询对象添加目标字段。在查询设计视图中，从“学生”表中拖曳“姓名”字段到设计表格区域中“字段”行的第一个空白单元格，即可为查询添加“姓名”字段，用同样的方法添加“课程名”和“课程成绩”字段，如图 8-38 所示。

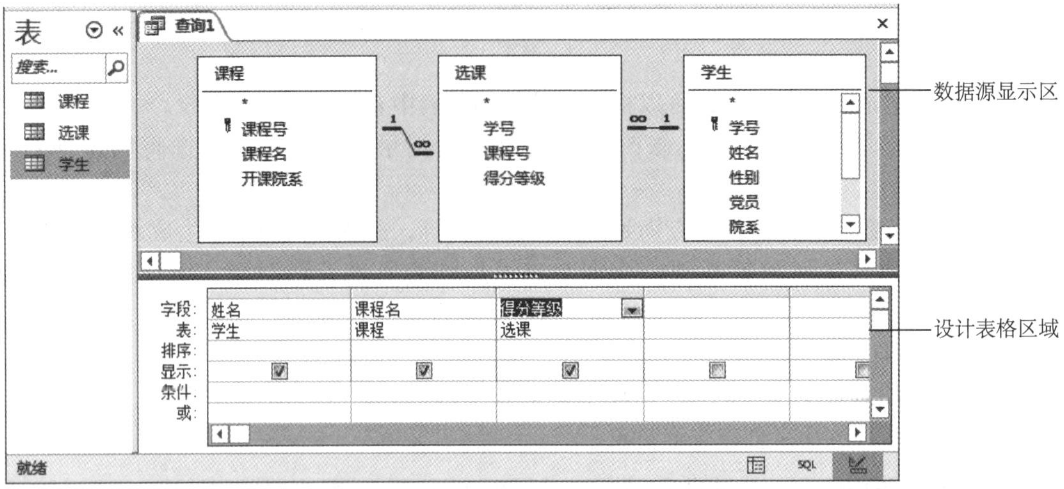

图 8-38　添加字段后的查询设计视图

（3）运行查询。单击“查询工具-设计”选项卡的“结果”组中的“视图”下拉按钮，从下拉菜单中选择相应命令，切换到数据表视图，预览查询结果。单击“运行”按钮，执行查询并显示查询结果，如图 8-39 所示。如果在设计表格区域的“条件”行的某个单元格中输入了查询条件，则可得到相应的查询结果，如图 8-40 所示。

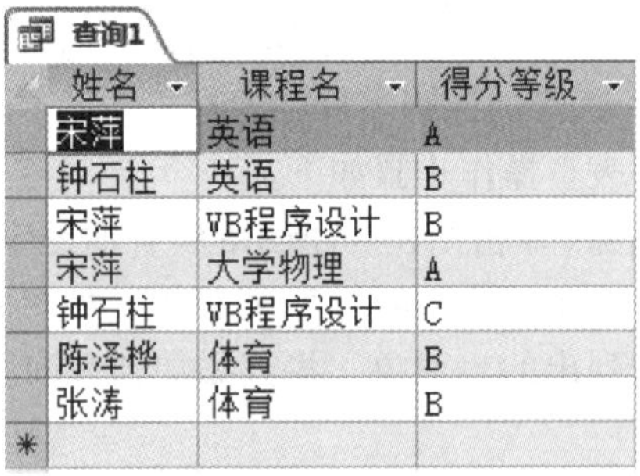

图 8-39　运行查询后显示的查询结果

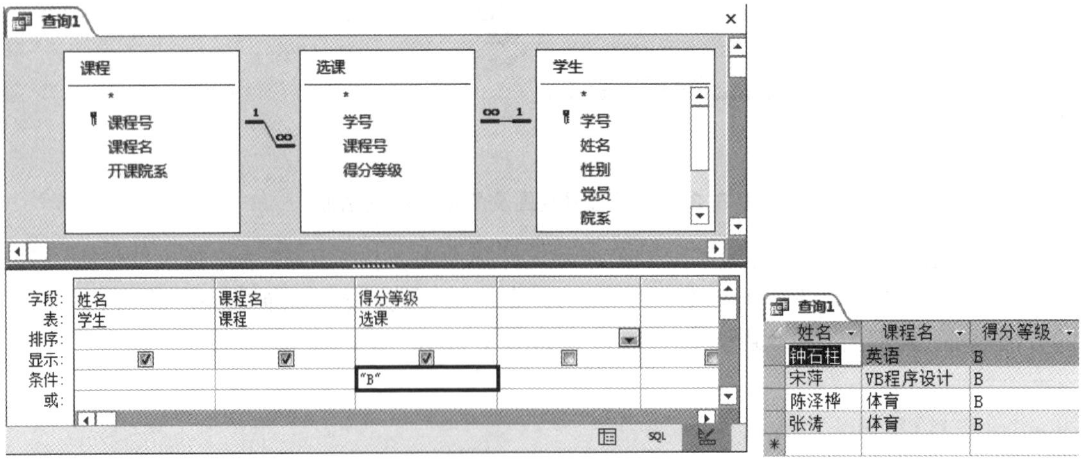

图 8-40　设置查询条件及运行查询的结果

（4）保存查询对象。当关闭查询运行窗口或关闭查询视图窗口时，打开“另存为”对话框，提示保存查询对象，本例将其命名为“学生成绩”。

6. Excel与Access的数据交换

Access提供了数据导入和导出的功能，可以将计算机中已有的数据文件导入当前数据库中，或者将当前数据库中的表导出为其他类型的数据文件。本节仅介绍Excel数据文件与Access的数据交换。

1）导入Excel表中的数据

已存在“机试成绩表.xlsx”文件，要求将其导入“学生管理”数据库（仅导入“学号”“姓名”“Word题”“Excel题”“PPT题”5个字段），新建数据表名称为“操作题成绩”。

操作步骤如下。

（1）启动Access 2016，打开“学生管理”数据库窗口。

（2）打开“外部数据”选项卡，如图8-41所示，在“导入并链接”组中单击“Excel”按钮，打开“获取外部数据 - Excel电子表格”对话框，在该对话框中指定导入“机试成绩.xlsx”文件，选中“将源数据导入当前数据库的新表中”单选按钮，如图8-42所示，然后单击“确定”按钮，打开“导入数据表向导”对话框，如图8-43所示。

图 8-41 “外部数据”选项卡的“导入并链接”组

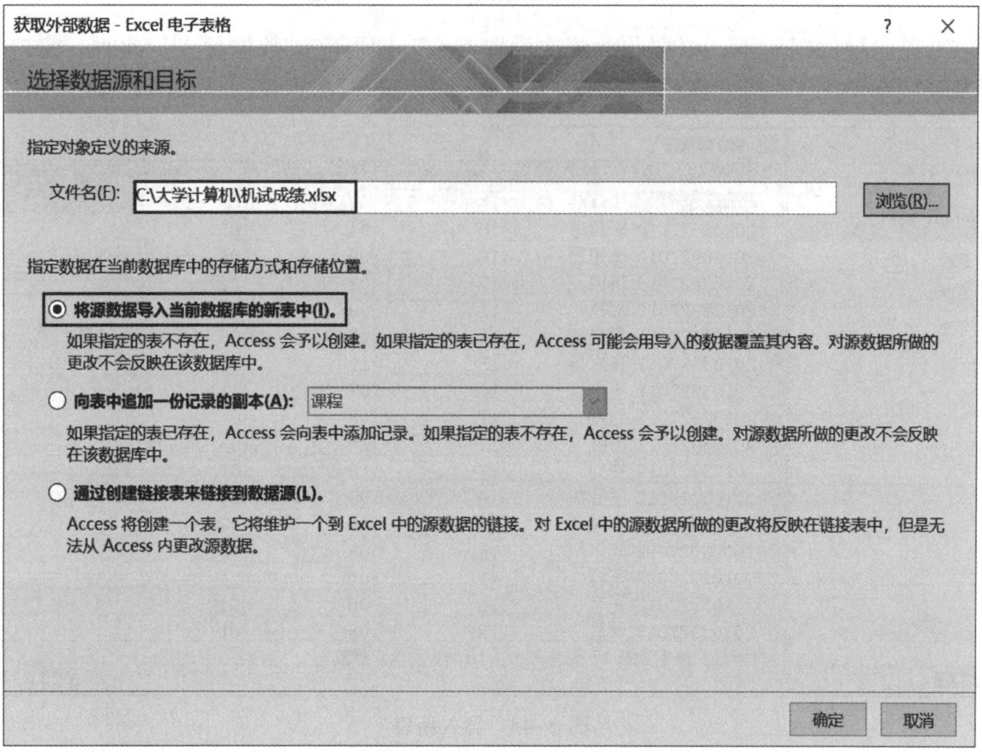

图 8-42 “获取外部数据-Excel电子表格”对话框

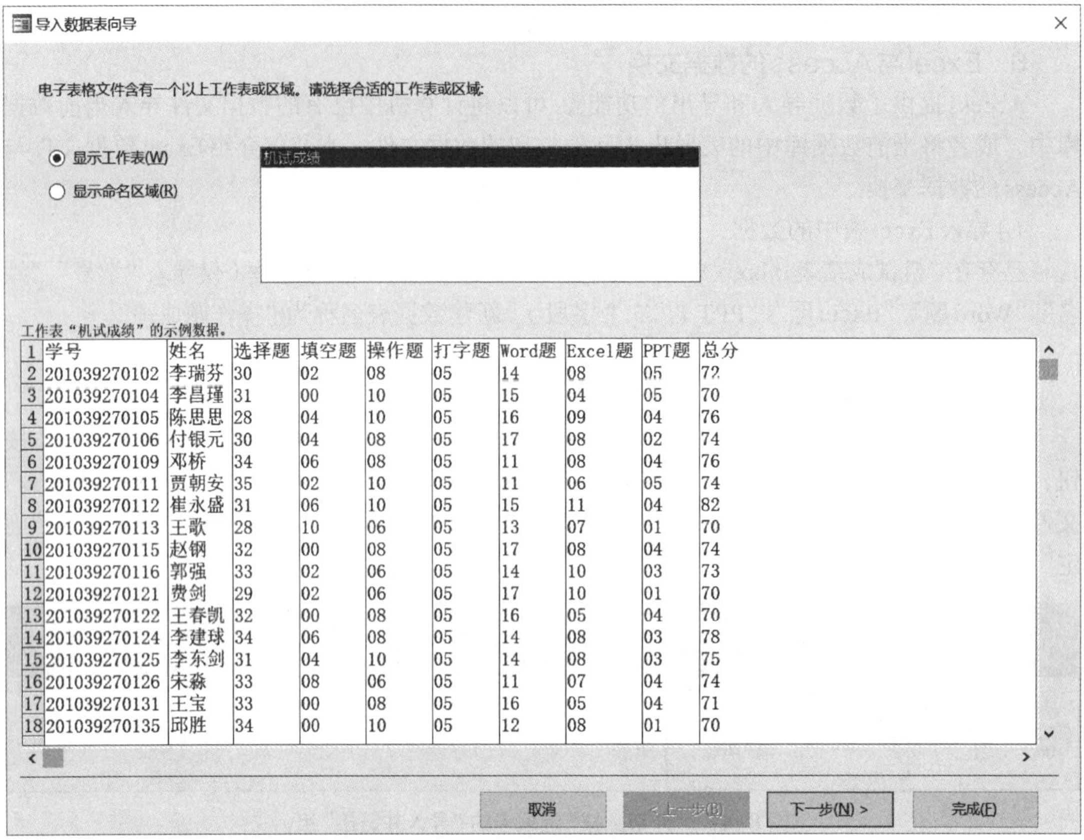

图 8-43 “导入数据表向导”对话框

（3）在向导的提示下，根据题意依次设置参数，即可完成数据导入。此时，窗口左侧的对象列表中增加了一个“操作题成绩”表对象，该表的数据表视图，如图 8-44 所示。

图 8-44 导入新表

2）导出Access表中的数据到Excel表中

操作步骤如下。

（1）启动Access 2016，打开“学生管理”数据库窗口，在对象列表中选中所要导出的数据表。

（2）在“外部数据”选项卡中单击“导出”组中的“Excel”按钮，打开“导出－Excel电子表格”对话框，在其中设置数据导出操作的目标，包括文件名、文件类型（本例中为“.xlsx”）和存放路径，然后单击“确定”按钮，即完成数据的导出。

这里初步介绍了小型关系数据库Access 2016的基本功能和简单应用，这将为后续的数据库管理系统的课程学习打下一个良好的基础。对正在普通高校各个专业学习的学生而言，学习一种数据库管理系统的应用方法，进而训练相应的数据库应用系统开发技能是非常必要的。

8-5 拓展任务

拓展任务 1：在“图书管理”数据库中创建表

①建立“图书管理”数据库。

②根据图 8-45、表 8-4 和表 8-5，使用设计视图在“图书管理”数据库中创建“读者”表和“图书”表。

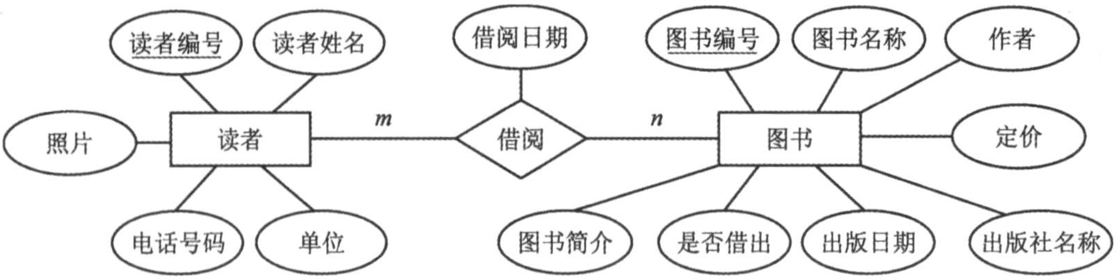

图 8-45 “读者”实体和“图书”实体的E-R图

表 8-4 “读者”表的结构

字段名称	数据类型	字段大小
读者编号	短文本	6
读者姓名	短文本	10
单位	短文本	20
电话号码	短文本	8
照片	OLE对象	

表 8-5 “图书”表的结构

字段名称	数据类型	字段大小
图书缩号	短文本	5
图书名称	短文本	50
作者	短文本	10
定价	货币	
出版社名称	短文本	20
出版日期	日期/时间	
是否借出	是/否	
图书简介	长文本	

③根据图 8-45、表 8-6，使用数据表视图在“图书管理”数据库中创建“借阅”表。

表 8-6 “借阅”表的结构

字段名称	数据类型	字段大小
读者编号	短文本	6
图书编号	短文本	5
借阅日期	日期/时间	

④在“图书管理”数据库中的表中输入记录数据，记录内容分别如表 8-7 ～表 8-9 所示。要求使用查阅向导对“读者”表中的“单位”字段进行设置，输入时从“经济学院”“管理学院”“法学院”“文学院”4 个值中选取。“读者”表中的“照片”字段任选 2 ～ 3 个记录输入，内容自定（需要准备 bmp 图形文件）。

表 8-7 “读者”表的内容

读者编号	读者姓名	单位	电语号码	照片
200001	李富益	经济学院	82658123	
300002	陈嘉伟	管理学院	82659213	
400003	李毅恒	法学院	82657080	
200004	刘恩成	经济学院	82658991	
100005	蔡盼盼	文学院	82657332	

表 8-8 “图书”表的内容

图书编号	图书名称	作者	定价/元	出版社名称	出版日期	是否借出	图书简介
N1001	企业资金管理	董博欣	58.00	电子工业出版社	2015-01	否	
N1003	审计学	韩晓梅	46.00	高等教育出版社	2021-03	否	
N1012	经济优化方法与模型	费威	49.00	清华大学出版址	2020-12	否	本书介绍经济优化的常用模型及其构建方法
D1002	高级财务会计	张宏亮	59.00	清华大学出版社	2020-11	是	
D1004	客户沟通技巧（第 2 版）	邵雪伟	49.80	电子工业出版社	2021-07	是	
D1005	人力资源管理	李业昆	72.00	电子工业出版社	2021-03	是	
M1006	金融学（第三版）	盖锐	59.00	清华大学出版社	2020-09	是	

表 8-9 “借阅”表的内容

读者编号	图书编号	借阅日期
200001	N1001	2021-08-10

续表

读者编号	图书编号	借阅日期
200001	D1002	2020-12-15
300002	N1003	2021-04-11
400003	D1004	2021-08-15
200004	N1012	2021-02-15
200004	D1005	2021-06-27
200004	M1006	2020-10-18
100005	N1003	2021-05-11
100005	M1006	2020-12-10

⑤定义“图书”表、“读者”表和“借阅”表之间的关系。

⑥将“图书”表中的数据按“定价”字段升序排列。

⑦使用“高级筛选”功能在“图书”表中筛选出清华大学出版社在2020年出版的图书记录，并将记录按“出版日期”降序排列。

⑧设置“图书”表的外观格式。

拓展任务2：查询“图书管理”数据库

打开“图书管理”数据库，完成以下查询操作。

①利用“查找重复项查询向导”查找同一本书的借阅情况，包含图书编号、读者编号和借阅日期，查询对象保存为“同一本书的借阅情况”。

②查询“经济学院”读者的借阅信息，要求显示读者编号、读者姓名、图书名称和借阅日期，并按书名排序。

③创建一个名为“借书超过60天”的查询，查找读者编号、读者姓名、图书名称、借阅日期等信息。

④创建一个名为“平均价格”的查询，统计各出版社图书价格的平均值，查询结果中包括“出版社名称”和“平均定价”两项信息，并按“平均定价”降序排列。

⑤创建一个名为“查询部门借书情况”的生成表查询，将“经济学院”和“法学院”两个单位的借书情况（包括读者编号、读者姓名、单位、图书编号）保存到一个新表中，新表的名称为“部门借书登记”。

第 9 章 人工智能与开源编程

当前人工智能以其强大的数据处理能力、智能决策支持及自动化学习机制，正深刻改变着各行各业的面貌。在此过程中，开源编程这一代码开发和迭代形式起到了举足轻重的作用。开源编程是指软件在获得版权人授权时，其源代码可以公开，即供任何人查看、使用、修改和分享。这种共享源代码、促进社区合作的编程方式鼓励用户参与软件的改进和定制，可以增强代码的质量和稳定性，极大地加速了技术的迭代与发展，降低了创新门槛。将人工智能与开源编程相结合，不仅为AI技术的普及与应用提供了肥沃土壤，也为广大开发者探索AI前沿领域、实现创新想法开辟了广阔天地。

9-1 面向对象编程思想

面向对象（object oriented，OO）是一种程序设计思想，从面向过程（procedure oriented）编程方法发展而来，但更具灵活性和可扩展性。自 20 世纪 60 年代提出以来，已经发展成为一种成熟的编程思想，是当前软件开发领域的主流技术。常见的面向对象编程（object oriented programming，OOP）主要是针对大型软件设计的需求而提出的，旨在提升软件设计的灵活性，并且能更好地进行代码复用。

面向对象思想的核心就是将现实世界中的事物均抽象为“对象”，通过对象间的交互实现复杂的程序逻辑。

1. 面向对象的基本元素

面向对象中的基本元素：对象及类，如图 9-1 所示。

1）对象

现实世界中存在的任意事物均可以抽象为对象（object），如一个人、一部手机、一只猫、一辆车均为对象。每个对象均有其状态和行为，即属性（property）和方法（method）。例如，姓名、性别、年龄、身高等是一个人的属性，品牌、型号、颜色、车龄等则是一辆车的属性。方法是指对象可以执行的动作行为，如行走、跳跃、跑步等是一个人的方法，而前进、倒退、加速、刹车等是一辆车的方法。

2）类

类（class）是封装对象的属性和方法的载体。换言之，具有相同属性和方法的一类实体可以被抽象为一个类。从类到对象的过程称为实例化。例如，如果将“人”看作一个类，张三这个具体的人就是“人”类的一个实例化对象，具备姓名、性别、年龄、身高等属性和行走、跳跃、跑步等方法。李四则是“人”类的另一个实例化对象，其具有的属性和方法与张三相同，但各属性的具体值可能不同。

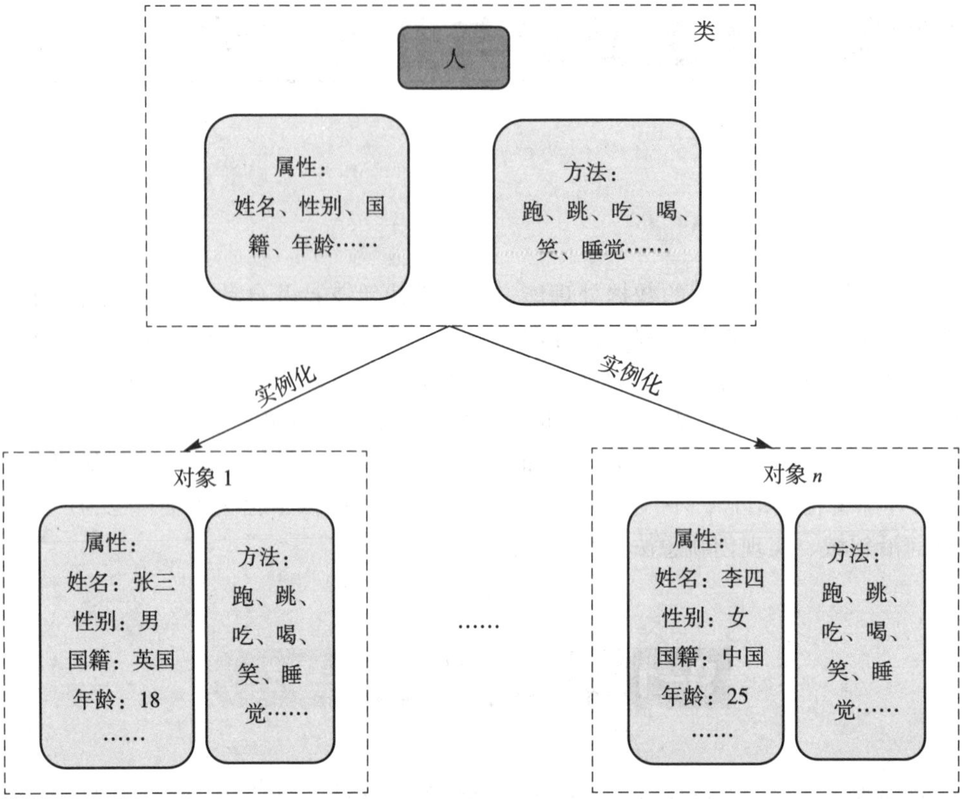

图 9-1　对象及类示意图

2. 面向对象的核心思想

1）封装

封装（encapsulation）是指将数据的状态（属性）和数据的行为（方法）结合在一个对象内部，形成一个独立的单元。类即为封装的载体。封装可以隐藏对象内部的实现细节，只对外公开接口（即允许外部通过对象访问的成员），从而提高了数据的安全性，并实现了模块间的解耦（即各模块间仅通过接口进行交互，而不必关心对方内部的具体实现）。日常生活中封装思想也得到了广泛应用。以空调遥控器为例，用户无须深入了解遥控器内部部件及其工作原理，只需要操作遥控器上的按键即可完成对空调的控制。

2）继承

面向对象支持利用一个已有类定义另一个类，这一操作依据的是继承的概念。继承（inheritance）可表达类之间的层次关系，它允许开发者基于一个类（基类或父类）来定义另一个类（派生类或子类）。通过这种方式，派生类能够继承基类的属性和方法，同时也可以定义自己的属性和方法。

例如，假设“人”是一个基类，可以根据它派生出“军人”这个子类，“军人”类继承了“人”这个基类的属性（姓名、性别、年龄等）和方法（跑、跳、吃饭、睡觉等），还可以定义自己的属性（军衔、服役年限、所属部队等）和方法（训练、执行任务等）。

继承使得代码可以复用，从而提高软件的开发效率。同时，继承也是实现多态的基础，因为多态性通常是通过继承一个共同的基类（接口或抽象类）来实现的。

3）多态

多态（polymorphism）意味着“多种形态”。在面向对象编程中，利用多态可以编写能够处理多种类型对象的代码，而不需要为每种类型编写特定的代码。这通过基类引用（或指针）指向派生类对象来实现，同时利用虚函数（在支持虚函数的语言中）允许在运行时根据对象的实际类型来调用相应的函数实现。

多态可以为基类和派生类提供统一的接口。例如，在“人”这个基类里定义一个或多个虚函数（或称为接口方法），以 greet（）方法为例，greet（）方法在派生的“军人”子类中可以被重写（或称为覆盖），提供军人特有的打招呼方式。

多态可以实现动态绑定。当通过基类引用或指针调用虚函数时，实际调用的函数版本是在运行时根据对象的实际类型来确定的，即为所谓的“动态绑定”或“晚期绑定”。例如，如果有一个基类“人”的引用指向了一个“军人”对象，并调用了 greet（）方法，那么就会调用“军人”类中重写的 greet（）方法，而不是基类中的原始方法。

多态允许使用基类类型的引用或指针来指向派生类（如“军人”）的对象。在编写代码时无须知道对象的具体类型，只需确保该对象符合基类的接口即可。

多态还可以提高代码的扩展性和维护性。当程序需要添加新的派生类（如“科学家”“教师”等）时，只需要确保它们符合基类的接口，即可无缝地集成到现有的代码库中。同时，由于使用了基类类型的引用或指针来操作对象，因此当基类的接口发生变化时，只需要修改基类和受影响的派生类，而不需要修改所有使用这些对象的代码。

3. 面向对象编程的优势

（1）代码重用性高：利用继承机制，子类可以继承父类的属性和方法，避免了重复编写相同的代码，可有效提高开发效率。

（2）扩展性强：利用继承和多态性可以轻松地扩展已有的类库，修改现有功能，或在不修改现有代码的前提下添加新的功能。

（3）可维护性强：面向对象将数据和操作数据的方法封装在对象中，代码模块化程度高，易于理解和维护。

（4）适合大型系统开发：面向对象提供了丰富的设计模式和架构模式，如工厂模式、单例模式、MVC 架构等，这些模式和架构可以帮助开发人员更好地设计和实现大型复杂系统。

9-2 Python概述

1. Python简介

Python（见图 9-2）是一种开源、免费、跨平台的解释型高级编程语言，由荷兰人吉多·范罗苏姆（Guido van Rossum）于 1989 年开发，并在 1991 年首次公开发行。Python的原意是蟒蛇。据传，Guido之所以将其开发的语言命名为Python，是因为他喜爱的BBC室内情景幽默剧叫作*Monty Python's Flying Circus*。

近年来，Python以简单、明确、优雅的设计哲学吸引了众多开发者的目光。特别是随着人工智能研究和应用的快速发展，Python的热度更加高涨。截至 2024 年 8 月，在编程语言流行指数（popularity of programming language，PyPL）的排行榜上，Python高居榜首，具有29.6%的占有率，并且呈现出持续上升的趋势，如图 9-3 所示。另一项权威的编程语言社区指数（TIOBE）的统计数据也表明，Python在近两年的排名中均居于首位，如图 9-4 所示。

图 9-2　Python的标志

Worldwide, Aug 2024 :

Rank	Change	Language	Share	1-year trend
1		Python	29.6 %	+1.7 %
2		Java	15.51 %	-0.3 %
3		JavaScript	8.38 %	-1.0 %
4		C#	6.7 %	-0.0 %
5		C/C++	6.31 %	-0.2 %
6	↑	R	4.6 %	+0.2 %
7	↓	PHP	4.35 %	-0.6 %
8		TypeScript	2.93 %	-0.1 %
9		Swift	2.76 %	+0.1 %
10	↑	Rust	2.58 %	+0.5 %

图 9-3　PyPL前十名（2024 年 8 月）

Aug 2024	Aug 2023	Change	Programming Language	Ratings	Change
1	1		Python	18.04%	+4.71%
2	3	^	C++	10.04%	-0.59%
3	2	˅	C	9.17%	-2.24%
4	4		Java	9.16%	-1.16%
5	5		C#	6.39%	-0.65%

图 9-4　TIOBE前五名（2024 年 8 月）

2. Python语言的特点

1）简洁

Python的语法非常简洁，减少了程序的代码量。Python支持多种编程范式，包括面向对象、命令式、函数式和过程式编程，同时提供了丰富的内置函数和库，使开发者可以编写更少的代码来完成同样的任务。

2）开源

Python是一种免费和开源的编程语言，其源代码可以自由获取、使用和分发。这促进了Python社区的快速发展和壮大。社区中不仅有丰富的教程、文档和示例代码，还有大量的论坛、邮件列表和问答网站，为开发者提供了强有力的支持。

3）强大的标准库和第三方库

Python拥有一个庞大且不断增长的标准库，这些库覆盖了从文本处理到网络编程、从GUI开发到数据库管理等众多领域。此外，还有大量的第三方库（如NumPy、pandas、Matplotlib、PyTorch、Django等）可供选择，这些库极大地扩展了Python的功能和应用范围，使得Python可以完成诸如Web开发、云计算、网络爬虫、机器学习、大数据处理、游戏开发等几乎所有领域的开发任务。

4）支持面向对象编程

Python完全支持面向对象编程，使得Python在开发大型复杂系统时非常有用。

5）跨平台

Python具有广泛的社区支持和丰富的第三方库，这些资源为Python在不同平台上的部署和兼容性提供了有力保障，因此Python可以在多种操作系统上运行，如Windows、Linux和macOS等。

3. Python版本介绍

Python同时存在的版本有Python 2. x和Python 3. x，均可以在官网（https://www.python.org）下载安装，如图 9-5 所示。需要注意的是，二者之间并不兼容，除了输入输出方式的差异外，许多其他语法规则也有所不同。对初学者来说，建议学习Python 3. x系列版本，因为全部的标准库和大多数第三方库均更好地支持Python 3. x。Python目前的最新版本是Python 3. 13. 5，但不建议使用最新版本，使用相对稳定的版本更加稳妥。本节的代码均以Python 3. 9.10 为例。

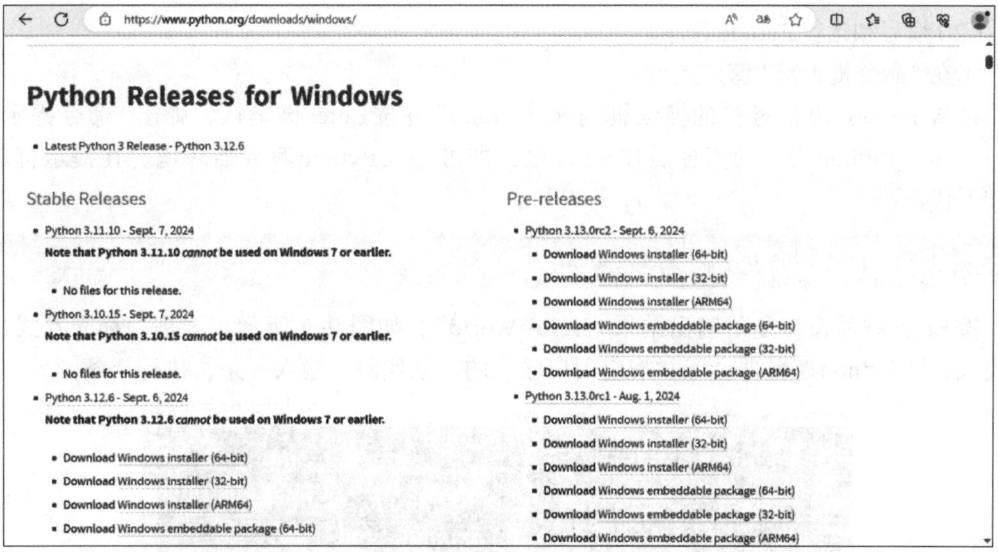

图 9-5　Python官网的解释器下载页面（Windows操作系统版）

4. Python编程环境

1）安装和使用Python解释器

Python是一种解释型语言，所以需要一个解释器将代码翻译后，才能被计算机理解和执行。在官网下载的不同的Python版本，即为Python的解释器。在下载之前，需要先确定操作系统的种类、Python解释器的版本，并找到对应的下载链接。

（1）安装Python解释器。

双击下载好的安装程序，会弹出如图9-6所示的界面，有Install Now（默认安装）和Customize installation（自定义安装）两种安装方式。默认安装不必进行配置，所有设置包括安装位置均为默认；自定义安装则可以自定义相关配置、修改安装路径等。在选项设置好后，就可以单击“Install”按钮开始安装。请注意一定要勾选图9-6中的“Add Python 3.9 to PATH”复选框，这样可以将Python添加到环境变量中，能直接在Windows命令提示符下运行Python解释器，否则在运行时会出现“*** 不是内部或外部命令，也不是可运行的程序”（“***”是输入的命令）的错误。

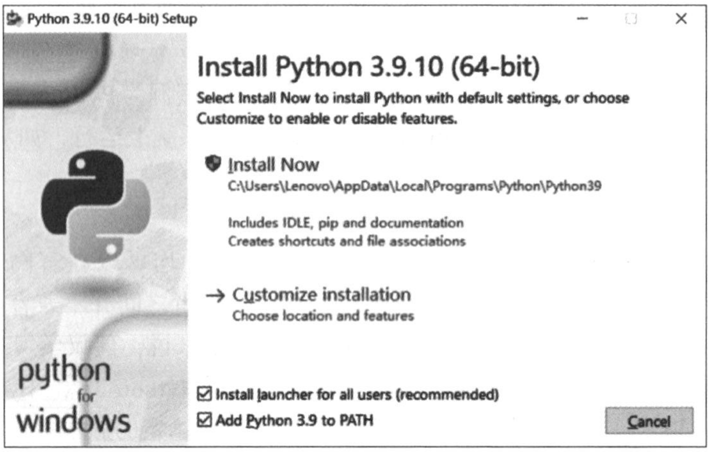

图9-6　Python安装界面

（2）编写和运行Python程序。

①在“命令提示符”窗口运行。

在Windows 10任务栏的搜索框内输入“cmd”并按Enter键确认，弹出“命令提示符”窗口。输入Python安装的路径后按Enter键，即可进入Python解释器环境。在提示符后输入如下代码：

```
print('Hello World')
```

按Enter键后窗口显示输出结果“Hello World”，如图9-7所示。这是一种交互式运行的模式，即Python解释器会即时响应用户输入的每条代码，输入一条，执行一条。

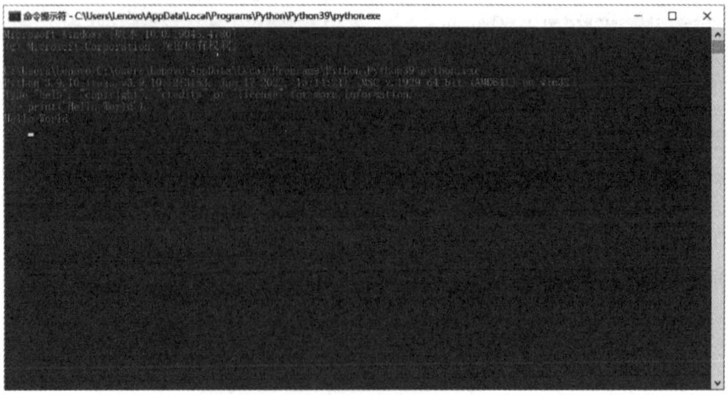

图9-7　运行Python代码

②在IDLE中运行。

安装Python解释器后，系统会附带一个名为IDLE的集成开发环境，即Python Shell，在Windows 10操作系统中可以单击“开始”→“Python 3. 9”→“IDLE（Python 3. 9 64-bit）”打开。在IDLE窗口中，用户可以输入Python语句并执行，如图 9-8 所示。

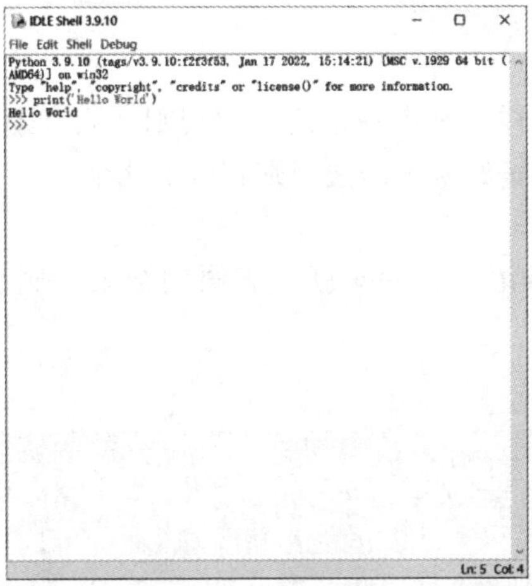

图 9-8　IDLE窗口

2）Python集成开发环境

IDLE简单方便，但它不具备代码调试、项目管理等功能。因此，对于实际开发任务，开发者通常会选择功能更强大的集成开发环境来完成，如Anaconda、PyCharm、Visual Studio Code等。

9-3 Python编程基础

1. 基本语法规则

编程语言和人类语言一样，都有一定的语法规则。只有遵循语法规则的语句，才能被系统理解并执行。Python 语言的基本语法规则有以下几个。

1）一行就是一条语句

Python通常一行写一条语句，回车就代表语句结束。例 9-1 就是一个有三行代码的程序。

【例 9-1】 求 4 的平方。

```
N=4
result=4*4
print('4 的平方是',result)
```

当一条语句很长时，可以利用续行符（ \ ）将其分行书写。若想将多条语句写在同一行上，可以使用语句分隔符（;）。

2）使用#进行注释

在代码中添加必要的文字注释，是提高程序可读性的有效手段。在Python中，注释以#开头，注释语句不会被执行。如例 9-2 中的第 2、4 行都是注释，不会被执行。

【例 9-2】 注释的使用。

```
print('白日依山尽')
#print('黄河入海流')
print('欲穷千里目')
#print('更上一层楼')
```

程序运行结果如下：

```
白日依山尽
欲穷千里目
```

3）Python采用缩进来表示代码层次

Python利用缩进来表示代码的不同层次。同一层次的代码的缩进要保持一致，也就是“对齐”，如例 9-3 所示。这在流程控制、函数定义等操作中都是必须要注意的。

【例 9-3】 代码的缩进。

```
result=0
for i in range(1,101):
    result+=i
print(result)
```

程序运行结果如下：

```
5050
```

4）Python是大小写敏感的语言

同一串字符，只是大小写不同，Python也会认为它们指代不同的对象。例如，num01 和 Num01 是两个不同的变量。除此之外，在函数名、类名、模块名、方法名、属性名等的引用中也是如此。

2. 基本数据类型

在程序中，常常需要表示不同的数据，如今日的气温、患者的血压、用户的ID等。这就需要在内存中使用多种数据类型来存放数据。Python 的基本数据类型有以下几种。

1）整型（int）

数学中的整数都可以用整型数据来表示，如 100、-500、1024 等。与其他语言不同，Python的整型没有大小范围的限制，可以表示任意长度的整数，但不能超出机器内存范围。

2）浮点型（float）

数学中的实数都可以用浮点型数据表示，如 3.1415、375.0、-12.75 等。Python也支持使用科学记数法来表示浮点数，如 0.065 5 也可以表示为 6.55e-2，其中的字母 e 可以换为 E。

3）复数型（complex）

Python的复数型数据表示的是数学中的复数，如 35+5j、4.3-2J 等。

4）字符串型（str）

字符串是由一个或多个字符组成的有序字符序列，在Python中字符串由一对单引号（''）或双引号（" "）表示，例如'Hello World'、"23875014174"等。使用单引号和双引号的效果没有任何差别，但要注意它们必须成对出现。

【例 9-4】 字符串的表示。

```
str1="I'm from China."
print(str1)
```

程序运行结果如下：

```
I'm from China.
```

5）布尔型（bool）

布尔型数据主要用来表示真或假的逻辑值。在Python中，分别用True和False表示真和假。布尔值经常用于函数参数设置、条件判断等。

Python 提供了一系列内置函数来实现各数据类型之间的转换，如表 9-1 所示。

表 9-1 Python中常见的数据类型转换函数

函数	功能
int（x）	将x转换为整型
float（x）	将x转换为浮点型

续表

函数	功能
complex（a，b）	以a为实部、b为虚部创建一个虚数
str（x）	将x转换为字符串型
eval（x）	计算在字符串中的有效Python表达式，并返回一个对象，x为字符串

3. 变量和赋值语句

变量（variable）指的是在程序运行过程中值有可能发生变化的量，是绝大多数程序不可缺少的元素，例9-1中的N、result都是变量。每个变量都有自己的名字，即变量名。

Python中变量的命名不是随意的，需要遵循以下一些规则。

①变量名里只能包含字母、数字和下划线，且不能以数字开头。

②变量名区分大小写。

③不能使用Python的关键字（保留字）作为变量名。

对变量进行赋值，就是将这个值放在内存中的某个位置，变量名就是值的“代号”。在Python中，不需要事先声明变量名和类型就可以直接用赋值运算符（=）对变量赋值，变量的类型也取决于所赋值的类型。例9-1中的第一条语句就是将4这个整型数值赋给了变量N。

4. 运算符和表达式

运算符是一些特殊的符号，用来进行数学、逻辑、比较大小等运算。将运算符、变量、常量等连接起来的式子就是表达式。Python常见的运算符有以下几种。

1）算术运算符

算术运算符主要用于基本的数学运算，如表9-2所示。

表9-2　Python的算术运算符

运算符	功能	举例
+	加	45+6，结果为51
-	减	45-6，结果为39
*	乘	3*8，结果为24
/	除	13/5，结果为2.6
%	两数相除，取余数	13%5，结果为3
//	两数相除，向下取整	13//5，结果为2
**	乘方	2**3，结果为8

算术运算符还可以和赋值运算符结合起来组成复合赋值运算符，如+=、*=等，同时完成运算和赋值操作。例如，a+=5就是将a的值先加上5之后再赋给a，和a=a+5语句的功能相同。

2）关系运算符

关系运算符主要用于进行比较运算，如表9-3所示。

表 9-3　Python 的关系运算符

运算符	功能	举例
==	等于	45 == 6，结果为 False
>	大于	45>6，结果为 True
<	小于	3<8，结果为 True
>=	大于或等于	13>=5，结果为 True
<=	小于或等于	13<=5，结果为 False
!=	不等于	13!=5，结果为 True

3）逻辑运算符

逻辑运算符是对真、假两种布尔值进行运算，运算后的结果还是一个布尔值。Python 中的逻辑运算符如表 9-4 所示。

表 9-4　Python 的逻辑运算符

运算符	功能	举例
and	逻辑与	45 == 6 and 13>=5，结果为 False
or	逻辑或	45 == 6 or 13>=5，结果为 True
not	逻辑非	not 3<8，结果为 False

逻辑与的含义是，两边的操作数必须都为真，结果才为真，只要有一边为假，结果就为假；逻辑或的含义是，只要两边的操作数有一边为真，结果就为真，只有两边都为假，结果才为假；逻辑非是一个单目运算符，只有一个操作数，当该操作数为真时，逻辑非的结果就为假，反之结果则为真。

当一个表达式中包含多种运算符时，需要考虑其运算的优先顺序。对于常见的几种运算符，优先级由高到低依次为算术、关系、逻辑。算术运算符中，乘方的优先级最高，乘、除次之，最低是加、减。

在编写代码时，推荐使用小括号来改变运算顺序。这样既能增强可读性，也可以避免由优先级或结合方向错误导致的运算错误。

5. 输入输出语句

很多程序都是一个接收输入、根据输入进行运算、输出运算结果的过程，所以输入输出语句是编程的基本语句。

1）input( ) 函数

利用 Python 的 input( ) 内置函数可以接收用户的键盘输入，其一般形式为

```
变量名=input(<提示性文字>)
```

需要特别提醒的是，input( ) 函数的返回值是 str 型，所以如果后续要进行算术运算等其他类型运算的时候，需要将其转为其他类型，如例 9-5 所示。

2）print( ) 函数

想要将运算结果、提示信息反馈给用户时，可以利用 Python 的 print( ) 内置函数，其一般形式为

```
print(*objects,sep='',end='\n')
```

*objects是要输出的内容，一个或多个均可，如果是多个，就用逗号隔开；sep用来指定输出多个值时的分隔符，默认值是空格；end用来指定输出内容以什么结尾，默认是换行符。

【例9-5】 BMI指数计算。

```
height=float(input('请输入您的身高(单位:m):'))
weight=float(input('请输入您的体重(单位:kg):'))
bmi=weight/height**2
print('您的BMI指数为',round(bmi,2))
```

程序运行结果如下（以身高为1.56 m、体重为50 kg为例）：

```
请输入您的身高(单位:m):1.56
请输入您的体重(单位:kg):50
您的BMI指数为 20.55
```

9-4 流程控制

顺序、选择和循环是基本的程序流程控制结构，任何复杂的程序逻辑都可以分解为这三种结构。灵活利用流程控制语句，就可以实现更多真实世界的业务逻辑。

1. 顺序结构

顺序结构就是按照语句从上到下的顺序依次执行的一种结构，如图 9-9 所示。它是最简单的程序结构，一般也是程序的主结构。例 9-5 就是一个顺序结构的程序。

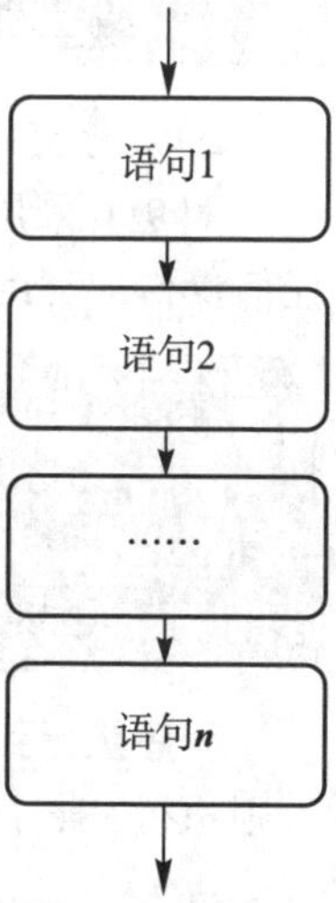

图 9-9 顺序结构流程图

2. 选择结构

与汽车在马路上遇到分岔路口需要选择朝哪个岔路继续行驶一样，程序在很多时候也需要根据不同的情况执行不同的语句，这时候需要借助选择结构（也可以称为分支结构）来表达这个逻辑。在 Python 语言中，实现选择结构的是 if 语句。根据分支的复杂程度，可以分为单分支、双分支和多分支结构。

1）单分支结构

Python 中单分支结构 if 语句的语法格式为

```
if<条件>:
    <语句块>
```

当程序运行到单分支结构 if 语句时，需要先进行一个条件判断，当条件为 True 时，执行语句块中的代码，如果为 False，则不执行语句块中的代码，直接执行单分支结构后面的代码。

单分支结构可以用图 9-10 所示的流程图来表示。

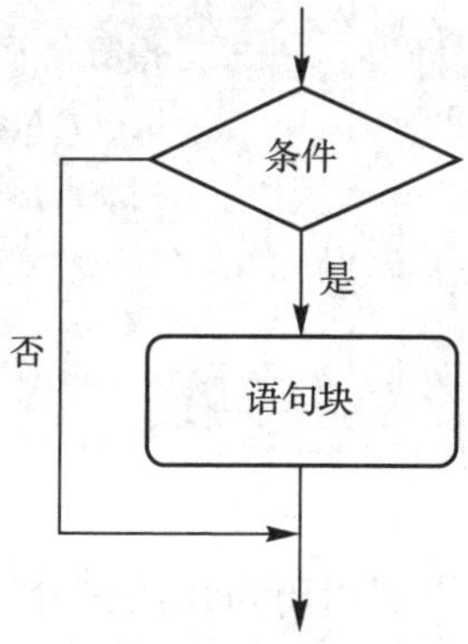

图 9-10 单分支结构流程图

【例 9-6】 单分支结构示例。

```
psd='000000'                    #指定正确的密码
s=input('请输入密码:')           #用户输入密码
if s== =psd                     #判断用户输入的密码是否正确
    print('登录成功!')
```

2）双分支结构

例 9-6 采用单分支结构，只有当密码正确时，程序才有反馈。如果密码错误，则没有任何操作。利用双分支结构则可以解决这个问题。双分支结构 if语句的语法格式为

```
if<条件>:
    <语句块 1>
else:
    <语句块 2>
```

程序执行到双分支结构 if语句时，会判断条件是否成立，如果为 True，则执行语句块 1，否则执行 else 子句下的语句块 2。双分支结构的流程可以用图 9-11 表示。

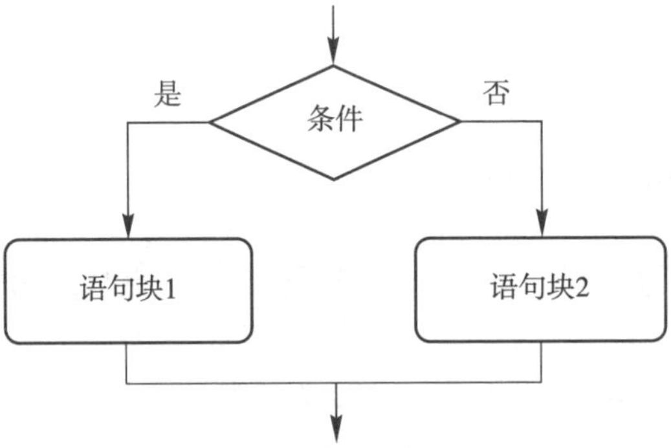

图 9-11　双分支结构流程图

【例 9-7】 双分支结构示例。

```
psd='000000'                    #指定正确的密码
s=input('请输入密码:')           #用户输入密码
if s==psd:                      #判断用户输入的密码是否正确
    print('登录成功!')
else:
print('密码不正确，无法登录。')
```

3）多分支结构

当需要判断的情况更多时，可以使用 Python 的多分支结构 if语句。其语法格式为

```
if<条件 1>:
    <语句块 1>
elif<条件 2>:
```

```
    <语句块 2>
elif<条件 3>:
    <语句块 3>
……
else:
    <语句块n>
```

使用多分支结构 if语句时，会首先判断条件 1 是否成立，如果为真，则执行语句块 1，然后继续执行条件语句后的代码；如果为假，则跳过语句块 1，去判断语句块 2 是否成立。以此类推，当所有条件都不成立时，执行else子句下的语句块*n*。多分支结构的流程如图 9-12 所示。

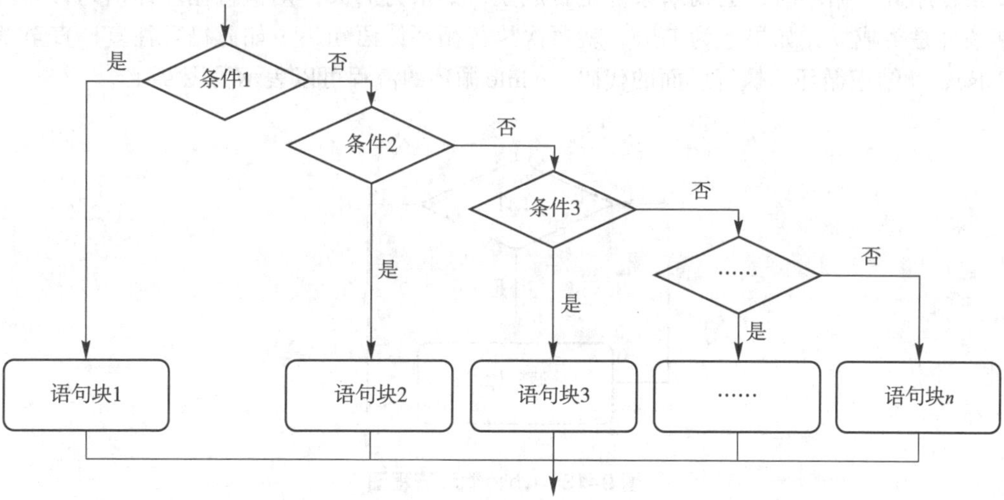

图 9-12　多分支结构流程图

【例 9-8】 多分支结构示例。

```
score=int(input('请输入你的分数:'))              #从键盘输入分数
if score>=85:                                   #判断分数等级
    grade='优'
elif score>=70:
    grade='良'
elif score>=60:
    grade='中'
else:
    grade='差'
print('你的成绩等级为:', grade)#输出等级结果
```

运行结果为

```
请输入你的分数: 87
你的成绩等级为: 优
```

3. 循环结构

现实世界中存在一些必须周而复始地运转才能保证其存在意义的事情，如公交车往返在起点和终点之间。在程序中，把这一类行为称为循环。当程序逻辑中需要重复执行某段代码若干次时，可以借助循环结构来完成。

1）while循环

while循环也可以称为条件循环，它是通过一个条件来控制循环是否要继续反复执行的语句。其语法格式为

```
while<条件>:
        <循环体>
```

当程序进行循环时，会判断条件是否成立，如果为True，则执行循环体语句，并再次判断条件是否成立，如果还为True，就再次执行循环体语句……如此循环往复，直至条件为False，就结束循环，执行后面的代码。while循环的流程可以表示为图9-13。

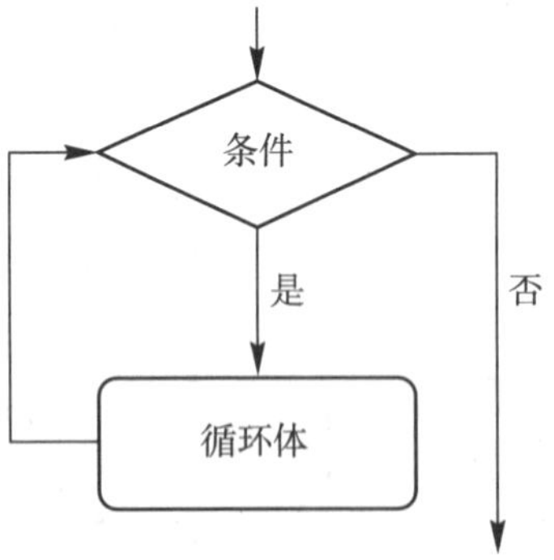

图9-13　while循环流程图

【例9-10】 求1到100的整数和。

```
n=1                                         #初始化循环变量n
result=0                                    #初始化求和结果
while n<=100:                               #循环依次累加
        result=result+n
        n=n+1
print('1到100的整数和是:', result)            #输出结果
```

运行结果为

```
1到100的整数和是5050
```

2）for循环

for循环一般用在循环次数确定的情况下，这类循环在Python中称为遍历循环。for循环的语法格式为

```
for <循环变量> in <遍历对象>:
      <循环体>
```

for循环会从遍历对象中依次提取元素，放在循环变量中，再对提取的每个循环变量执行循环体，直至遍历对象的所有元素都被操作一遍为止，如图 9-14 所示。因此，for循环的循环次数是由遍历对象的元素个数决定的。遍历对象一般可以是字符串、文件、组合数据类型、range( )函数等。

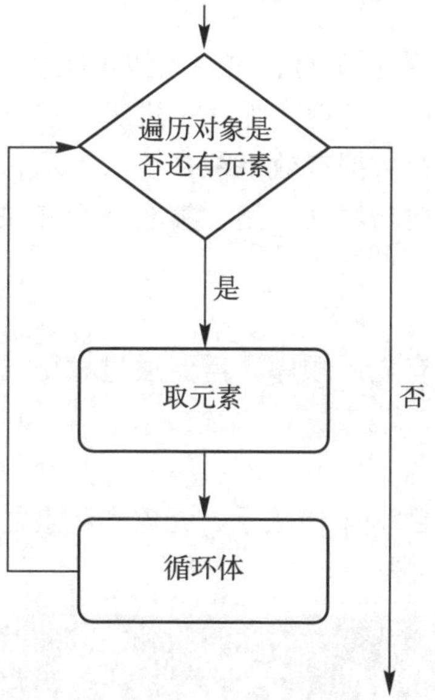

图 9-14 for循环流程图

【例 9-11】 用for循环求 1 到 100 的整数和。

```
result=0                               #初始化求和结果
for i in range(1, 101):                #循环累加
    result=result +i
print('1 到 100 的整数和是', result)     #输出结果
```

运行结果为

```
1 到 100 的整数和是 5050
```

9-5 组合数据类型

9.3 节介绍了Python的基本数据类型，这些类型仅能表示单个数据。然而，实际计算中经常遇到需要同时处理多个数据的情况，如一个班级所有学生的成绩、一家连锁超市每个门店的营业额等，这需要将多个数据有效组织并统一表示，这样的数据类型称为组合数据类型。Python的组合数据类型包括序列类型、集合类型和映射类型3种，它们虽然都是一组数据的集合，但各有特点。

1. 序列类型

序列类型的数据元素之间有先后顺序，需要通过索引访问。Python有列表、元组、字符串3种序列类型。

1）列表（list）

列表在Python中用一对方括号（[ ]）表示，元素和元素之间用逗号隔开，元素个数不限。下列代码就定义了3个不同的列表。

```
list01=[10, 20, 30, 40, 50]
list02=['当归', '党参', '甘草', '黄芪', '炙甘草', '蝉蜕']
list03=[35.4, -30, 3.14, 'python']
```

（1）列表元素的引用。

可以通过列表的索引（index）来定位和访问其中的元素。索引分为正索引和逆索引两种，正索引以0开始，从左往右依次递增，逆索引以-1开始，从右向左依次递减，如图9-15所示。依照这个规则，list03[1]就是list03列表的第2个元素（即-30），list03[-3]就是list03列表的倒数第3个元素（也是-30）。

正索引	0	1	2	3
list03	35.4	-30	3.14	'python'
负索引	-4	-3	-2	-1

图9-15 列表类型的索引规则示例

（2）切片。

切片（slice）是可以得到一个列表的某个子序列的操作。其一般形式为

```
列表对象名[start:stop:step]
```

其含义是返回列表从索引start开始到索引stop结束（但不包括stop）且步长为step的子列表。start的默认值是0，stop的默认值就是列表的结束，step的默认值为1。例9-12给出了一些列表切片的示例，请注意当省略切片中的参数时，中间的冒号不能省略。

【例9-12】 列表切片示例。

```
list02=['当归', '党参', '甘草', '黄芪', '炙甘草', '蝉蜕']
```

```
print(list02[2:5])                       #第 3、4、5 个元素的切片
print(list02[:5])                        #第 1、2、3、4、5 个元素的切片
print(list02[2:])                        #第 3、4、5、6 个元素的切片
print(list02[::2])                       #第 1、3、5 个元素的切片
print(list02[:: -1])                     #所有元素的逆序
```

运行结果为

```
['甘草', '黄芪', '炙甘草']
['当归', '党参', '甘草', '黄芪', '炙甘草']
['甘草', '黄芪', '炙甘草', '蝉蜕']
['当归', '甘草', '炙甘草']
['蝉蜕', '炙甘草', '黄芪', '甘草', '党参', '当归']
```

（3）修改列表元素。

这里所说的修改包括了列表元素的增加、元素值的修改和元素的删除。Python 提供了一些函数、对象方法和运算符来实现这些操作，如表 9-5 所示。

表 9-5　修改列表元素的操作

操作	功能
s. append（n）	将元素 n 作为一个元素追加到列表 s 的末尾
s. extend（n）	将可迭代对象 n 中的每个元素追加到列表 s 的末尾
s. insert（i，n）	将元素 n 插入到列表 s 的第 i 个索引位置
s+x	将 s 和 x 两个列表拼接为一个，与 s.extend（x）的结果相同
s*i	将列表 s 的元素重复 i 次，相当于做 i 次 s.extend（s）
s[i] = n	将列表 s 的第 i+1 个元素的值修改为 n（切片也适用）
del s[i]	删除列表 s 中的第 i+1 个元素
s. remove（n）	删除列表 s 中值为 n 的元素（如果有多个元素值为 n，只能删除第 1 个）
s. pop（i）	删除列表 s 中索引为 i 的元素

（4）排序。

Python 提供了两种列表排序的方式，分别是 sort（ ）方法和 sorted（ ）内置函数。

①sort（ ）方法。

sort（ ）方法的一般格式为

```
sorted(列表对象名, reverse=False)
```

其中，reverse 参数可以指定升序（False，默认）还是降序（True）。sort（ ）方法将直接修改原始列表。

②sorted（ ）函数。

sorted（ ）函数的一般格式为

```
sorted(列表对象,reverse=False)
```

其中，reverse参数的含义与sort( )方法的相同，函数返回值就是排序后的列表。sorted( )函数不会直接修改原始列表。

(5)查看列表的信息。

①查看列表的长度。

利用Python的len( )内置函数可以返回列表的长度，也就是有多少个元素。

②查看某个元素是否在列表内。

利用in关键字可查看某个元素是否在列表内。如100 in list04，其返回值为False，表示list04列表中没有100这个元素。

③查看某个值在列表中的索引。

index( )方法可以实现这个操作。例如，list04列表为[-356，-32，34，43，65，78，124，1000]，则list04. index(34)的返回值是2，表示34是list04列表中索引为2的元素。

④查看某个值在列表中出现的次数。

列表的count( )方法可以实现这个操作。例如，有一个列表list05为[15，45，30，45，-15，45]，则list05. count(45)的返回值为3，表示45这个值在list05列表中有3个；而list05. count(100)的返回值为0，表示list05列表中没有100这个值。

(6)求列表元素的和、最大值或最小值。

Python的sum( )、min( )、max( )内置函数可以分别求列表元素的和、最小值和最大值。例如，list05列表为[15，45，30，45，-15，45]，则sum(list05)的返回值为165，而min(list05)的值为-15。

2)元组

作为序列类型，元组和列表最大的不同是，元组是不可变对象。也就是说，元组的元素一旦被定义，就不能再修改。

元组采用一对小括号来定义，元素之间用逗号隔开，如(15，45，30，45，-15，45)、('陈皮'，'蒲公英'，'石膏')都是元组。

作为同样的序列类型，元组和列表的很多操作是相同的，如索引、切片、查看元组信息、求和等，此处不再赘述。需要注意的是，由于元组是不可变对象，所以元组不支持元素增加、修改、删除的操作。

3)字符串

9.3节中已经介绍了字符串，其属于基本数据类型。但由于字符串也可以看作单一字符的有序组合，所以也属于序列类型，可以采用序列的各种函数、方法操作，如索引、切片、查看长度等。但它和元组一样，属于不可变对象。

Python还内置了很多关于字符串的处理方法，表9-6中列出了常见的字符串处理方法。

表9-6 常见的字符串处理方法

操作	功能
s. split(sep)	将字符串s根据sep分隔成多个元素，并将所有元素以列表形式返回
s. replace(old，new)	将字符串s中的old字符串都用new字符串来代替
s. strip([chars])	将字符串s中左右两侧的指定字符去掉，指定字符由chars给出
s. zfill(n)	将s字符串长度变为*n*，长度不足就在左侧补0

续表

操作	功能
s. islower( )	判断字符串s所有字符是否都是小写，返回逻辑值
s. isnumeric( )	判断字符串s所有字符是否都是数字，返回逻辑值
s. isspace( )	判断字符串s所有字符是否都是空格，返回逻辑值
s. startswith(x)	判断字符串s是否以x开头，返回逻辑值
s. endswith(x)	判断字符串s是否以x结尾，返回逻辑值
s. lower( )	将字符串s全部换为小写
s. upper( )	将字符串s全部换为大写

2. 集合类型

Python 有集合(set)这个组合数据类型，其含义和数学上的集合一致，用一对花括号({ })表示，比如{'to'，'together'，'python'}、{35，-100，'北京'}。

与序列类型不同，集合中的元素是无序的(不能用索引来定位元素)，且元素不可重复，元素类型只能是整数、浮点数、字符串、元组等固定数据类型。集合属于可变数据类型，所以集合支持增加和删除元素的操作。常见的集合操作如表 9-7 所示，常见的集合运算如表 9-8 所示。

表 9-7　常见的集合操作

操作	功能
s. add(m)	将m作为元素加入集合s
s. remove(m)	将元素m从集合s中删除，如果m不存在，则报KeyError错误
s. discard(m)	将元素m从集合s中删除，如果m不存在不报错
s. pop( )	随机删除集合s中的一个元素，并将删除的值返回，如果s为空则报错

表 9-8　常见的集合运算

集合运算式	对象方法	功能
A&B	A. intersection(B)	求集合A和集合B集的交集
A | B	A. union(B)	求集合A和集合B的并集
A-B	A. sdifference(B)	求存在于集合A但不存在于集合B的元素(差集)
A^B	A. symmetric_ difference(B)	求存在于集合A或集合B，但不同时存在于两个集合的元素(对称差集)
A = = B		判断集合A和集合B是否相同
A<B	A. issubset(B)	判断集合A是不是集合B的子集

3. 映射类型

映射类型是键值对(key-value)元素的组合，Python中的映射类型数据是字典(dict)。字典也用一对花括号({ })表示，元素间用逗号分隔，每个元素都是一个键值对，键和值之间用冒号隔开，并且一个字典里的键不能重复。例如，info = { 'name ': 'Amy '，'age ':

26，'gender ': '女'}中，'name、age、gender'均为键，'Amy'、26、'女'则为键对应的值。

字典的元素是无序的，这意味着不能通过索引来访问，但可以通过字典的键来访问元素的值。字典是可变数据类型，所以支持元素修改操作。常见的字典操作如表9-9所示。

表9-9　常见的字典操作

操作	功能
d. keys( )	返回字典d的所有键
d. values( )	返回字典d的所有值
d. items( )	返回字典d的所有键值对
d. get(k，default)	返回字典d中k键对应的值，如果k键不存在，返回default值
d. pop(k，default)	删除字典d中以k为键的键值对，如果k键不存在，返回default值

9-6 拓展任务

拓展任务 1：比较分数大小

设计一个Python程序，比较两个分数的大小。

输入格式：

```
以,分隔的两个分数
```

输出格式：

```
a/b(比较符)c/d
```

拓展任务 2：计算圆的周长和面积

设计一个Python程序，根据用户输入的圆的半径，计算并输出圆的周长和面积（圆周率取 3.14）。

输入格式：

```
一个整数(作为圆的半径)。
```

输出格式：

```
第一行为浮点数，输出圆的周长，结果保留两位小数。
第二行为浮点数，输出圆的面积，结果保留两位小数。
```

拓展任务 3：判断正数、负数或零

设计一个Python程序，判断用户输入的一个数是正数、负数还是零。

输入格式：

```
一个整数。
```

输出格式：

```
如果是正数，输出“正数”；如果是负数，输出“负数”；如果是零，输出“零”。
```

拓展任务 4：移动字符串

设计一个Python程序，输入一个字符串和一个整数 n，用空格将两者隔开，将 1 至 n 个字符平移到字符串的最后，输出移动后的字符串。

输入格式：

```
一个字符串和一个整数。
```

输出格式：

```
一个字符串。
```

拓展任务5：判断一个正整数是不是素数

设计一个Python程序，判断输入的正整数是否为素数，如果是，则输出Yes，否则输出No。

输入格式：

```
一个整数
```

输出格式：

```
Yes或者No
```

拓展任务6：多项式求和

给定程序中函数fun的功能是：用下面的公式求 π 的近似值，直到最后一项的绝对值小于指定的数（参数num）为止。

$$\frac{\pi}{4} \approx \frac{1}{3} - \frac{1}{5} + \frac{1}{7} + \cdots\cdots$$

输入格式：

```
参数。
```

输出格式：

```
计算结果
```

拓展任务7：营救数字字符

设计一个Python程序，给定程序中函数 fun 的功能是：依次取出字符串中的所有数字字符，形成新的字符串，并取代原字符串。

输入格式：

```
字符串。
```

输出格式：

```
改变后的字符串。
```

附　　录

全国计算机等级考试（NCRE）二级MS Office高级应用与设计考试大纲（2025年版）

【基本要求】

1．正确采集信息并能在文字处理软件Word、电子表格软件Excel、演示文稿制作软件PowerPoint中熟练应用。

2．掌握Word的操作技能，并熟练应用其编制文档。

3．掌握Excel的操作技能，并熟练应用其进行数据计算及分析。

4．掌握PowerPoint的操作技能，并熟练应用其制作演示文稿。

【考试内容】

一、Microsoft Office应用基础

1．Office应用界面的使用和功能设置。

2．Office各模块之间的信息共享。

二、Word的功能和使用

1．Word的基本功能，文档的创建、编辑、保存、打印和保护等基本操作。

2．设置字体和段落格式、应用文档样式和主题、调整页面布局等排版操作。

3．文档中表格和图表的制作与编辑。

4．文档中图形（形状、SmartArt等）、图片（像）对象的编辑和处理，文本框和文档部件的使用，符号与数学公式的输入与编辑。

5．文档的分栏、分页和分节操作，文档页眉、页脚的设置，文档内容引用操作。

6．文档的审阅和修订。

7．利用邮件合并功能批量制作和处理文档。

8．多窗口和多文档的编辑，文档视图的使用。

9．控件和宏功能的简单应用。

10．分析图文素材，并根据需求提取相关信息，引用到Word文档中。

三、Excel的功能和使用

1．Excel的基本功能，工作簿和工作表的创建、编辑、保存和打印等基本操作，工作视图的控制。

2．工作表数据的输入、编辑和修改，图形和图片（像）的编辑和处理。

3．单元格格式化操作，数据格式的设置。

4. 工作簿和工作表的保护、版本比较与分析。

5. 单元格的引用，公式、函数和数组的使用。

6. 多个工作表的联动操作。

7. 迷你图和图表的创建、编辑与修饰。

8. 数据的排序、筛选、分类汇总和分组显示，以及数据验证、分列和合并计算等数据工具的应用。

9. 数据透视表和数据透视图的使用。

10. 数据的模拟分析、运算与预测。

11. 控件和宏功能的简单应用。

12. 导入外部数据并进行分析，获取和转换数据并进行处理。

13. 使用PowerPivot管理数据模型的基本操作。

14. 分析数据素材，并根据需求提取相关信息，引用到Excel文档中。

四、PowerPoint的功能和使用

1. PowerPoint的基本功能和基本操作，幻灯片的组织与管理，演示文稿的视图模式和使用。

2. 演示文稿中幻灯片的主题应用、背景设置、母版制作和使用。

3. 幻灯片中文本、图形（形状、SmartArt等）、图片（像）、表格、图表、音频、视频、艺术字等对象的编辑和处理。

4. 幻灯片中对象动画、幻灯片切换效果、链接操作等交互设置。

5. 幻灯片放映设置，演示文稿的打包和输出。

6. 演示文稿的审阅和比较。

7. 分析图文素材，并根据需求提取相关信息，引用到PowerPoint文档中。

【考试方式】

上机考试，考试时长120分钟，满分100分。

1. 题型及分值

单项选择题（20分，含公共基础知识部分10分）；

Word操作题（30分）；

Excel操作题（30分）；

PowerPoint操作题（20分）。

2. 考试环境

操作系统：中文版Windows 7，软件版本：Microsoft Office 2016。

全国计算机等级考试(NCRE)二级
Access数据库程序设计考试大纲(2025年版)

【基本要求】

1. 掌握数据库系统的基础知识。
2. 掌握关系数据库的基本原理。
3. 掌握数据库程序设计方法。
4. 能够使用Access建立一个小型数据库应用系统。

【考试内容】

一、数据库基础知识

1. 基本概念:数据库、数据模型、数据库管理系统等。
2. 关系数据库基本概念:关系模型、关系、元组、属性、字段、域、值、关键字等。
3. 关系运算基本概念:选择运算、投影运算、连接运算。
4. SQL命令:查询命令、操作命令。
5. Access系统基本概念。

二、数据库和表的基本操作

1. 创建数据库。
2. 建立表。

(1)建立表结构。

(2)字段设置,数据类型及相关属性。

(3)建立表间关系。

3. 表的基本操作。

(1)向表中输入数据。

(2)修改表结构,调整表外观。

(3)编辑表中数据。

(4)记录排序。

(5)筛选记录。

(6)聚合数据。

三、查询

1. 查询基本概念。

(1)查询分类。

(2)查询条件。

2. 选择查询。
3. 交叉表查询。
4. 生成表查询。

5. 删除查询。
6. 更新查询。
7. 追加查询。
8. 结构化查询语言SQL。
9. 用SQL语言建立查询。

四、窗体

1. 窗体基本概念：窗体的类型与视图。
2. 创建窗体。
窗体中常见控件，窗体和控件的基本属性。
3. 定制系统控制窗体。

五、报表

1. 报表基本概念。
2. 创建报表。
报表中常见控件、报表和控件的基本属性。
3. 在报表中进行排序和分组。
4. 控件的基本概念与使用。

六、宏

1. 宏基本概念。
2. 独立宏。
3. 嵌入宏。
4. 数据宏。
5. 事件的基本概念与事件驱动。

七、VBA编程基础

1. 模块基本概念。
2. 创建模块。
（1）创建VBA模块：在模块中加入过程，在模块中执行宏。
（2）编写事件过程：键盘事件、鼠标事件、窗口事件、操作事件和其他事件。
3. VBA编程基础。
（1）VBA编程基本概念。
（2）VBA流程控制：顺序结构、选择结构、循环结构。
（3）VBA函数/过程调用。
（4）VBA数据文件读写。
（5）VBA错误处理和程序调试（设置断点，单步跟踪，设置监视窗口）。

八、VBA数据库编程

1. VBA数据库编程基本概念。
ACE引擎和数据库编程接口技术，数据访问对象（DAO），ActiveX数据对象（ADO）。
2. VBA数据库编程技术。

【考试方式】

上机考试，考试时长 120 分钟，满分 100 分。

1. 题型及分值

单项选择题（40 分，含二级公共基础知识部分 10 分）。

操作题（60 分，包括基本操作题、简单应用题及综合应用题）。

2. 考试环境

操作系统：中文版 Windows 7。

开发环境：Microsoft Office，Access 2016。

全国计算机等级考试（NCRE）二级 Python语言程序设计考试大纲（2025年版）

【基本要求】

1. 掌握Python语言的基本语法规则。

2. 掌握不少于3个基本的Python标准库。

3. 掌握不少于3个Python第三方库，掌握获取并安装第三方库的方法。

4. 能够阅读和分析Python程序。

5. 熟练使用IDLE开发环境，能够将脚本程序转变为可执行程序。

6. 了解Python计算生态在以下方面（不限于）的主要第三方库名称：网络爬虫、数据分析、数据可视化、机器学习、Web开发等。

【考试内容】

一、Python语言基本语法元素

1. 程序的基本语法元素：程序的格式框架、缩进、注释、变量、命名、保留字、连接符、数据类型、赋值语句、引用。

2. 基本输入输出函数：input( )、eval( )、print( )。

3. 源程序的书写风格。

4. Python语言的特点。

二、基本数据类型

1. 数字类型：整数类型、浮点数类型和复数类型。

2. 数字类型的运算：数字运算操作符、数字运算函数。

3. 真、假、无：True、False、None。

4. 字符串类型及格式化：索引、切片、基本的format( )格式化方法。

5. 字符串类型的操作：字符串操作符、操作函数和操作方法。

6. 类型判断和类型间转换。

7. 逻辑运算和比较运算。

三、程序的控制结构

1. 程序的三种控制结构。

2. 程序的分支结构：单分支结构、二分支结构、多分支结构。

3. 程序的循环结构：遍历循环、条件循环。

4. 程序的循环控制：break、continue。

5. 程序的异常处理：try-except及异常处理类型。

四、函数和代码复用

1. 函数的定义和使用。

2. 函数的参数传递：可选参数传递、参数名称传递、函数的返回值。

3. 变量的作用域：局部变量和全局变量。
4. 函数递归的定义和使用。

五、组合数据类型

1. 组合数据类型的基本概念。
2. 列表类型：创建、索引、切片。
3. 列表类型的操作：操作符、操作函数和操作方法。
4. 集合类型：创建。
5. 集合类型的操作：操作符、操作函数和操作方法。
6. 字典类型：创建、索引。
7. 字典类型的操作：操作符、操作函数和操作方法。

六、文件和数据格式化

1. 文件的使用：文件打开、读写和关闭。
2. 数据组织的维度：一维数据和二维数据。
3. 一维数据的处理：表示、存储和处理。
4. 二维数据的处理：表示、存储和处理。
5. 采用CSV格式对一、二维数据文件的读写。

七、Python程序设计方法

1. 过程式编程方法。
2. 函数式编程方法。
3. 生态式编程方法。
4. 蒙特卡洛计算方法。
5. 递归计算方法。

八、Python计算生态

1. 标准库的使用：turtle库、random库、time库。
2. 基本的Python内置函数。
3. 利用pip工具的第三方库安装方法。
4. 第三方库的使用：jieba库、PyInstaller库、基本NumPy库。
5. 更广泛的Python计算生态，只要求了解第三方库的名称，不限于以下领域：网络爬虫、数据分析、文本处理、数据可视化、用户图形界面、机器学习、Web开发、游戏开发等。

【考试方式】

上机考试，考试时长120分钟，满分100分。

1. 题型及分值

单项选择题（40分，含公共基础知识部分10分）；

操作题（60分，包括基本编程题和综合编程题）。

2. 考试环境

Windows 7操作系统，建议Python 3.5.3至Python 3.9.10，IDLE开发。